我国科技人才政策实施成效评估

刘洪银　田翠杰 ◎ 著

中国社会科学出版社

图书在版编目（CIP）数据

我国科技人才政策实施成效评估/刘洪银，田翠杰著．—北京：中国社会科学出版社，2017.1
ISBN 978-7-5161-9815-5

Ⅰ.①我… Ⅱ.①刘… ②田… Ⅲ.①技术人才—人才政策—研究—中国 Ⅳ.①G316

中国版本图书馆CIP数据核字（2017）第017179号

出 版 人	赵剑英
责任编辑	卢小生
责任校对	周晓东
责任印制	王 超
出 版	中国社会科学出版社
社 址	北京鼓楼西大街甲158号
邮 编	100720
网 址	http://www.csspw.cn
发 行 部	010-84083685
门 市 部	010-84029450
经 销	新华书店及其他书店
印 刷	北京明恒达印务有限公司
装 订	廊坊市广阳区广增装订厂
版 次	2017年1月第1版
印 次	2017年1月第1次印刷
开 本	710×1000 1/16
印 张	18.5
插 页	2
字 数	302千字
定 价	78.00元

凡购买中国社会科学出版社图书，如有质量问题请与本社营销中心联系调换
电话：010-84083683
版权所有 侵权必究

序

新常态下，中国经济进入从高速到中高速的增长速度换挡期、结构调整期、动力转换期，经济发展需要培育发展新型动能，提升改造传统动能，科技和人才是创新驱动、转型发展的动力源。人才具有时变特征，科技人才政策制定和实施应基于新时期人才需求特征，遵循人才发展规律，科学设计政策体系。科技人才政策要做到与时俱进，就要对政策实施效果进行评估，根据评估结果修正人才政策，构建科学的政策管理机制。本书通过探索不同时期科技人才政策的历史演进，评估科技人才政策内容和成效，发现不同时期尤其是邓小平南方谈话后和21世纪以来科技人才政策在人才引进、培养、流动和激励等方面的实施效果和政策缺陷，从中发现不利于科技人才成长的政策本身和其他机制体制问题；之后，立足社会文化和时代发展背景，从新时期人才需求特征及其变化趋势入手，针对当前科技人才管理中存在的突出矛盾和问题，提出我国中长期内科技人才政策的战略定位、制定原则、动态调整机制的政策建议。本书提出和试图解答以下几个问题：

第一，新中国成立以来不同时期尤其是新中国成立以来科技人才政策在引进、培养、流动和激励人才方面产生什么成效？存在哪些局限性？

第二，新世纪以来制约我国科技人才政策作用效果的机制体制有哪些？深层次原因何在？如何创新科技人才工作机制体制？

第三，如何基于新时期人才需求特征及其变化趋势制定我国科技人才政策，才能提高科技人才政策的前瞻性、实效性和弹性？

第四，如何科学构建科技人才评价体系，解决当前科技人才"官本位"取向和体制内外科技人才流动不畅、教学科研单位行政化倾向？

围绕以上问题，本书作者采用问卷调查和深度访谈法，对研究主题进行了有益的探索。

（1）科技人才政策实施成效未充分释放。科技人才政策宣传和落实不到位，政策实施成效未充分释放。科技人才流动政策产生天花板效应，培养政策没有有效带动单位的积极性，激励政策对青年人才作用效果不高，体制外科技人才成为政策作用的盲点。新时期我国科技人才激励政策在中西部地区产生了显著成效。但科技人才跨地区流动未常态化，政策没有逆转地区间科技能力差距发散趋势。

（2）科技人才政策成效释放存在多重约束。政策的管理调控不完善抑制科技人才政策乘数效应释放；政策目标偏离科技人才需求目标，激励目标不相容降低青年科技人才政策成效；激励机制和配套措施不完善以及体制惯性对体制外科技人才政策成效形成约束。

（3）提出提升科技人才政策实施成效对策。建立完善"立改废"动态管理机制，确保政策落地；鼓励兼职从业，建立完善科技人才市场化流动和共享政策；建立完善行政与学术职务分离转换机制，完善青年科技人才激励相容政策，授予科技人才部分成果转让处置权限。

近几年来，刘洪银教授笔耕不辍，先后主持并承担了国家社会科学基金、中国科协、天津市农委的研究课题多项。为了探索和把握我国科技人才成长规律与路径，他先后赴北京、上海、山东、河北及天津调研和访谈，本书中的大量数据和资料都是源于他第一手的调查。作者对研究对象追踪研究作出的一些判断和分析发现是独到的，对于研究该问题的各界同仁是有参考价值的。

期望本书的出版能够推动科技人才管理理论研究，并为政府相关部门和人才管理者提供政策支撑和理论指导。

周立群
2016 年 10 月于南开园

前　言

　　政府政策制定和科学行政决策需要咨询研究支持，咨询决策研究是服务经济社会的有效工具，也是人文社会科学研究成果转化的主要方式之一。南开大学滨海开发研究院致力于政府决策咨询研究，2016年入选首批"天津市高校智库"。本著作即是依托滨海开发研究院这一专业研究平台申报立项的中国科学技术协会2013年政策类调研课题的研究成果。作者从南开大学理论经济学博士后流动站出站后，一直在滨海开发研究院从事研究工作，受到研究院的长期资助。研究院常务副院长周立群教授对本项目研究提供了大力支持，并资助完成本书出版，笔者在此表示深深的敬意和谢意！

　　项目进行了大样本问卷调查和实地访谈，回收有效问卷784份，访谈记录49份。撰写主报告5份，分报告6份，提交专题报告4份。本书是在上述研究成果的基础上进一步深入研究的结果。著作通过对科技人才政策内容和成效的评估，发现不同时期科技人才政策在人才引进、培养、流动和激励等功能方面的实施效果和政策缺陷，从新时期人才需求特征及其变化趋势入手，提出我国中长期内科技人才政策动态调整政策建议。利用公开统计数据和问卷调查数据从科技人才政策总体和功能性分类政策（引进、培养、流动和激励政策）两个方面沿着历史演进路径（新中国成立初期、"文化大革命"时期、改革开放初期、南方谈话后以及21世纪以来）进行成效总体评估，并选择影响深远和演进至今的政策作为代表性政策分别进行评价，在评估研判的基础上发现成效约束问题，探索问题成因，提出破解对策。研究发现，新时期我国科技人才激励政策在中西部地区产生了显著成效。但科技人才政策宣传和落实不力，实施成效存在年龄、体制和地区结构性差异；政策目标偏离科技人才需求目标，体制外单位和青年科技人才政策成效较低。国家应全面允许和鼓励科技人才兼职，建立完善行政与学术职务分离与转换机制和青年科技人才激励相容政策。

　　本项目研究团队主要由天津农学院人文学院和经济管理学院的教师与学生组成。天津农学院孟玉环副研究员、郑红梅副研究员、林霓裳博士、张洪霞老师、崔宁老师、程宝乐老师、吕献红老师，南开大学滨海开发研究院王金杰博士，天津市农村经济与区划研究所秦静博士，中共天津市北辰区委组织部人才科严俊科长等参与了本项目社会调查，对本项目研究做出了重要贡献，笔者表示衷心感谢！感谢天津农学院人文学院、科技处领导对项目研究和本书出版的关心及支持！问卷调查和深度访谈得到了广大科技人才的鼎力支持，在此一并表示感谢！

　　本书由天津农学院刘洪银教授、田翠杰副教授合著。全书分为13章。田翠杰副教授撰写第二章、第三章和第五章，其余部分为刘洪银教授撰写。本书的框架结构、研究思路、质量把关、统稿修改定稿由刘洪银教授负责。

笔者

2016 年 10 月 17 日

目 录

第一章　引言 …………………………………………………………… 1
 第一节　研究目的意义 ……………………………………………… 1
 第二节　研究思路 …………………………………………………… 2
 第三节　研究的技术路线 …………………………………………… 3
 第四节　研究方法 …………………………………………………… 3

第二章　文献评述 ……………………………………………………… 6
 第一节　人才的概念 ………………………………………………… 6
 第二节　科技人才的概念与特征 …………………………………… 7
 第三节　政策的概念 ………………………………………………… 8
 第四节　科技人才政策 ……………………………………………… 8
 第五节　科技人才政策述评 ………………………………………… 20

第三章　新中国成立以来我国科技人才政策演进的梳理与评述 …… 22
 第一节　科技人才政策背景的发展演变 …………………………… 22
 第二节　科技人才政策目标的发展演变 …………………………… 26
 第三节　科技人才政策特点的发展演变 …………………………… 29
 第四节　科技人才政策功能体系 …………………………………… 44
 第五节　科技人才政策的经验教训与启示 ………………………… 59
 第六节　科技人才政策发展规律与趋势 …………………………… 60

第四章　我国科技人才政策成效生成机理 …………………………… 63
 第一节　公共政策作用机理 ………………………………………… 63
 第二节　公共政策成效生成机理 …………………………………… 65
 第三节　科技人才政策供给者与政策对象之间动态

贝叶斯博弈 ………………………………………………… 66
第四节 基于贝叶斯博弈的科技人才政策成效生成机理 ……… 70

第五章 我国科技人才政策成效的总体评价 ……………………… 74
第一节 分阶段科技人才政策成效 ………………………… 74
第二节 分功能科技人才政策成效 ………………………… 84

第六章 标志性科技人才政策实施成效评估 ……………………… 101
第一节 科技人才政策成效总体评估问卷统计描述 ………… 101
第二节 标志性科技人才引进政策实施成效评估 …………… 109
第三节 标志性科技人才培养政策实施成效 ………………… 120
第四节 标志性科技人才流动政策实施成效 ………………… 141
第五节 标志性科技人才激励政策实施成效 ………………… 150

第七章 案例分析：新时期上海市科技人才政策实施成效 ……… 163
第一节 研究背景 ……………………………………………… 163
第二节 总体状况 ……………………………………………… 164
第三节 科技人才引进和流动政策 …………………………… 164
第四节 科技人才培养政策 …………………………………… 170
第五节 科技人才激励政策 …………………………………… 177
第六节 研究结论 ……………………………………………… 181

第八章 我国科技人才政策成效的结构性差异 …………………… 183
第一节 研究背景 ……………………………………………… 183
第二节 我国科技人才政策成效的所有制差异 ……………… 183
第三节 我国科技人才政策成效的学科差异 ………………… 188
第四节 新时期我国科技人才政策成效的区域差异 ………… 189
第五节 研究结论 ……………………………………………… 203

第九章 海外高层次人才引进政策实施成效、存在问题与解决对策
——以"千人计划"为例 …………………………… 205
第一节 研究背景 ……………………………………………… 205
第二节 各地区海外高层次人才引进政策实施与比较 ……… 206
第三节 海外高层次人才引进政策实施效果 ………………… 209

第四节　海外高层次人才引进政策存在的问题 ……………… 212
　　第五节　完善海外高层次人才引进政策的对策建议 …………… 218

第十章　新时期我国科技人才培养政策成效约束与提升对策 …… 224
　　第一节　新时期我国标志性科技人才培养政策 ………………… 224
　　第二节　标志性政策演进 …………………………………………… 227
　　第三节　新时期科技人才培养政策实施效果 …………………… 230
　　第四节　科技人才培养政策成效约束 …………………………… 232
　　第五节　提升科技人才培养政策成效的对策 …………………… 238

第十一章　我国科技人才流动政策成效约束与提升对策 …………… 240
　　第一节　研究背景 …………………………………………………… 240
　　第二节　科技人才流动政策实施效果 …………………………… 242
　　第三节　科技人才流动政策成效约束主要问题 ………………… 243
　　第四节　完善科技人才流动政策的对策 ………………………… 244

第十二章　新时期我国科技人才激励政策成效约束和破解对策 …… 247
　　第一节　研究背景 …………………………………………………… 247
　　第二节　我国科技人才激励政策体系 …………………………… 248
　　第三节　科技人才激励政策实施成效 …………………………… 252
　　第四节　科技人才激励政策成效约束主要问题 ………………… 254
　　第五节　完善科技人才激励政策的对策 ………………………… 257

第十三章　主要结论 ………………………………………………………… 261
　　第一节　科技人才政策演进特征 ………………………………… 261
　　第二节　科技人才政策成效 ……………………………………… 262
　　第三节　科技人才政策成效约束 ………………………………… 262
　　第四节　对策建议 …………………………………………………… 264

附　表 ……………………………………………………………………… 267

主要参考文献 …………………………………………………………… 281

第一章 引言

第一节 研究目的意义

科技人才是推动经济社会转型的主导力量，科技人才培养、使用、激励和管理等受国家人才政策调整。科技人才政策制定和实施应基于人才需求特征，遵循人才发展规律，科学设计政策体系，才能实现预期的政策目标。科技人才政策成效评估对修正人才政策、提高政策作用效果具有重要的现实意义。科技人才政策评估应立足社会文化和时代背景，评价人才政策的经济效应和社会效应。在寥寥无几的科技人才政策评价中，针对改革开放前后的人才政策评价较多，而近期尤其21世纪以来人才政策评价较少。本书通过探索不同时期科技人才政策的历史演进，评估科技人才政策内容和成效，发现不同时期（尤其是邓小平南方谈话后和21世纪以来）科技人才政策在人才引进、培养、流动和激励等方面的实施效果和政策缺陷，从中发现不利于科技人才成长的政策本身和其他机制体制问题；立足社会文化和时代发展背景，从新时期人才需求特征及其变化趋势入手，针对当前科技人才管理中存在的突出矛盾和问题，提出我国中长期内科技人才政策的战略定位、制定原则、动态调整机制的政策建议，以保障新时期科技人才政策的前瞻性和实效性。

本书运用科学的人才政策评价方法，分时期评价我国科技人才政策实施成效和作用局限，详细解读影响21世纪以来国家科技人才政策成效的体制机制因素，研究试图回答以下问题：

第一，新中国成立以来不同时期尤其是21世纪以来科技人才政策在引进、培养、流动和激励人才方面产生什么成效？存在哪些局限性？

第二,新世纪以来制约我国科技人才政策作用效果的机制体制有哪些?深层次原因何在?如何创新科技人才工作机制体制?

第三,如何基于新时期人才需求特征及其变化趋势制定我国科技人才政策,才能提高科技人才政策的前瞻性、实效性和弹性?

科技人才政策是培养、使用、激励和评价科技人才的制度安排,政策成效受多种因素影响,其中政策前瞻性和政策对象适应性是关键因素。本书从新时期人才需求特征和变化趋势入手评估科技人才政策的成效,从中发现抑制科技人才政策的机制体制问题和成因,并遵循人才成长规律提出政策建议。研究结果对当前科技人才政策修订和实施具有一定的参考价值。根据研究结果修订的科技人才政策将具有前瞻性和适应性,能够提高政策作用效果,有助于提高科技人才素质和产出水平。

第二节 研究思路

第一,梳理把握科技人才政策。阅读、梳理、把握我国各时期(新中国成立初期、"文化大革命"时期、改革开放初期、邓小平南方谈话后和21世纪以来)科技人才政策和各功能(引进、培养、流动和激励)科技人才政策,分析政策类型、政策内容和特点、政策结构、颁发部门、政策背景和目的、政策演进等,选择代表性政策,分析代表性政策内容,构建政策评估研究的总体框架。该步骤主要采用文献阅读法。

第二,确定科技人才政策目标。根据《国家中长期科学和技术发展规划纲要(2006—2020年)》和《国家中长期人才发展规划纲要(2010—2020年)》确立新时期科技人才政策战略定位、总体目标以及科技人才引进、培养、流动和激励政策分别要达到的目标。

第三,科技人才政策实施成效。设计和发放调查问卷,进行社会调查。通过公开统计资料和问卷调查数据分别从宏观和微观两个方面实证分析各时期、各功能科技人才政策实施效果,包括科技人才政策总体成效、标志性科技人才政策成效和科技人才政策成效的结构性差异。该步骤采用问卷调查法和文献研读法。

第四，诊断问题。将科技人才政策成效与政策目标进行比较，发现政策成效提升空间。拟定访谈提纲，进行深度访谈，通过深度访谈寻找约束成效释放的问题，包括政策自身存在的问题和现实中尚未得到政策调整、未解决的难题。研究成果分别形成四个专题报告：新时期科技人才引进政策、培养政策、流动政策和激励政策成效约束与提升对策。该步骤主要采用比较研究、深度访谈法。

第五，对策建议。按照新时期科技人才需求特征确定人才政策制定思路，从政策成效约束问题切入提出完善科技人才政策、解决政策问题的对策建议。撰写和提炼专报，从问题入手探讨问题原因，提出解决对策。该步骤采用政策建议法。

第三节 研究的技术路线

首先，拟订研究方案，构建整体分析框架。包括综述相关研究文献、相关理论，评述该领域相关研究动态演进，确定本书的理论体系、研究方法和研究空间。

其次，梳理把握科技人才政策，分析政策类型、政策结构、颁发部门、政策演进等，选择代表性政策。

再次，拟订调研方案，确定调研方法、调研对象和调研内容，然后组织实施调研活动。

又次，根据调研结果撰写调研报告和专题报告，进一步提炼专报。

最后，修改调研报告和专报。

本书研究技术路线如图 1-1 所示。

第四节 研究方法

一 对比分析方法

采用无对照组前后对比法和对照组前后对比法。前者采用"前—后"对比分析，即以政策对象在政策作用前后发生的变化作为政策所产生的效果。后者采用非随机选组对比法。即将受到政策干预的科技人

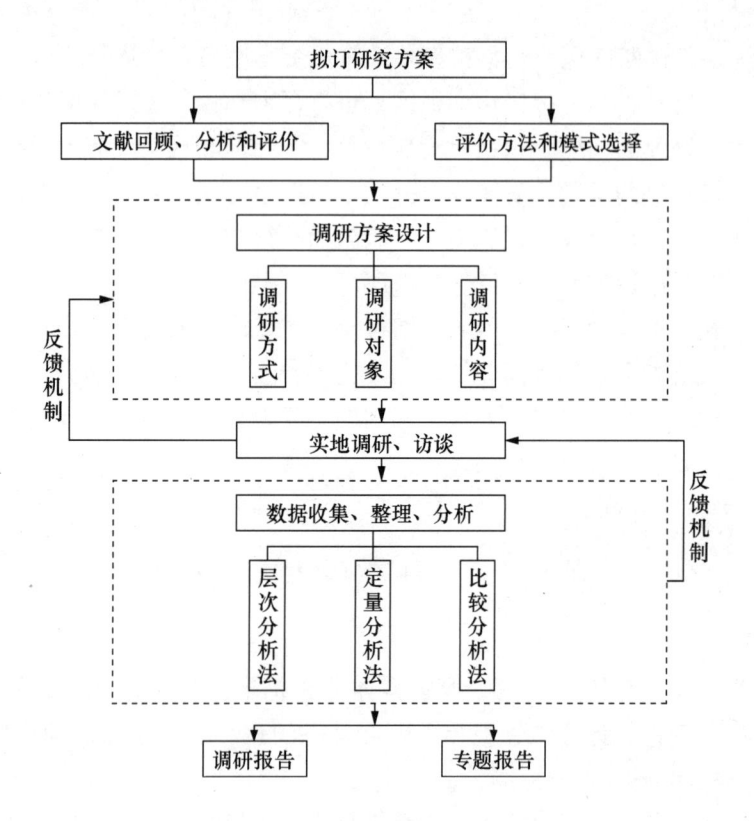

```
                    ┌──────────────┐
                    │  拟订研究方案  │
                    └──────┬───────┘
              ┌────────────┴────────────┐
     ┌────────┴────────┐       ┌────────┴────────┐
     │ 文献回顾、分析和评价 │       │  评价方法和模式选择 │
     └─────────────────┘       └─────────────────┘
                    ┌──────────────┐
                    │  调研方案设计  │
                    │ ┌───┬───┬───┐ │
              反     │ │调 │调 │调 │ │     反
              馈     │ │研 │研 │研 │ │     馈
              机     │ │方 │对 │内 │ │     机
              制     │ │式 │象 │容 │ │     制
                    │ └───┴───┴───┘ │
                    └──────┬───────┘
                    ┌──────┴───────┐
                    │ 实地调研、访谈  │
                    └──────┬───────┘
                    ┌──────┴───────┐
                    │ 数据收集、整理、分析 │
                    │ ┌───┬───┬───┐ │
                    │ │层 │定 │比 │ │
                    │ │次 │量 │较 │ │
                    │ │分 │分 │分 │ │
                    │ │析 │析 │析 │ │
                    │ │法 │法 │法 │ │
                    │ └───┴───┴───┘ │
                    └──────┬───────┘
              ┌────────────┴────────────┐
       ┌──────┴──────┐           ┌──────┴──────┐
       │   调研报告   │           │   专题报告   │
       └─────────────┘           └─────────────┘
```

图 1-1　课题研究逻辑框

才作为实验组，未受政策干预的作为控制组（控制组在重要方面应与实验组具有可比性和类似性），两组变化的差异即为政策成效。

二　深度访谈法和案例分析法

（一）访谈对象

科技人才。本书将科技人才界定为从事理工农医类科技活动、具有副高级以上职称或博士以上学历的科技工作者。选择不同年龄段不同政策对象的科技人才；东部、中部、西部代表性省市科技人才。

科技人才管理者。科技人才管理部门（科技型企业、高校、科研机构的组织人事部门、基层地方政府组织人事部门或人才交流中心等）工作人员。

科技人才政策制定者。中央和地方科技人才政策出台部门，如组织人事部门、科技部门等。

（二）访谈内容

不同时期科技人才政策实施成效。不同时期科技人才政策对人才引进、人才培养、人才流动和人才激励方面产生的效应。

新时期国家科技人才政策和地方科技人才政策实施成效和约束。评估科技人才政策在人才引进、培养、流动、激励方面作用效应和约束机制体制。

（三）案例分析

选取新时期代表性科技人才政策进行案例分析，评价该政策在人才引进、培养、流动和激励方面的实施成效、局限性、约束机制以及完善对策。

选取代表性省市科技人才政策作案例分析。评价地方科技人才政策特色、实施成效和可借鉴之处。

三 问卷调查法

为获取科技人才引进、培养、流动和激励政策在政策宣传、政策执行、政策执行效果、政策实施成效、政策问题和解决对策等方面的信息，本书通过设计调查问卷，对不同地区不同职业的理工农医类科技人才进行问卷调查。发放问卷1000份，回收有效问卷786份。

第二章 文献评述

第一节 人才的概念

由于不同历史时期经济、社会、文化发展的差异，对人才概念的解释不尽相同，目前，对人才概念的解释没有一个严格的、规范的、被各界共同认可的定义。但是，学术界对人才本质的界定基本一致，普遍认为，人才应该至少具备如下三个特征之一：

一是应该具备一定的技能，尤其是杰出技能；

二是具备一定的智能，能从事创造性劳动；

三是对社会做出一定贡献。

比如，王通讯（1985）、夏子贵（1989）、沈利生和朱运法（1999）、马贵舫（2005）、洪冰冰（2011）等都持有这一观点。

政府部门并没有明确规定人才的概念，人事部只是将人才分为党政人才、专业技术人才、企业经营管理人才、技能人才和农村实用人才五类；中国科协（2008）指出，衡量人才的主要标准是品德、知识、能力和业绩，这是定性描述，并没有客观的判别标准。人才概念本身就包含一定程度的主观价值判断，概念边界模糊，更具有伸缩性。它的内容是政府为达到特定政策目的而设定的，在不同时期甚至不同地域，含义是不同的。[①]

[①] 中国科协调研宣传部、中国科协发展研究中心：《科技人力资源发展研究报告》，中国科学技术出版社2008年版。

第二节 科技人才的概念与特征

科技人才政策的对象是科技人才,而学术界对"科技人才"的界定也存在很多争议,一直比较模糊,其称呼也不尽相同,但普遍都认为,科技人才属于人才,其本质与人才的本质相同,具备一般人才的特征,是具有某种专业知识或从事某种科技活动的人才。比如,孔繁顺(1998)、孙立和张秀青(1999)、李京文(1999)、左琳和郑智贞(1999)、杜谦等(2004)、周荣(2005)、吉树山(2005)、李明(2008)、洪冰冰(2011)等都持有类似观点。

我国相关政府部门对"科技人才"的界定采用了学者普遍认同的观点,2010年《国家中长期科技人才发展规划(2010—2020)》指出,科技人才是指具有一定的专业知识或专门技能,从事创造性科学技术活动,并对科学技术事业及经济社会发展做出贡献的劳动者[1]。可见,学术界和政府部门都认为科技人才应具备的特征主要包括具有专门的知识和技能、从事科学和技术工作、具有较高的创造力、能够对科学技术发展和人类进步做出较大贡献。

这些特征可以认为是科技人才应具备的绝对硬性标准,除此之外,还有部分学者认为,科技人才的界定还具有相对性或动态性。比如,何青(2001)、刘志宏(2009)、洪冰冰(2011)认为,在不同的地区和不同的历史时代,对科技人才的界定标准不一样,科技人才也要符合时代发展的要求。在科技人才的具体界定上,洪冰冰(2011)认为,1949—1966年这一时期中国科技人才主要包括以下几个方面:(1)民国时期遗留下来的各类专业技术人员和高等学校毕业生;(2)来自解放区从事科技活动的人员;(3)从海外归国服务的留学人员和科学技术专家;(4)新中国自己培养的普通高等学校和成人高等学校毕业生;(5)来华提供科技援助的苏联和东欧科技专家。[2] 这些学者的这一观点

---

[1] 《国家中长期科技人才发展规划(2010—2020年)》,2010年。
[2] 洪冰冰:《建国早期科技人才政策研究(1949—1966)》,硕士学位论文,安徽医科大学,2011年。

对本书有很大的启示，由于本书涉及科技人才政策的演变，因此，借鉴其相对性的标准，在分析不同时期的科技人才政策时，在借鉴其绝对性标准的同时结合时代特点明确当时的人才界定标准。

第三节　政策的概念

国内外众多学者对"政策"的概念进行了界定，简言之，多数学者认为，政策就是政府为达到特定的目的而采取的行为准则。比如，E. 安德森（1990）认为，政策是一个有目的的活动过程，而这些活动是由一个或一批行为者，为处理某一问题或有关事务而采取的行动，政策是执政者内部动机的外在表现，并能够帮助执政者更好地管理社会、处理好社会各阶级的利益关系。[①] 潘强恩（1999）认为，政策是一个国家的执政者（包括执政党和政府）为实现一定历史时期的任务和目标，为调整一定的社会利益关系而制定的行动准则，是执行者的特定价值取向和策略措施的有计划的实践活动过程。[②] 陈振明（2002）认为，政策是国家机关、政党及其他政治团体在特定时期为实现或服务于一定社会、政治、经济、文化目标所采取的政治行为或规定的行为准则。它是一系列谋略、法令、措施、办法、方法、条例的总称。[③] 本书主要借鉴陈振明的观点，因为他的政策概念更加具体，便于后续的统计与分析。

第四节　科技人才政策

一　科技人才政策的内涵

学术界一致认为，科技人才政策是为管理、规范科技人才行为而制定的一系列谋略、法律、法规、法令、条例、措施、办法等，但它不一定只是针对科技人才，只要含有"科技人才"或与"科技人才"有关

[①] ［美］E. 安德森：《公共决策》，华夏出版社1990年版，第4页。
[②] 潘强恩：《政策论》，西苑出版社1999年版，第7页。
[③] 陈振明：《政策科学》，中国人民大学出版社2002年版，第59页。

的内容，便可以界定为科技人才政策。比如，娄伟（2005）、李明（2008）、洪冰冰（2011）和张潇婧（2012）等均持有类似观点。

二 科技人才政策体系

（一）科技人才政策分类

学者们根据研究目的不同，从不同角度对科技人才政策进行了不同的分类。其中，根据政策内容或科技人才开发与管理内容进行划分的学者较多，比如，何青（2001）、丁向阳（2003）、李明（2008）、王磊和汪波（2010）、洪冰冰（2011）、杜红亮和任昱仰（2012）都把科技人才政策分为人才培养政策（培训政策）、人才流动政策、人才激励（奖励）政策、人才吸引或引进政策、人才选拔与使用政策、人才评价政策、人才安全政策等；丁向阳（2003）还从制定的主体和适用范围的角度把科技人才政策分为党的政策、政府的政策、全国性政策、地区性政策；杜红亮和任昱仰（2012）还从政策效力的角度，把科技人才政策分为部门规范性文件、部门规章、行政法规和法律。可见，科技人才政策分类没有统一的标准，主要是根据研究目的和研究的需要来划分的。本书主要是将科技人才政策分为引进政策、流动政策、培养政策、激励政策和综合性政策。

（二）科技人才培养政策

王连喜（1998）[1] 分析了政策调控在西北战区人才保留方面的缺憾及对西北战区人才培养实施政策扶持的必要性；提出了上级对西北战区人才保留实施政策扶持的基本范围，并对西北战区医学科技人才保留实施政策扶持后可能产生的负面影响进行了浅析。

白均堂（2013）[2] 从科技教育的路径、教学体制和伦理核心等视角，探讨延安时期科技教育政策的功力实效及价值启迪，得出自由研究是创新的基本方式，当代科技伦理教育应做实无私奉献精神等启示。

（三）科技人才流动、吸引政策

邱若宏（2010）[3] 在对民主革命时期（土地革命战争时期、抗日战

---

[1] 王连喜：《西北战区医学科技人才保留中的政策扶持》，《解放军医院管理杂志》1998年第1期。

[2] 白均堂：《延安时期科技人才培养政策价值特色探析》，《中共党史研究》2013年第6期。

[3] 邱若宏：《民主革命时期中共延揽和优待科技人才政策的历史考察》，《中共党史研究》2010年第10期。

争时期和解放战争时期）中共吸引和招揽人才的政策进行系统梳理的基础上，分析了其成效，认为民主革命时期中共的科技人才政策为新中国的经济建设及科技发展奠定了人才基础。

（四）科技人才激励政策

国内学者对科技人才激励政策的研究成果较丰富，研究范围细化到创新型、高校、青年等不同科技人才群体；研究内容既涉及科技人才激励政策存在的现实问题及其相关建议，又涉及相关理论的探讨，其研究成果主要体现在以下几个方面：

1. 科技人才激励机制及其政策体系存在的问题

娄伟（2004）、陈丹红（2006）和许迎（2009）等学者普遍认为，目前我国科技人才激励政策效率较低，主要表现为激励层次和内容较为单一，过分注重物质激励，而精神激励和发展激励不足或难以落实。娄伟还从激励理论出发，探讨了相关政策的创新路径。

2. 创新型科技人才激励措施

在创新型科技人才激励措施方面，多数学者主张采取多元或综合型激励机制，如娄伟（2004）提出，政府与用人单位等激励主体的多元化；石超英（2008）提出，采取物质激励、精神激励、发展激励等多元化的激励手段；洪冰冰和张晓丽（2011）、胡敏娟和蔡东澄（2008）等提出，针对科研环境、科研成就和科研能力等激励对象采取多元化的激励措施。此外，还有学者提出，有利于激发科技人才进行科技创新的激励方式，如张蔚、叶明（2001）提出的股权激励，胡敏娟、蔡东澄（2008）提出的产权激励。

3. 高校科技人才激励政策的研究

闫海燕、龚建立（2001）提出，从环境激励出发激励高校科技人才，优化高校科技人才的激励环境。

区莹（2005）认为，高校科技人才作为科技人才队伍的一部分，是培养科技人才后备力量的带头人，要调动高校科技人才的工作热情，必须采取有针对性的激励措施，充分激发高校科技人才的潜能，更好地实现高校的科研教育目标。

4. 青年科技人才激励政策

美国科学家罗伯特·默顿曾指出，社会上将越来越多奖励给予了已经有相当声望并做出特殊科学贡献的科学家，但却不肯承认那些还没有出名的科学家以及他们的成绩。因此，要高度重视培养新时期青年科技人才和技术人才，为优秀青年科技人才的选拔创造良好的环境和条件（张萌、高鹏，2009）。

刘颖、关培兰等（2009）把激励青年科技人才作为推动我国科技人才队伍建设的核心关键点。

李志红、侯海燕（2013）[①]认为，改革开放初期，我国通过恢复技术职称、建立国家自然科学基金会激励有突出贡献的中青年专家，恢复和重建国家科学技术奖励制度等科技人才激励政策，激发了科技人才的创造热情，为我国社会主义现代化建设起到了巨大的推动作用。

以上第一类研究都是从总体上作的分析，认为激励政策效率较低，缺乏具体政策具体问题的分析，只有对具体政策存在的具体问题进行分析，才能使对策更具有可操作性。后面几类研究都是分析某类科技人才政策的激励措施，更加具有针对性和可操作性。

三 科技人才政策演进历程

关于科技人才政策演进历程的研究成果较多，但大部分是从改革开放开始进行的分析，他们对政策发展阶段的划分基本一致，都是划分为三个阶段，只是对每个阶段描述的侧重点略有差异，如刘波、李萌（2008）回顾了各阶段政策出台的背景、内容、作用等，并提出了关于我国科技人才政策未来发展的展望；文玲艺（2009）描述了每个阶段的背景、主要政策内容与特点以及演变原因；李明（2008）的分析更加系统、全面，他在对新时期我国科技人才政策进行收集整理的基础上，从科技人才政策变化的年份特点及其原因、政策发布机构、政策作用对象、政策内容及分类等方面进行了分析。另外，只有少量学者从新中国成立开始对科技人才政策的演变进行梳理，如杜红亮、任昱仰（2013）系统地梳理了新中国成立以来中国海外科技人才政策的历史演变脉络，并将其划分为五个阶段，继而概括了各个阶段的政策主要特点，最后对政策演变历史带来的启示进行了归纳总结。

可见，这些研究对科技人才政策演变阶段的划分大体相同，基本上都对每个阶段的政策背景、内容、特点及演变原因进行了梳理。对本书

---

① 李志红、侯海燕：《我国改革开放初期（1978—1985）的科技人才激励政策研究》，《科技管理研究》2013年第16期。

有一定的借鉴意义，但是，基本上都是从总体上进行的分析，而缺少具体类别科技人才政策的演变分析。

四　新中国成立早期的科技人才政策

对于新中国成立早期（1949—1965年）科技人才政策的研究主要涉及党的知识分子政策研究，和个别学者从政策学、人才学角度进行的系统研究。我国国内现阶段对于这一时期科技人才政策的相关研究主要有以下几个方面：

第一，吸纳旧社会遗留下来的技术人才和海外留学生的措施研究。如周谷英（2007）[①] 介绍了新中国成立初期中共争取海外知识分子归国工作所面临的困难以及制定的相应政策和开展的一系列具体工作，并对这些工作所产生的成效进行了分析。

第二，科技人才留学问题的研究。刘建军（2004）[②] 通过追溯新中国成立以来我国留学政策的演变过程，揭示出留学政策在中国科技发展领域所带来的影响力和表现形式；李鹏（2008）[③] 在详细介绍了新中国成立初期留苏运动的历史背景、必要性、历史进程、组织管理及中国留苏学生海外学习与生活状况、归国贡献的基础上，总结了这次留苏运动的特点，并对这次留学运动进行了历史评价，认为总体上是成功的。

第三，教育以及人才培养的研究。如方虹、刘春平探讨了新中国成立以来我国高等教育事业的发展以及人才教育问题。

第四，知识分子政策问题研究。如袁亚丽（2005）[④] 总结了新中国成立早期科技人才政策的经验教训，为当前的科技人才政策提供了参考；席富群（1998）[⑤] 在分析新中国成立初期党的知识分子政策实践及效果的基础上，对党的知识分子政策及改造运动的功过给予了客观评价。

第五，宏观科技政策与人才政策的研究。如徐阳的《新中国科技政策的历史演进述评》在对科技政策的含义、分类进行初步的理论分析

[①] 周谷英：《建国初期中共海外知识分子归国工作研究》，硕士学位论文，华东师范大学，2007年。

[②] 刘建军：《新中国留学政策及其科技影响力分析》，硕士学位论文，山西大学，2004年。

[③] 李鹏：《建国初期留苏运动的历史考察》，硕士学位论文，华东师范大学，2008年。

[④] 袁亚丽：《建国初期党的知识分子政策及其现实启示》，《攀登》2005年第3期。

[⑤] 席富群：《建国初期中国共产党的知识分子政策述论》，《史学月刊》1998年第5期。

之后，对新中国科技政策的演进历程进行了回顾和梳理；娄伟的《科技人力资源开发及科技人才政策》全面分析了我国科技人力资源的发展历程及现状，对引导、推动我国科技人力资源开发的主要政策进行了分析。

第六，从政策学角度对这一时期科技人才政策内涵及特点的研究。如洪冰冰（2011）[①]结合1949—1966年这段时期的政治、历史背景，运用政策分析对这一时期的科技人才的培养、选拔与使用政策、管理、激励等政策进行全面、系统的研究，从政策学角度，探究这一时期科技人才政策的内涵及特点。

对新中国成立早期科技人才政策的研究为本书提供了可贵的参考资料，但是，其研究比较具体，多是针对某一具体政策的研究，研究比较零散，缺乏一定的系统性。

五 某地区的科技人才政策

这类研究主要分为以下几种情况：

第一，通过对不同地区科技人才政策进行比较，得出要针对地区的具体情况制定相应的政策。比如，覃宪儒、钟杰（2006）[②]运用比较分析的方法，通过对当前东部地区（上海市、深圳市、大连市、南京市）与西南民族地区（云南省、贵州省、广西壮族自治区、重庆市）的各类科技人才政策进行比较，找出两类地区之间的可比之处，从中借鉴东部地区的成功经验；陈莎利、李铭禄（2009）[③]发现，国内七城市人才政策的差异主要表现在"福利性政策"的力度和吸引人才类型的偏好方面，而各地区"发展性政策"的差异则相对较小；伍梅（2010）[④]就发达地区部分省市和广西壮族自治区在引进培养高层次科技人才方面的政策内容及其实施成效进行比较，从中找出广西壮族自治区在政策层面上存在的问题，提出广西壮族自治区高层次科技人才政策调整和创新的

[①] 洪冰冰：《建国早期科技人才政策研究（1949—1966）》，硕士学位论文，安徽医科大学，2011年。

[②] 覃宪儒、钟杰：《知识二元性视角下的创新型科技人才政策研究》，《经济与社会发展》2006年第9期。

[③] 陈莎利、李铭禄：《人才政策区域比较与政策结构偏好研究》，《中国科技论坛》2009年第9期。

[④] 伍梅：《广西与发达地区高层次科技人才政策比较与借鉴》，《市场论坛》2010年第9期。

措施；何方芳（2012）[①] 在比较分析的基础上依据激励理论的相关原理来构建科技人才激励政策的分析维度，找出天津市、江苏省和广东省与福建省在不同政治经济环境下各自所制定不同特色的政策，找出个性，同时结合不同省市自身的具体情况，对福建制定更加行之有效的科技人才激励政策提供意见建议，为更快更好地建设福建提供政策依据。

第二，通过对某地科技人才政策的演变进行梳理，对其政策成效进行评估。比如，谢俏洁（2009）[②] 分析了上海近30年人才政策的演变与创新；邓金霞（2012）[③] 在梳理1982年以来上海科技人才政策法规的基础上，结合上海市科技人才对相关政策法规认识的问卷调查以及相关访谈，对上海市科技人才政策法规进行了总体评估与分类评价（分别对其培养、吸引、使用、评价、激励、保障、创业的标志性政策进行评价），并提出适应社会发展需要进行法制化、完善机制以及赋予用人主体自主权等政策建议；杨小玲、陈刚（2012）[④] 梳理了近十余年来上海科技人才引进政策的概况，论述了制定上海科技人才引进政策的意义，介绍了上海重点科技人才引进政策的实施成效。

第三，通过对某地科技人才政策的现状和问题进行分析，提出相应的对策。涉及的地区主要有甘肃省、常州市、广西壮族自治区、湖北省、山东省。荆炜（2010）[⑤] 在分析甘肃省科技人才的发展现状和科技人才开发与管理水平的制约因素的基础上，对甘肃省现有的科技人才开发与管理政策进行梳理与评析，提出了提高甘肃科技人才开发与管理的可行性对策；张奕涵（2010）以常州市为例对地方政府引进海外高层次人才的对策进行了研究；伍梅（2010）[⑥] 通过分析广西壮族自治区高层次创新型科技人才激励政策体系的构成以及存在的主要问题，从激励

[①] 何方芳：《论福建省科技人才激励政策竞争力的提升——基于与津、苏、粤三地政策比较》，《漳州师范学院学报》（哲学社会科学版）2012年第3期。

[②] 谢俏洁：《上海人才政策三十年：演变与创新》，《人才开发》2009年第4期。

[③] 邓金霞：《科技人才开发政策法规总体评估：以上海市为例》，《科技进步与对策》2012年第10期。

[④] 杨小玲、陈刚：《上海科技人才引进政策综述》，《上海有色金属》2012年第3期。

[⑤] 荆炜：《甘肃省科技人才开发及管理政策研究》，《开发研究》2010年第3期。

[⑥] 伍梅：《广西高层次创新型科技人才激励政策分析与思考》，《沿海企业与科技》2010年第8期。

理论出发，探讨人才激励政策的创新路径；伍梅（2011）[①]通过研究分析广西壮族自治区高层次创新型科技人才的政策现状，发现人才政策中存在的政策覆盖面较窄、较为保守、操作性不强、人才激励政策的缺陷较明显，培养和吸引的政策力度小，选拔评价政策不合理和流动政策僵化等问题，提出树立人才优先发展新理念，调整和创新高层次创新型科技人才政策，加大政策倾斜力度等措施，优化广西壮族自治区高层次创新型科技人才政策环境；杨芝（2012）[②]通过对湖北省现有高层次科技人才相关管理政策的调研和梳理，归纳分析湖北省关于科技人才管理（吸引和保留、选拔和优惠、考核、奖励）的相关政策实施的现状，从而分析影响和制约湖北省高层次科技人才相关政策实施的主要因素，找到存在的问题，在此基础上提出相关的对策措施；高巍（2012）[③]在对山东省创新型科技人才政策现状和问题进行分析的基础上，从创新型科技人才的培养政策、激励政策、引进政策等方面对山东省创新型科技人才政策体系的构建提出对策建议。

第四，通过调查或构建模型评价某类科技人才政策。比如，孙瑜（2007）对海外人才回流上海进行了模型构建和政策分析；黄颖（2009）对上海市海归人才政策进行了调查与评价。

第五，对某地区某一具体政策的分析。比如，余海光（2011）以无锡"530"政策为例对地方政府吸引海外人才进行了政策研究。

六 某一专业科技人才政策

这类研究较少，主要涉及电力工程科技人才、科技创业人才、交通青年科技英才政策。如张娟、郭炜煜（2008）[④]认为，电力工程科技人才的成长环境包括社会环境、教育环境、政策环境、自然环境、行业环境、国际环境等，针对政策环境进行了深入分析。李涛（2010）对江苏省内的市级科技创业人才代表性政策细节进行比较，将政策措施分为"创业扶持"和"创业支持"两大类。他认为，"创业扶持"包括项目

---

① 伍梅：《广西高层次创新型科技人才政策问题与对策》，《科技管理研究》2011年第6期。
② 杨芝：《湖北省高层次科技人才管理政策实施研究》，《科技创业月刊》2012年第2期。
③ 高巍：《山东省创新型科技人才政策体系构建》，《科技信息》2012年第4期。
④ 张娟、郭炜煜：《电力工程科技人才成长的政策环境分析》，《广西电业》2008年第5期。

扶持、生活补助、成果奖励、配偶子女安置、融资担保等方面措施，各地大同小异；"创业支持"包括创业载体建设、人才队伍建设、部门协作、改善金融服务体系等方面措施，各地存在一定差异。樊东方（2013）[①]在对交通部"交通青年科技英才"评选工作的基本定位与评选程序、条件进行概括的基础上，分析了交通青年科技人才政策的实施效果，即对行业青年人才成长起到了示范和带动作用和为各地各单位人才工作提供了制度借鉴。

七 国外科技人才政策

这类研究主要分为以下几类：

第一，对某国科技人才政策的介绍及特点的总结。主要涉及韩国、新加坡、美国、日本、匈牙利、南斯拉夫、西欧、俄罗斯。比如，吴皓（1994）[②]发现，韩国结合本国的实际情况在不同时期、不同阶段采取了不同的科技人才策略，对所需人才的数量和档次制订了相应的计划，在具体工作中，实行了切合实际、灵活的方针，采取双向选择、来去自由、回国定居与短期回国工作相结合的方式等。贺英明（1999）[③]在简要地介绍新加坡科技人才政策的基础上，分析了其政策特点。牛培宪（2000）[④]简要地介绍了美国、日本、匈牙利、南斯拉夫、西欧的科技人才政策。董娟（2008）[⑤]对日本科技人才培养政策体系进行了系统梳理，发现日本科技人才培养政策上已从原来的硬件优先改变为高素质人才的培育，从强化国际竞争力转变为贡献于社会与人类生存。同时，建立了公共职业训练和职业能力开发的社会公共培养体系，注重企业的专门教育训练与技能开发。黎思佳（2013）[⑥]对苏联解体后俄罗斯政府出台的一系列人才政策和措施进行系统梳理。

第二，通过对某国科技人才政策的探讨和经验总结，提出了对我国

[①] 樊东方：《交通科技人才培养选拔政策的思考与建议》，《交通企业管理》2013年第5期。
[②] 吴皓：《韩国吸引海外科技人才的政策与措施》，《中国科技信息》1994年第1期。
[③] 贺英明：《新加坡的科技人才政策》，《全球科技经济瞭望》1999年第1期。
[④] 牛培宪：《国外对科技人才的新政策》，《人才资源开发》2000年第46期。
[⑤] 董娟：《日本科技人才培养政策与企业实践》，《中国人力资源开发》2008年第9期。
[⑥] 黎思佳：《俄罗斯政府的科技人才政策浅析》，《中国科技信息》2013年第6期。

的启示。主要涉及美国、日本和俄罗斯。比如，肖志鹏（2004）[①] 对美国建国以来不同时期的科技人才流动政策进行了初步的探讨，并分析了它对我国经济、科技发展的启示作用；王春法（2007）[②] 在详细介绍美国吸引国外科技人才的基本政策的基础上，总结其政策特点及对我国的启示；曹永红（2012）[③] 在结合《国家中长期人才发展规划纲要（2010—2020）》指导方针的基础上，介绍和分析了美国吸引国外科技人才的政策，为我国经济的发展、科技人才的培养和开发提供了一定的经验和启示；曹欢、郭朝晖[④]（2011）在介绍美国引进高层次创新型科技人才政策的基础上，总结其成功经验，提出我国引进高层次创新型科技人才的政策建议；乌云其其格、袁江洋（2009）[⑤] 对20世纪80年代以来日本的科技人才政策进行系统综述，并将这些制度变化置于当代日本科技制度改革的大背景下予以理解和分析，为我国科技人才制度的改革和完善提供借鉴；郭林（2012）[⑥] 通过分析20世纪90年代以来俄罗斯科技人才培养与激励政策的改革路径，总结其经验与教训，并得出有利于我国科技人才培养与激励的重要启示。

第三，通过对多个国家科技人才政策的比较，提出对我国的借鉴意义。比如，陈莹莹、黄昱方（2009）比较总结了美国、韩国、新加坡吸引高端科技人才的政策与实践，发现物质激励、满足职业发展需要以及提供良好的生活保障等是各国政府吸引并开发利用高端人才的主要手段。因此，对于我国科技创业企业来讲，我国的科技创业人才管理应当借鉴其他国家吸引、利用高端人才的政策与实践，组建高端创业团队，

[①] 肖志鹏：《美国科技人才流动政策的演变及其启示》，《科技管理研究》2004年第2期。

[②] 王春法：《美国吸引国外科技人才的政策及其启示》，《创新科技》2007年第7期。

[③] 曹永红：《美国吸引国外科技人才的政策及对我国的启示》，《现代营销》2012年第3期。

[④] 曹欢、郭朝晖：《美国引进高层次创新型科技人才的政策及启示》，《湖北教育领导科学论坛》2011年第2期。

[⑤] 乌云其其格、袁江洋：《日本科技人才政策的国际化转向》，《自然辩证法通讯》2009年第3期。

[⑥] 郭林：《俄罗斯科技人才培养与激励政策的改革与启示》，《科技进步与对策》2012年第1期。

促进科技创业人才的成长与发展。① 崔伟（2012）② 从物质激励的概念分析入手，着重从物质激励类型、针对对象、激励规模与力度、资金来源、发放与使用方式、实施主体和程序等方面阐述了各国物质激励体系及其做法，将其总结为四种模式即美国模式、英国模式、新加坡模式和印度模式。提出对我国如何改进物质激励政策的意见。

八 对科技人才政策评价的研究

这一研究分为两大类，即定性分析与定量分析。

（一）定性分析

这类研究集中在两个方面：一方面是对科技人才政策体系的分析与评价，另一方面是对某一类科技人才政策的评价。比如，方先堃、张晓丽（2009）③ 是从总体上对科技人才政策进行评价，他们在介绍改革开放初期我国科技人才政策的制定背景及其主要内容的基础上，分析了其政策特点，提出加快我国科技人才政策的科学化、民主化和法制化进程的相关建议；赵沛（2013）④ 只是对人才的使用和评价机制进行了分析，认为目前我国人才体制和机制有了进一步完善，但与市场经济发展相适应的人才体制还没有建立，人才的使用机制还不够科学，存在重学历和资历而轻能力业绩的现象；人才评价机制不适应培养创新型人才的需要。另外，还有学者兼顾了两类研究，如李明（2008）⑤ 首先提出了一个整体的分析框架，然后又选取了科技人才流动政策作为具体的评价对象进行了分析。他首先基于科技人才队伍开发系统建立了包含科技人才队伍建设发展规划体系、微观政策环境体系和社会环境体系三个子系统的科技人才政策分析框架，然后针对科技人才流动政策，建立了包含科技人才吸引政策（促进人才内流和防止人才流失）、引导科技人才溢流政策、科技人才流动平台培育管理政策和流动过程管理政策三大方面的科技人才流动政策分析框架，并依此对科技人才流动政策做出评析，

---

① 陈莹莹、黄昱方：《发达国家吸引高端科技人才的政策》，《中国人才》2009年第3期。
② 崔伟：《各国吸引海外科技人才的物质激励政策研究》，《科技与法律》2012年第3期。
③ 方先堃、张晓丽：《改革开放初期我国科技人才政策浅探》，《产业与科技论坛》2009年第4期。
④ 赵沛：《浅议我国科技人才政策现状》，《企业导报》2013年第10期。
⑤ 李明：《新时期中国科技人才政策评析》，硕士学位论文，东北大学，2008年。

提出建设性意见。

（二）定量分析

定量分析涉及的分析方法主要有模糊聚类法、CV 工具分析法、基于生命周期理论的网络模型、结构方程模型以及利用统计数据进行的投入产出效果的比较。比如，王磊、汪波等（2010）[①] 运用模糊聚类分析的方法，通过高新区科技人才政策指标体系的构建，对环渤海地区十个高新区进行人才政策评价研究，并得到动态聚类谱系图，从而为各高新区的人才政策的制定或调整提供科学的依据。周建中、肖小溪（2011）[②] 介绍了一种在科技人才政策研究中应用的最新工具和方法，即以科技人员的履历（Curriculum Vitae，CV）作为数据来源，对 CV 中包含的科技人员的丰富信息进行编码和分析，同时借助相应的描述统计分析方法，以此为基础来分析科技人才的职业发展轨迹、职业特征、流动模式以及科研人员个人和组织的评价等问题。通过对已有研究的概述分析，归纳了使用 CV 工具进行分析的主要方法，分析了该方法存在的障碍和不足，同时对在我国科技人才政策研究中如何应用该方法提出了建议。金振鑫、陈洪转等（2011）[③] 基于"生命周期"理论，对区域创新型科技人才的成长过程进行分析，构建区域创新型科技人才成长的 GERT（Graphical Evaluation and Review Technique，GERT，即图示评审技术）网络模型，并以某区域创新型科技人才成长为研究对象设计参数，进行仿真求解，得出区域创新型科技人才成长周期、实现概率等相关特征。在所构建的创新型科技人才成长 GERT 网络模型的基础上，对人才成长的政府扶持政策进行政策实验，对比政府在创新型科技人才成长的各阶段给予支持时的作用效果，从而得到政策的最佳扶持点和程度：即在创新型科技人才"种子"的萌芽期进行政策扶持，可以提高人才培养的成功率；政策支持发展期的创新型科技人才，则可以缩短培

[①] 王磊、汪波等：《环渤海地区高新区科技人才政策比较研究》，《北京理工大学学报》（社会科学版）2010 年第 8 期。

[②] 周建中、肖小溪：《科技人才政策研究中应用 CV 方法的综述与启示》，《科学学与科学技术管理》2011 年第 2 期。

[③] 金振鑫、陈洪转等：《区域创新型科技人才培养及政策设计的 GERT 网络模型》，《科学学与科学技术管理》2011 年第 12 期。

养周期。并据此提出相关政策建议。万玺（2013）① 阐述了海归科技人才创业政策对于吸引海归创业的重要意义，在相关文献回顾的基础上，提出了创业政策吸引度、满意度与忠诚度结构方程模型，在对海归创业人才调查的基础上以重庆市为实证背景对模型假设检验结果进行了验证。杜红亮、任昱仰（2013）② 以国家自然科学基金委员会制定的海外科技人才政策为对象，在对 NSFC 制定的海外科技人才政策进行了系统梳理的基础上，根据现有的权威调查和统计数据，就海外高层次科技人才项目与 NSFC 其他资助项目的实施情况（海外科技人才政策资助项目和金额的数量情况与 NSFC 的平均资助强度）和投入与产出的效果进行比较，为今后进一步完善 NSFC 海外人才政策和科技政策评估提供了有价值的参考。

第五节　科技人才政策述评

现有的文献中，专门以科技人才政策为研究对象的并不多，这些研究有如下特点：

一　研究主题不突出，缺乏针对性

目前，关于科技人才政策的研究大多是在科技政策、人才政策等的研究之中有所涉及，而专门针对科技人才政策的研究并不多，因此使相关研究缺乏一定的针对性。

二　研究视角缺乏一定的高度和广度，导致研究内容缺乏一定的深度

目前，关于科技人才政策的研究可以分为宏观和微观两大视角，研究较多的一类是从整个政策体系的角度进行的宏观研究，而另一类是针对具体的微观政策的介绍和个别条款的分析。这两类研究都存在一个共同问题就是仅从政策体系或政策本身进行分析，而较少结合政策的制定背景与目标，对政策成效的分析也较少，因此使研究不够深入，很难得出有深度的结论。

---

① 万玺：《海归科技人才创业政策吸引度、满意度与忠诚度》，《科学学与科学技术管理》2013 年第 2 期。

② 杜红亮、任昱仰：《NSFC 海外科技人才政策及其效果评估》，《科技管理研究》2013 年第 16 期。

三 研究方法缺乏理论性与专业性，导致研究结论缺乏一定的全面性

科技人才政策实施成效的研究应该属于政策评价，需要借助政策学相关理论来完成。在政策学中，政策评价应该确定科学的评价标准，依据一定的评价程序与方法，对政策的制定过程、执行过程、政策效果进行全面评价等。比如可以运用的政策评价方法就有很多，有价值分析方法、制度分析方法、因果分析、目标分析、专家咨询（如德尔菲法、头脑风暴法）、主观概率预测和超觉理性预测、直接比较评价等定性分析方法；还有建立评价指标体系（肖士恩、雷家等、王燕[1]）、回归分析方法（胡静、陈银蓉，2007[2]）、DEA 分析法（宁凌、汪亮等，2011[3]）、模糊多准则决策方法（严飞，2012[4]）、系统动力学方法（白帆，2010[5]）等定量分析法。而在以往的科技人才政策研究中，按照演进过程的叙述较多，运用政策学的方法从政策学角度进行的专业性研究非常少。这导致研究结论多是政策演进规律与特点的分析，而缺少政策成效及制定、执行等方面的相关结论。

四 研究基础略显薄弱，缺乏文献资料的支撑

科技人才政策实施成效研究的前提是掌握大量、全面的科技人才政策，而新中国成立以来人才政策的相关文献比较零散和缺乏，资料的获取比较困难，同时我国科技人才政策又散落在科技、教育等各方面政策中，收集这些政策的工作量非常巨大。虽然有少量学者整理了大量的相关资料，但不免有所遗漏。这也是限制相关研究的重要因素，因此，对文献资料的收集、整理与分析也是很重要的工作。

---

[1] 王燕：《地方政策人才政策评价机制研究》，硕士学位论文，安徽大学，2011 年。
[2] 胡静、陈银蓉：《湖北省土地政策评价模型的政策变量分析》，《统计与决策》2007 年第 19 期。
[3] 宁凌、汪亮等：《基于 DEA 的高技术产业政策评价研究——以广东省为例》，《国家行政学院学报》2011 年第 2 期。
[4] 严飞：《基于模糊多准则决策方法的产业集群政策评价》，《经济问题》2012 年第 2 期。
[5] 白帆：《基于系统动力学的电信重组政策评价研究》，硕士学位论文，北京邮电大学，2010 年。

第三章 新中国成立以来我国科技人才政策演进的梳理与评述

这部分主要是对每个阶段的科技人才政策的总体情况进行概括与梳理，厘清每个阶段政策制定的宏观背景与总体目标、各类政策的数量、特点及未来发展趋势。其中，宏观背景主要从当时经济发展形势、科技人才现状、前期政策保障情况三方面进行分析，因为经济发展形势决定了科技人才的需求情况，当科技人才供给不能满足经济发展需要时，要求有相应的政策为科技人才发展提供保障。因此，在不同的经济发展时期，科技人才的制定有其特定的目标。只有明确当时的总体目标，才能明确政策实施的差距。结合经济发展形势及政策特点，把我国科技人才政策的发展演变分为新中国成立初期（1949—1966年）、"文化大革命"时期（1967—1977年）、改革开放初期（1978—1991年）、邓小平南方谈话后（1992—2001年）和21世纪以来（2002—2013年）五个阶段。

第一节 科技人才政策背景的发展演变

一 新中国成立初期科技人才严重匮乏，远远不能满足工业化建设的需要

1949年新中国成立，我国建立了人民民主专政的国家政权，政治上的独立相应地要求经济上的独立，因此，党中央制定了经济发展的总路线，把工业化建设和社会主义改造作为当时的核心工作。根据总路线的要求，受到苏联的支援，中央政府制订发展国民经济的第一个五年计划（1953—1957年），主要任务是："集中力量发展重工业，进行以苏联帮助我国的156个建设项目为中心，900个大中型项目为重点的工业

建设，建立社会主义工业化的初步基础；相应地发展交通运输业、轻工业、农业和商业；相应地培养各类建设人才；有步骤地促进农业、手工业的合作化；继续进行对资本主义手工业的改造；保证在发展生产的基础上逐步提高人民物质生活和文化生活水平"。① 显然，这一宏伟计划的实施需要大量的科技人员，而当时我国科技和教育水平十分落后，科技人员非常缺乏。1949年新中国成立之时，全国仅有600多名有成就的自然科学家，科学技术人员不足5万人，仅有的30多个专门科研机构中有些已经名存实亡，在各工业领域中，全国总共只有78个设计单位，而各单位的设计人员均不超过500人，这样的科研水平远远不能满足随之而来的工业化建设和经济发展。② 因此，需要通过政策支持，培养大批科技人员为经济建设服务。

二 "文化大革命"时期科技人才的成长出现断层

十年"文化大革命"的影响，大批知识青年失去了接受正规教育或深造的机会，人才成长出现了断层，国家的现代化建设面临着困难。

三 改革开放初期科技人才仍然匮乏，严重制约着现代化建设

改革开放之初，我国科技人才的数量，与西方发达国家相比，仍然较为匮乏，严重制约着社会主义现代化建设事业的发展。1977年，美国、苏联和中国的科技人员分别为120万人、90万人和20万人，我国远远落后于发达国家；1978年党中央对全国自然科技人员进行了普查，结果显示，全国平均每万人中只有科研人员3人，每万名农业人口中只有农业技术人员4人，而平均每百名职工中，工程技术人员不到4人。另外，尽管已经有一些世界一流的科技专家，但从整体上看，高水平的人还很少，中高级科技人员占科技人员总数的比例仅为4%，而且还存在用非所学的浪费现象。③ 这说明，我国科技队伍无论从数量还是从质量上看，都仍然处于非常落后的状态，严重制约着现代化建设。

---

① 洪冰冰：《建国早期科技人才政策研究（1949—1966）》，硕士学位论文，安徽医科大学，2011年。

② 洪冰冰、张晓丽：《建国初期我国科技人才的激励政策及启示》，《产业与科技论坛》2011年第3期。

③ 崔禄春：《建国以来中国共产党的科技政策研究》，硕士学位论文，中共中央党校，2000年。

四　邓小平南方谈话后"科教兴国"战略的提出使科技人才政策步入新的里程碑

1995年5月，中共中央、国务院《关于加速科学技术进步的决定》首次提出科教兴国，即全面落实科技是第一生产力的思想，坚持教育为本，把科技和教育摆在经济、社会发展的重要位置，增强国家的科技实力及向现实生产力转化的能力，提高全民族的科技文化素质，把经济建设转移到科技进步和提高劳动者素质的轨道上来，加速实现国家的繁荣富强。不久，党中央、国务院又召开了全国科学技术大会，江泽民在会上作了重要讲话，他指出：科学技术人员是新的生产力的重要开拓者和科技知识的重要传播者，是社会主义现代化建设的骨干力量，实施"科教兴国"战略，关键是人才。这次全国科技大会，是继1956年的第一个全国科技规划和1978年的全国科学大会之后，我国科技发展史上的第三个里程碑。使人才尤其是科技人才得到了空前重视，科技人才政策也将取得里程碑式的发展。

五　21世纪以来的人才思想和战略为造就世界一流人才做了部署

（一）"人才资源是第一资源"思想的提出对于做好人才工作具有重要的指导意义

早在1989年11月，江泽民就对我国科技人才作了高度评价，此后在多次会议和讲话中都提到了人才问题，在2001年的"七一"讲话中，又提到了人才问题，要求"进一步在全党全社会形成尊重知识、尊重人才，促进优秀人才脱颖而出的良好风气"。"通过各项工作，努力开创人才辈出的局面"。同年8月7日，他在北戴河会见部分科学家时，第一次明确提出了"人才资源是第一资源"的思想。同时还指出，人才特别是创新人才已成为先进生产力发展的核心要素。2002年5月28日，江泽民在中国科学院第十一次院士大会和中国工程院第六次院士大会上又对"人才资源是第一资源"的思想作了重申，指出："人是生产力中最活跃的因素，人才资源是第一资源"，使人才资源的思想更为全面和完整。2002年11月，在党的十六大报告中，江泽民又提出了"尊重劳动、尊重知识、尊重人才、尊重创造"的新理念。这一科学论断的提出，对于做好新时期的人才工作及现代化建设具有重要的指导意义。

（二）人才强国战略的提出明确了 21 世纪人才工作的方针、目标和措施

新中国成立以来，尤其是改革开放以来，我国的人才队伍建设取得了显著成绩。但是，总体上看，人才队伍现状与新形势和新任务的要求还不相适应，特别是 2001 年加入世界贸易组织后，面临着各种挑战，人才总量仍然相对不足，结构还不够合理，尤其是创新能力有待提高。因此，党中央高度重视人才工作，2001—2003 年的短短三年内，使人才工作完成了由提出战略任务到具体规划再到具体实施的全面部署。2001 年，国家"十五"规划纲要将"实施人才战略，壮大人才队伍"专列一章，这是我国首次将人才规划作为国民经济和社会发展规划的一个重要组成部分，并将人才战略确立为国家战略。2002 年 7 月，又制定下发了《全国人才队伍建设规划纲要（2002—2005 年）》，明确提出要实施人才强国战略，并明确了当前和今后人才队伍建设的指导方针、目标任务和一系列政策措施，这是我国第一个综合性的人才队伍建设规划。2003 年 12 月，召开了新中国成立后的第一次全国人才工作会议，最终通过了中共中央、国务院《关于进一步加强人才工作的决定》，就新时期大力实施人才强国战略进行了全面部署。人才强国战略的提出与实施，明确了 21 世纪我国人才工作的重点是要加快培养和选拔适应改革开放和现代化建设需要的各类人才，加快建立有利于优秀人才脱颖而出、人尽其才的有效机制。

（三）建设创新型国家战略的提出要求培养创新人才和世界一流人才

2006 年，颁布实施了《国家中长期科学技术发展规划纲要（2006—2020 年）》，提出了建设创新型国家的重大战略。《纲要》指出了科技人才是提高自主创新能力的关键，明确了要把创造良好的环境和条件，培养和凝聚各类科技人才特别是优秀拔尖人才，充分调动广大科技人员的积极性和创造性，作为科技工作的首要任务。2007 年，党的第十七届全国代表大会上，胡锦涛进一步强调要提高自主创新能力，建设创新型国家，提出要建设人力资源强国，营造鼓励创新的环境，努力造就世界一流科学家和科技领军人才，注重培养一线的创新人才。

第二节　科技人才政策目标的发展演变

一　新中国成立初期的科技人才政策目标

新中国成立之初，我国教育状况非常落后。据统计，新中国成立前，全国80%以上是文盲人口，学龄儿童入学率仅为20%左右；平均每万人中仅有小学生、中学生和大学生分别为486人、38人和3人。①随着新中国经济建设的快速发展，科技人才需求和供给之间的矛盾日益突出。因此，新中国成立伊始，其紧迫任务就是培养和选拔新中国建设所急需的各类人才，当时的国家政府和领导人非常重视科技人才的培养和科技事业的发展。当时的科技人才政策目标主要是：利用有限的科技人力资源，最大限度地发挥其作用，大力培养科技人才，保障他们的工作与生活待遇，调动他们的工作积极性，推动我国的科学技术得以快速发展。

二　改革开放以后的科技人才政策目标

（一）改革开放初期的科技人才政策目标

邓小平在1978年全国科学大会前后的讲话为科技人才政策的转折做了理论准备。他在多次讲话中关于科技人才政策的中心思想是：充分保护和调动知识分子的积极性，加速培养年轻的科技人才。

1. 尊重知识、尊重人才，爱护和调动知识分子的工作积极性

从邓小平同志的多次讲话中可以看出，改革开放初期，科技人才政策的目标之一是如何调动知识分子的工作积极性。1977年5月24日，尚未恢复职务的邓小平在同中央两位同志谈话时指出：我们要实现现代化，关键是科学技术要能上去。一定要在党内造成一种空气：尊重知识、尊重人才。从事脑力劳动的人也是劳动者。②8月4日，刚刚复出10多天的邓小平自告奋勇分管科学和教育方面的工作，主持召开了科学教育座谈会，他在仔细听取了与会科学家和教授们的意见后，8月8

---

① 《中国教育年鉴》编辑部：《中国教育年鉴（1949—1981）》，中国大百科全书出版社1984年版，第78页。

② 《邓小平文选》第二卷，人民出版社1994年版，第40—41页。

日上午发表了《关于科学和教育工作的几点意见》的讲话,充分肯定了新中国成立17年科学和教育工作的成绩,肯定了中国绝大多数知识分子自觉为社会主义服务的事实,他强调要为科研和教学人员创造必要的工作条件,爱护和积极调动知识分子工作的积极性,还特别指出:"要保证科研时间,使科学工作者能把最大的精力放到科研上去。"根据邓小平"下决心恢复从高中毕业生直接招考学生,不要再搞群众推荐"的意见,8月13日,重新召开全国招生会议,中断10年的高考制度得以恢复。① 这些讲话中都体现了尊重知识、尊重人才、调动知识分子积极性的精神。

2. 加速培养年轻的科技人才,建设强大的科技人才队伍

面临改革初期科技人才供给与需求的巨大矛盾,党中央明确了科技人才政策的重要目标是加速培养科技人才。1978年3月,全国科学大会在北京召开,邓小平作重要讲话,指出科技人员是劳动人民,知识分子是工人阶级的一部分。强调要加速培养年轻的科技人才,提出科学技术人才的培养,基础在教育。10月9日,中共中央正式转发《全国科学技术发展规划纲要(1978—1985年)》,以下简称《八年规划》。《八年规划》提出,未来八年的科技工作奋斗目标:一是部分重要的科学技术领域接近或达到20世纪70年代的世界先进水平;二是专业科学研究人员达到80万人;三是拥有一批现代化的科学实验基地;四是建成全国科学技术研究体系。规划强调通过多种途径培养人才,加强国际科技交流与合作,推广技术成果,创造适宜的科研条件,实行科研管理科学化等。②

(二) 邓小平南方谈话后的科技人才政策目标——加速开发跨世纪的科技人才

1995年5月,中共中央、国务院《关于加速科学技术进步的决定》首次提出科教兴国,并指出科技人才是第一生产力的开拓者,是社会主义现代化建设的骨干力量。《关于加速科学技术进步的决定》要求,为适应社会主义现代化建设的需要,必须建设一支跨世纪的科技队伍,要

---

① 《邓小平文选》第二卷,人民出版社1994年版,第48—58页。
② 中华人民共和国科学技术部:《1978—1985年全国科学技术发展规划纲要(草案)》,http://www.most.gov.cn/ztzl/gjzcqgy/zcqgylshg/200508/t20050831_24438.htm。

选拔和培养一批跨世纪的青年学术带头人、工程技术带头人、新一代企业家；努力创造青年优秀科技人才特别是拔尖人才脱颖而出的环境和条件；还要积极创造条件，鼓励海外科技人员回国工作或以各种形式为祖国的现代化建设服务。为此，国家还制定了一系列政策和措施，加速了跨世纪的科技人才开发步伐。①

（三）21世纪以来的科技人才政策目标——努力造就世界一流科学家和科技领军人才、优秀拔尖人才

2001年，国家"十五"计划纲要将"实施人才战略，壮大人才队伍"专列一章，提出要加快培养和选拔适应改革开放和现代化建设需要的各类人才，加快建立有利于优秀人才脱颖而出、人尽其才的有效机制。

《国家中长期科学技术发展规划纲要（2006—2020年）》从加快培养造就一批具有世界前沿水平的高级专家、充分发挥教育在创新人才培养中的重要作用、支持企业培养和吸引科技人才、加大吸引留学和海外高层次人才工作力度、构建有利于创新人才成长的文化环境等方面部署了科技人才队伍建设方面的工作，明确指出了科技人才是提高自主创新能力的关键所在。要把创造良好环境和条件，培养和凝聚各类科技人才特别是优秀拔尖人才，充分调动广大科技人员的积极性和创造性，作为科技工作的首要任务，努力开创人才辈出、人尽其才、才尽其用的良好局面，努力建设一支与经济社会发展和国防建设相适应的规模宏大、结构合理的高素质科技人才队伍，为我国科学技术发展提供充分的人才支撑和智力保证。

2007年，党的第十七届全国人民代表大会上，胡锦涛总书记进一步强调要提高自主创新能力，建设创新型国家，提出要建设人力资源强国，营造鼓励创新的环境，努力造就世界一流科学家和科技领军人才，注重培养一线的创新人才。

---

① 《江泽民文选》第一卷，人民出版社2006年版，第425页。

第三节　科技人才政策特点的发展演变

以下分析的科技人才政策主要来源于人力资源和社会保障部（原人事部、原劳动与社会保障部）、教育部、科技部网站，以及人民网人民日报法律法规库。共收集各类政策文件316件（1949—2013年）。

一　科技人才政策发布机构

从政策效力看，分为部门规范性文件、部门规章、行政法规和法律；法律一般是指全国人民代表大会制定的基本法律，一般都是中华人民共和国某某法；法规是指国务院依据法律授权制定的行政法规，地位次于法律，一般是条例；部门规章习惯上也称规章，是国务院下属的各个部、委员会、直属厅、局、属制定的，一般没有公布令，名称一般都叫作"办法"、"规定"。

从发文部门的特点来看，首先，科技人才政策出台的部门数量呈递减的趋势，对于科技人才的管理越来越集中在教育部、科技部、人力资源和社会保障部（人事部、劳动和社会保障部及变更前的一些部门），尤其是越到近期，科技部在科技人才政策方面的影响就越变得更加重要。其次，各部门单独出台的科技人才政策数量占该部门总计出台政策数量（单独出台与联合出台之和）的比例越来越大，说明在科技人才队伍的建设方面，各部门的职能划分更加明确。另外，联合发文的各部门在政策中所承担的任务也越来越明确和有针对性，说明各部门在各自分工的基础上协调联动的机制越来越成熟。

二　科技人才政策调整对象

我国科技人才政策作用对象的演变如表3-1所示，作用对象后括号内的数字表示当年涉及该作用对象的政策数量。

表3-1　　　　　　　　科技人才政策调整对象

时期（年）	政策调整对象
1949—1965	技术人员（3）、知识分子（3）、旧职员（1）、出国实习生（1）、研究生（1）、自然科学工作者（1）、青年科技人员（1）

续表

时期	政策调整对象
1977	大学生（1）、科技工作者（1）
1978	干部（1）、知识分子（3）、科学技术人才（1）、科技人员（1）、科学工作者（1）、出国留学生（1）、理工科教学工作者（1）、中青年干部和专业科学研究人员（1）
1979	闲散自然科学技术人员（1）、引进人才（1）、科技干部（2）、科技人员（1）、出国留学人员（1）、科学技术干部（1）、归国科学家（1）、工程技术干部（1）
1980	闲散科技人员（1）、大学生和研究生（1）、工程技术干部（1）、科技骨干（1）、知识分子（1）、农业技术干部（1）、自然科学技术优秀拔尖人才（1）、少数民族科技技术人才（1）、科学家（2）、科技专家（1）
1981	以工代干科技人员（1）、科学技术干部（1）、工程与农业技术人员（1）
1982	知识分子（1）、科学技术人员（2）、科技工作者（1）、回国科技专家与学者（1）、讲师和工程师以上的中年知识分子、科学技术干部（1）
1983	高级专家（2）、边远地区科技队伍（1）、专门人才（1）、科技人员（1）、先进工作者（1）、国外人才（2）、骨干教师与医生和科技人员（2）、知识分子（1）
1984	有突出贡献的中青年科学、技术、管理专家（1），科技人员（2）
1985	科学技术人员（1）、博士后（2）、优秀青年科技人员（1）、有突出贡献的中青年科学、技术、管理专家（1）、科学技术人员（1）
1986	科技人员（2）、出国留学人员（1）、博士后研究人员（2）、科研人员和高水平技术人才（高科技人才）（1）
1987	企业工程技术人员（1）
1988	流动的专业技术人员（1）、中年专业技术人员（2）、科技人员（3）、专业技术人员（3）
1990	高级知识分子（1）、知识分子（1）、高层次专业人才（1）、中国科学院学部委员（1）
1991	做出突出贡献的专家、学者、技术人员（1）
1992	老一辈科学家和各类专家（1）、中青年科技骨干（1）、优秀青年科技人员（1）、中国科学院学部委员（1）、优秀留学博士（1）
1993	中国科学院院士（1）、高等学校毕业生（1）

续表

时期	政策调整对象
1994	青年科学技术人才（1）、海外学者（1）、优秀学术带头人（1）、高等学校毕业生（1）、
1995	优秀青年科技人员（1）、跨世纪学术和技术带头人（1），科技人才（1），专业技术人员（1），千万人才工程人选（1），优秀留学回国人员（1），有突出贡献的中青年科学、技术、管理专家（1）
1996	西部地区科技人才（1），在外留学人员（1），"百千万人才工程"人选（1），博士后、专业技术人员（1）、有突出贡献的中青年科学、技术、管理专家（1）
1997	国家基础科学人才
1998	青年科学家（1）、本科生与研究生（1）、长江学者（1）、"百千万人才工程"人选（1）
1999	跨世纪青年农民（1）、博士后（1）、科技创新人才（1）、做出杰出贡献的科学家（1）
2000	科技人才（1）、海外高层次留学人才（1）、优秀留学回国人员（1）、海外留学人才（1）
2001	留学人员（1），跨世纪青年农民（1），专业技术人才（1），海外留学人员（2），做出突出贡献的专家、学者、技术人员（1），院士（1）
2002	西部地区人才（1），新世纪"百千万人才工程"（1），杰出科学家、工程技术专家和理论家、学术技术带头人、优秀年轻人才（1），创新人才（1），杰出专业技术人才（1），海外留学人员（1），外籍高层次人才（1），专业技术人员（1），海外留学人才（1）
2003	留学人员（1）、留学回国人员（1）、高层次留学人才（1）、高技能人才（1）
2004	高等学校高层次创造性人才（1）、少数民族高层次骨干人才（1）、科技特派员（1）
2005	海外高层次留学人才（1）、少数民族高层次骨干人才（1）、专业技术人才（1）
2006	高技能人才（1）、博士后（1）、跨世纪学术和技术带头人（1）、重点领域紧缺人才（1）、海外科技人才（1）、创新人才（1）

续表

时期	政策调整对象
2007	科技工作者（1）、海外高层次留学人才（1）、海外优秀留学人才（1）、高技能人才（1）、科技工作者（1）、公派研究生（1）、专业技术人员（1）、国家公派出国留学研究生（1）、国家重点领域紧缺人才（1）、农村实用科技人才（1）
2008	海外高层次人才（3）
2009	科技人员（2）、科技特派员（1）、公派研究生（1）、卫生人才（1）
2010	海外高层次人才（4）、大学生"村官"（1）
2011	专业技术人才（1）、博士后（1）、高素质教育人才（1）、高技能人才（2）、长江学者（1）、创新人才（1）、青年拔尖人才（1）、专业技术人才（1）、现代农业人才（1）、女性科技人才（1）、生物技术人才（1）
2012	高层次人才（1），高等学校青年教师（1），外籍高层次人才（1），少数民族高层次骨干人才（1），边远贫困地区、边疆民族地区和革命老区人才（1），职务发明人（1），国家"百千万人才工程"人选（1）
2013	国家级技能大师（1）、国家级高技能人才（1）、国家级专业技术人员（1）

资料来源：根据历年科技人才政策整理。

由表 3-1 可见，我国科技人才政策作用对象的演变呈现出如下特点：

第一，"科技人才"的内涵直至 2011 年才明确界定。2011 年，我国发布《国家中长期科技人才发展规划（2010—2020 年）》，文件中首次明确界定了科技人才的概念，提出科技人才是指具有一定的专业知识或专门技能，从事创造性科学技术活动，并对科学技术事业及经济社会发展做出贡献的劳动者。主要包括从事科学研究、工程设计与技术开发、科学技术服务、科学技术管理、科学技术普及等工作的科技活动人员。在此之前，"科技人才"的内涵并没有严格的界定，各时期政策文件中都以各种各样的称谓来泛指"科技人才"。其中，在早期使用最多的是"知识分子""科技人员""科技干部"及其类似的称谓，这些概念将人才的管理混同于干部、知识分子等，直到 1990 年都在频繁使用，1990 年以后才逐渐被"科学技术人才""专业人才""创新人才""高层次人才""骨干人才""留学人才"等概念所代替。

第二，从政策对象的称谓可以看出，科技人才政策的时代特征及其对科技人才需求的演变过程。从政策对象看，我国对科技人才的需求经历了由量到质、由泛到精和专的演变过程。从新中国成立直至改革开放初期科技人才政策注重增加人才的数量，1983年开始出现"高级""有突出贡献""优秀"等字样体现出科技人才政策内容由追求人才数量向追求人才质量的转变；2000年以后，开始出现"海外""高层次""杰出""带头人""拔尖人才""创新""创造性人才""重点领域紧缺人才"的字样，反映出对科技人才需求由泛到精的转变，目前更加缺乏高层次的具有创新能力的创造性精英人才；同时，2000年以后，也开始出现"生物技术人才""女性科技人才""西部地区人才""青年农民""年轻人才""少数民族人才""边远贫困地区""边疆民族地区""革命老区"等，反映出对科技人才的结构性需求特点，科技人才已经不是全面短缺而是某些地区、某些领域、某些专业面临人才短缺的问题。

三 科技人才政策颁布时间

（一）政策颁布年代

科技人才政策颁布时间分布如图3-1和表3-2所示。

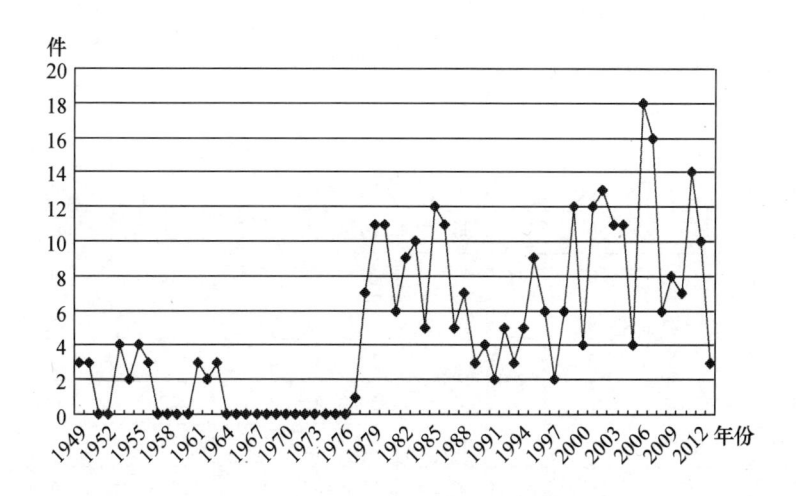

图3-1 科技人才政策颁布时间分布

表 3-2　　　　　　　　　科技人才政策年代分布

年份	政策发布数量	累计发布数量	发布数占总发布数的比例	年份	政策发布数量	累计发布数量	发布数占总发布数的比例
1949	3	3	0.01	1979	10	47	0.03
1950	3	6	0.01	1980	11	58	0.03
1951	0	6	0.00	1981	6	64	0.02
1952	0	6	0.00	1982	9	73	0.03
1953	4	10	0.01	1983	10	83	0.03
1954	2	12	0.01	1984	5	88	0.02
1955	4	16	0.01	1985	10	98	0.03
1956	3	19	0.01	1986	10	108	0.03
1957	0	19	0.00	1987	5	113	0.02
1958	0	19	0.00	1988	8	121	0.03
1959	0	19	0.00	1989	3	124	0.01
1960	0	19	0.00	1990	4	128	0.01
1961	3	22	0.01	1991	3	131	0.01
1962	2	24	0.01	1992	5	136	0.02
1963	2	26	0.01	1993	5	141	0.02
1964	0	26	0.00	1994	5	146	0.02
1965	0	26	0.00	1995	9	155	0.03
1966	0	26	0.00	1996	6	161	0.02
1967	0	26	0.00	1997	2	163	0.01
1968	0	26	0.00	1998	6	169	0.02
1969	0	26	0.00	1999	11	180	0.03
1970	0	26	0.00	2000	4	184	0.01
1971	0	26	0.00	2001	12	196	0.04
1972	0	26	0.00	2002	13	209	0.04
1973	0	26	0.00	2003	11	220	0.03
1974	0	26	0.00	2004	11	231	0.03
1975	0	26	0.00	2005	4	235	0.01
1976	0	26	0.00	2006	17	252	0.05
1977	2	28	0.01	2007	16	268	0.05
1978	9	37	0.03	2008	6	274	0.02

续表

年份	政策发布数量	累计发布数量	发布数占总发布数的比例	年份	政策发布数量	累计发布数量	发布数占总发布数的比例
2009	8	282	0.03	2012	10	313	0.03
2010	7	289	0.02	2013	3	316	0.01
2011	14	303	0.04				

资料来源：根据历年科技人才政策整理。

从图3-1和表3-2中可以看到，整个图形可以分为三个大的阶段：(1) 新中国成立初期即1949—1965年，政策数量较少，平均每年有2—4件政策；(2) "文化大革命"时期即1966—1976年，政策处于停滞状态；(3) 1977年以后，科技人才政策数量大幅度增加，可以看出，改革开放后，我国政府对科技人才的重视。尤其是21世纪以来科技人才数量明显多于以往各个时期，2000—2013年科技人才政策总量达到137件，平均每年接近10件。

(二) 功能性政策颁布年代

从政策功能看，科技人才政策可以分为吸引和流动政策、培养政策、激励政策、使用和管理政策、综合性政策。但是，我国现有的科技人才政策，很难严格地将其划分类别，即便有的文件名称中明显出现"培养""管理""吸引""流动""激励"等字样，其内容也还是会或多或少地兼顾其他内容，况且有些政策本身就是一个综合性的文件，覆盖面较广。各时期各类政策的分布数量及其比例如表3-3、表3-4和图3-2、图3-3所示。

表3-3　　　　　科技人才政策类别的年代分布　　　　单位：件、%

年份	小计 数量	小计 比例	引进政策 数量	引进政策 比例	流动政策 数量	流动政策 比例	培养政策 数量	培养政策 比例	激励政策 数量	激励政策 比例	综合性政策 数量	综合性政策 比例
1949	3	100	0	0	0	0	0	0	3	100	0	0
1950	3	100	0	0	0	0	0	0	3	100	0	0
1951	0	—	0	—	0	—	0	—	0	—	0	—
1952	0	—	0	—	0	—	0	—	0	—	0	—
1953	4	100	0	0	0	0	2	50	1	25	1	25

续表

年份	小计		引进政策		流动政策		培养政策		激励政策		综合性政策	
	数量	比例	数量	比例	数量	比例	数量	比例	数量	比例	数量	比例
1954	2	100	0	0	0	0	0	0	2	100	0	0
1955	4	100	0	0	1	25	1	25	1	25	1	25
1956	3	100	1	33	0	0	0	0	0	0	2	67
1957	0	—	0	—	0	—	0	—	0	—	0	—
1958	0	—	0	—	0	—	0	—	0	—	0	—
1959	0	—	0	—	0	—	0	—	0	—	0	—
1960	0	—	0	—	0	—	0	—	0	—	0	—
1961	3	100	0	0	0	0	0	0	0	0	3	100
1962	2	100	0	0	0	0	0	0	0	0	2	100
1963	3	100	0	0	0	0	0	0	3	100	0	0
1964	0	—	0	—	0	—	0	—	0	—	0	—
1965	0	—	0	—	0	—	0	—	0	—	0	—
1966	0	—	0	—	0	—	0	—	0	—	0	—
1967	0	—	0	—	0	—	0	—	0	—	0	—
1968	0	—	0	—	0	—	0	—	0	—	0	—
1969	0	—	0	—	0	—	0	—	0	—	0	—
1970	0	—	0	—	0	—	0	—	0	—	0	—
1971	0	—	0	—	0	—	0	—	0	—	0	—
1972	0	—	0	—	0	—	0	—	0	—	0	—
1973	0	—	0	—	0	—	0	—	0	—	0	—
1974	0	—	0	—	0	—	0	—	0	—	0	—
1975	0	—	0	—	0	—	0	—	0	—	0	—
1976	0	—	0	—	0	—	0	—	0	—	0	—
1977	1	100	0	0	0	0	0	0	0	0	1	100
1978	7	100	0	0	0	0	2	29	3	43	2	29
1979	11	100	1	9	3	27	1	9	5	45	1	9
1980	11	100	1	9	1	9	3	27	6	55	0	0
1981	6	100	1	17	0	0	0	0	4	67	1	17
1982	9	100	1	11	1	11	0	0	4	44	3	33
1983	10	100	2	20	2	20	1	10	5	50	0	0

第三章　新中国成立以来我国科技人才政策演进的梳理与评述　37

续表

年份	小计 数量	小计 比例	引进政策 数量	引进政策 比例	流动政策 数量	流动政策 比例	培养政策 数量	培养政策 比例	激励政策 数量	激励政策 比例	综合性政策 数量	综合性政策 比例
1984	5	100	0	0	1	20	0	0	4	80	0	0
1985	12	100	0	0	4	33	2	17	5	42	1	8
1986	11	100	0	0	5	45	5	45	1	9	0	0
1987	5	100	0	0	2	40	1	20	2	40	0	0
1988	7	100	0	0	2	29	0	0	4	57	1	14
1989	3	100	0	0	0	0	0	0	2	67	1	33
1990	4	100	0	0	1	25	0	0	2	50	1	25
1991	2	100	0	0	0	0	1	50	1	50	0	0
1992	5	100	1	20	0	0	1	20	1	20	2	40
1993	3	100	0	0	0	0	0	0	3	100	0	0
1994	5	100	0	0	1	20	4	80	0	0	0	0
1995	9	100	1	11	1	11	4	44	2	22	1	11
1996	6	100	1	17	0	0	4	67	1	17	0	0
1997	2	100	0	0	0	0	2	100	0	0	0	0
1998	6	100	0	0	0	0	6	100	0	0	0	0
1999	12	100	0	0	1	8	4	33	7	58	0	0
2000	4	100	3	75	0	0	1	25	0	0	0	0
2001	12	100	3	25	0	0	5	42	2	17	2	17
2002	13	100	3	23	2	15	4	31	3	23	1	8
2003	11	100	2	18	1	9	2	18	5	45	1	9
2004	11	100	1	9	2	18	6	55	1	9	1	9
2005	4	100	1	25	0	0	2	50	0	0	1	25
2006	18	100	3	17	2	11	5	28	5	28	3	17
2007	16	100	2	13	1	6	7	44	5	31	1	6
2008	6	100	3	50	0	0	1	17	2	33	0	0
2009	8	100	0	0	3	38	3	38	0	0	2	25
2010	7	100	4	57	2	29	0	0	0	0	1	14
2011	14	100	0	0	0	0	10	71	0	0	4	29
2012	10	100	1	10	0	0	7	70	1	10	1	10
2013	3	100	0	0	0	0	3	100	0	0	0	0
合计	316	100	36	11	39	12	100	32	99	31	42	13

资料来源：根据历年科技人才政策整理。

38　我国科技人才政策实施成效评估

表3-4　　　　　各时期各类政策的分布数量及其比例　　　　　单位：件、%

发展阶段	引进政策 数量	引进政策 比例	流动政策 数量	流动政策 比例	培养政策 数量	培养政策 比例	激励政策 数量	激励政策 比例	综合性政策 数量	综合性政策 比例	小计 数量	小计 比例
新中国成立初期	1	4	1	4	2	7	13	48	9	33	27	100
改革开放初期	6	10	8	13	7	12	31	52	8	13	60	100
80年代后期	1	2	14	29	10	20	18	37	6	12	49	100
邓小平南方谈话后	2	5	3	7	24	56	13	30	1	2	43	100
21世纪以来	26	19	13	9	56	41	24	18	18	13	137	100
合计	36	11	39	12	100	32	99	31	42	13	316	100

资料来源：根据历年科技人才政策整理。

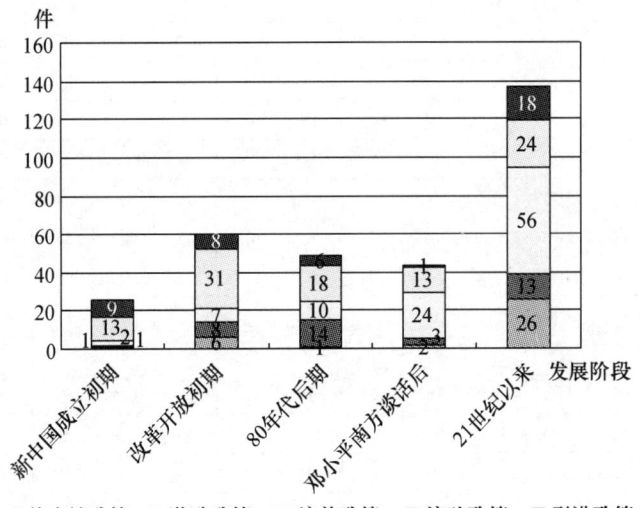

图3-2　各时期各类科技人才政策的数量分布

可以看出政策类别的演变呈现出如下特点：

第一，科技人才政策类别的演变与整个政策体系及宏观经济呈现出一致的阶段性特点。邓小平南方谈话以前的三个发展阶段，都是激励政策所占比例最大，分别达到48%、52%、37%，尤其是前两个阶段比例较高，这主要体现为新中国成立初期和改革开放初期的科技人才政策以争取使用技术人员，落实知识分子政策调动科技人员的工作积极性方面，与新时期的激励政策的侧重点略有不同。而邓小平南方谈话后的

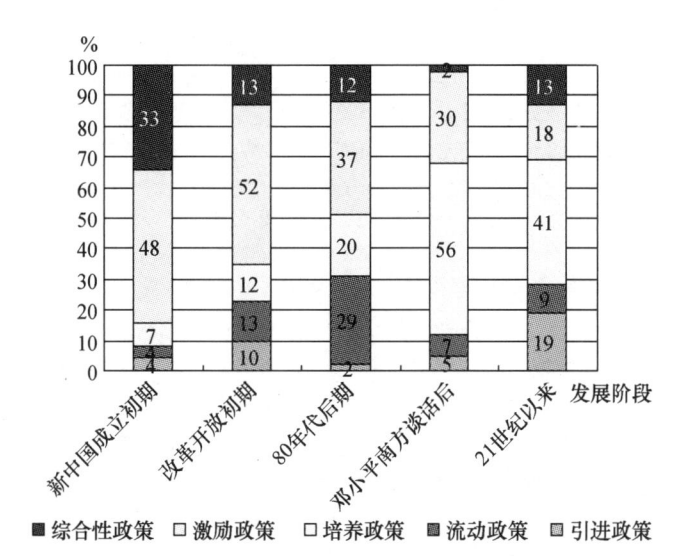

第三章 新中国成立以来我国科技人才政策演进的梳理与评述 39

图3-3 各时期各类科技人才政策的分布比例

两个发展阶段，培养政策所占比例最大，分别达到56%和41%。

第二，科技人才政策逐渐由综合性政策向具体政策转变。改革开放以前的两个阶段，除激励政策以外，综合性政策所占比例最大，而改革开放以后的三个阶段综合性政策所占比例在五类政策中处于第四或第五位。

第三，各时期不同类别科技人才政策的侧重点有所差异。综合性政策侧重点的演变将在下面的科技人才政策特点演变中详细分析。其他各类政策侧重点的演变将在后续的政策功能体系演变中的相应类别进行详细分析。

四 科技人才政策特点

（一）政策演变

科技人才政策侧重点的演变如表3-5所示。由新中国成立初期的保护与争取技术人员，到改革开放初期的落实知识分子政策，再到80年代后期的充分发挥科技人员的积极性和创造性，邓小平南方谈话后的培养高素质的科技创新人才，21世纪以来的突出培养造就创新型科技人才，大力开发经济社会发展重点领域急需紧缺专门人才。

表 3-5　　　　　　　　　　分阶段科技人才政策

发展阶段	综合性政策
新中国成立初期	保护与争取技术人员、改造旧职员；国民经济"一五"计划；生产企业与科研部门及高校协作；红与专、百花齐放、百家争鸣、理论联系实际；科学技术发展规划纲要
改革开放初期	落实知识分子政策、摘掉右派分子帽子；知识分子是工人阶级的一部分；全国科学大会、动员全体科技工作者向现代化进军；科学技术发展规划纲要，建成全国科学技术研究体系，做好复查和平反工作，放手使用、人尽其才；调查农村、城镇闲散自然科学技术人员；"文化大革命"遗留问题；聘请科学技术人员兼职、科技工作者科学道德；"经济建设要依靠科学技术，科学技术工作要面向经济建设"的战略指导方针；暂缓高级专家退休，延长骨干教师、医生、科技人员退休年龄，解决知识分子心里的疑惑；"三线"艰苦地区科技队伍、对科技人员实行聘任制
1985—1992 年	充分发挥科技人员的积极性和创造性、改革科技人员管理制度，科研机构下放到企业、横向联合、技术职务聘任制；积极探索科技人员管理制度的综合性改革；逐步完善专业技术职务聘任制；进一步加强和改进知识分子工作；分流人才、调整结构、进一步深化科技体制改革
邓小平南方谈话后	建设一支跨世纪的宏大科技队伍；提高国家创新能力和培养一支宏大的高素质的科技创新人才队伍；制定并完善各类专业技术人才政策；加强院士咨询工作
21 世纪以来	学术道德建设；人才资源是第一资源；少数民族高层次骨干人才计划；长期科学技术发展规划；科技进步和创新，发展教育和培养德才兼备的高素质人才；高技能人才工作的目标任务、培养体系、考核评价、竞赛选拔和技术交流、合理流动和社会保障、成长氛围等；博士后工作"十一五"规划；建设创新型国家；科技工作者科技道德规范；将"尊重劳动、尊重知识、尊重人才、尊重创造"和"人才强国战略"写入党章；中长期人才发展规划；突出培养造就创新型科技人才，大力开发经济社会发展重点领域急需紧缺专门人才，统筹推进各类人才队伍建设；界定了"科技人才"的含义；对 2015 年、2020 年我国生物技术人才的需求进行科学预测和整体规划；重大人才工程推进协调工作制度；党管人才

注：本书采取在政策文件中提取关键词的方式，尽量展现政策涉及的主要内容，并按照此标准对其进行分类统计。

(二) 新中国成立初期科技人才政策的特点

1. 政策已初步具备一定的系统性

新中国成立初期，党中央制定了很多政策，以规范和推动我国经济社会各方面的快速发展。其中，科技政策方面，首先制定了重要的科技战略规划，并以此为基础制定实施了一系列的科技人才政策，涉及科技人员的培养、引进、选拔任用、管理激励等诸多方面。如在人才培养方面，改革高等教育进行了院系调整，侧重培养理工类技术人员，重视中国科学院研究生培养，以成就高层次科学研究人员；在人才引进方面，注重海外科学家与留学生的引进等；在人才管理激励方面，制定了奖励发明与专利的有关条例，还制定了专门的科研工作条例保障科研人员的物质待遇与工作条件等。从政策学角度来看，这些政策形成了比较系统完备的科技人才政策体系。

2. 政策具有较强的针对性与实效性

这一时期国家科技发展处于关键时期，当时的科技人才政策及时有效地解决了新中国建设中面临的问题，具有很强的针对性和实效性，如关于旧有技术人员的留用改造政策，就解决了新中国成立初期技术人员严重缺乏的问题；落实知识分子政策，提高了当时很多科技人员的政治待遇，使他们从资产阶级知识分子的阴影中走出，调动了他们的工作积极性等。

3. 政策具有高度的计划行政性

新中国成立初期，由于受西方资本主义的封锁和国民党的制约，我国政府被迫与苏联结成同盟，在经济社会等很多方面都借鉴了苏联的经验，同样，科技发展方面也采取了苏联的发展模式。比如，我国第一个科技发展远景规划的制定就受到了苏联的影响。我国的高等教育政策也几乎全盘照搬苏联模式，此后，科技人才的学科结构及人才培养模式都受其影响。同时，由于我国当时实行计划经济，建立政治上的行政集权体制，反映在科技人才政策方面，政策制定实施的主体是政府，具有很强的行政性导向，依靠行政指令、法令实施。

(三) "文化大革命"时期科技人才政策的特点

"文化大革命"时期，在"左"倾科技政策占主导地位的情况下，科技人才备受打击，科技事业备受摧残，科技发展基本上处于停滞状态。相应地，科技人才政策也仅停留在新中国成立初期的状态，没有新的政策出台。

（四）改革开放初期科技人才政策的特点

这一阶段的科技人才政策以拨乱反正为重点，并努力恢复遭受"文化大革命"破坏的各项政策。

1. 政策具有强烈的政治性和时代感

改革初期，科技人才的政治地位被社会充分肯定。邓小平提出的科技思想，为在全社会形成一种尊重知识、尊重人才的整体环境提供了良好的政策导向，奠定了新时期我国科技人才政策的思想理论基础，为改革初期科技人才政策的制定提供了重要指导。

2. 政策具有较强的务实性

改革开放初期的科技人才政策从实际出发，解决实际问题，务实性较强。首先，表现为科技人才拨乱反正，消除政治上的迫害和歧视，使科技人才在政治上得到解放；其次，国家科委提出关于知识分子的政策，使科技人员的思想得到解放，为他们施展才能提供了可靠的保证。另外，高考制度和科技人才技术职称的恢复极大地调动了科技人员的进取心和积极性，对我国科技事业发展有着巨大的推动作用。

3. 政策具有较强的科学性

改革开放初期，科技人才政策的制定与实施具有一定的科学性、合理性和可操作性。党中央彻底纠正了在知识分子问题上的严重失误，恢复了"知识分子是工人阶级一部分"的科学论断，重新确立了正确的知识分子政策，更加完整地规定了党的知识分子政策，不再提"团结、教育、改造"，而提出要真正做到政治上一视同仁，工作上放手使用，生活上关心照顾，在全社会范围内形成了一个"尊重知识、尊重人才"的氛围。[①]

（五）改革中探索前进时期科技人才政策的特点

这一阶段国家科技发展的方针是"面向和依靠"，即经济建设要依靠科学技术，科学技术要面向经济建设。可以说，这一阶段整个科技体制改革的思路都是围绕着引入竞争机制，依靠市场调节来进行的。相应地，科技人才政策也引入了竞争机制。

---

① 方先堃、张晓丽：《改革开放初期我国科技人才政策浅探》，《产业与科技论坛》2009年第4期。

(六) 邓小平南方谈话后科技人才政策的特点

1. 政策更加符合市场规律的要求

在邓小平南方谈话后，我国的科技人才政策也同整个国家的局势一样进入了一个新阶段，科技人事制度改革日益深化，科研机构的自主权得到进一步落实，科技人才政策越来越符合市场配置规律的要求，同国际大环境也日益协调。

2. 科技人才政策体系基本确立

这一时期，在人才培养、引进、激励、流动等方面都出台了若干政策，并建立了相应的体制机制，使我国的科技人才政策体系基本确立。比如，在人才培养与引进方面，制订了大量政策和专项计划，使人才培养与引进工作走向制度化；在人才激励方面，建立了以项目制为主导的资源配置体制和体现绩效的工资制度；在人才流动方面，开始实行职务聘任制度，支持和鼓励人才流动。

(七) 21 世纪以来科技人才政策的特点

1. 提出人才强国战略，人才工作进入战略管理时代

进入 21 世纪，我国的人才工作进入了一个战略高度，制定了中长期的发展规划、纲要和相关的配套措施，使我国的人才工作体制机制创新有了新突破，进入了战略管理时代。比如，2002 年 5 月，党中央、国务院下发了第一个综合性人才队伍建设规划——《年全国人才队伍建设规划纲要 (2002—2005)》；2003 年 5 月，中共中央政治局会议决定成立中央人才工作协调小组，全面加强人才工作；2003 年 12 月，北京召开了 1949 年以来的第一次以人才为主题的全国性人才工作会议，中共中央、国务院作出了《关于进一步加强人才工作的决定》，提出实施"人才强国"战略[1]；2006 年，《国家中长期科学和技术发展规划纲要 (2006—2020 年)》及《实施〈国家中长期科学和技术发展规划纲要 (2006—2020 年)〉的若干配套政策》发布，"建设创新型国家"成为人才政策的宗旨和根本导向。

---

[1] 文玲艺：《改革开放 30 年我国科技人才战略与政策演变》，《科技进步与对策》2009 年第 6 期。

2. 政策体现了需求导向，重点偏向于高层次科技人才及其团队建设

这一阶段科技人才政策结合经济发展需求，培养目标逐渐转向高层次人才，开始注重科研团队建设；强调高校、科研机构与企业的联合；进一步规范和提升评价、激励等科技人才管理办法。比如，这一时期的中长期人才发展规划中提出"要大力开发经济社会发展重点领域急需紧缺专门人才"，还对 2015 年、2020 年我国生物技术人才的需求进行科学预测和整体规划，这些都体现了我国科技人才政策的需求导向。

第四节 科技人才政策功能体系

一 科技人才引进政策

（一）政策演变

科技人才引进政策侧重点的演变如表 3-6 所示。由新中国成立初期的国内招聘到改革初期的争取科技专家回国，再到 80 年代后期的通过经费资助向国外争取留学回国人员，邓小平南方谈话后以项目资助、提供住房、安排家属就业或就学等各种待遇资助鼓励海外留学人员以多种形式为国服务，21 世纪以来，实施一系列高层次人才引进计划，为高层次留学人才提供便利而丰厚的生活与科研条件。

表 3-6　　　　　　　　分阶段科技人才引进政策

发展阶段	科技人才引进政策
新中国成立初期	在外区招聘技术人员
改革开放初期	成立引进新技术领导小组；争取科技专家回国长期工作；引进国外智力、国外人才
1985—1992 年	争取优秀留学博士回国做博士后、留学回国人员择优资助经费、来华定居专家退休后交际和接待补助费

续表

发展阶段	科技人才引进政策
邓小平南方谈话后	拨出专项经费资助在外留学人员短期回国工作，开办外籍人员子女学校，重点资助优秀留学回国人员开展科技活动，留学人员创业园管理，春晖计划，海外留学人才学术休假回国工作，妥善解决优秀留学回国人员子女入学，留学人员科技活动项目择优资助，鼓励海外留学人员以多种形式为国服务；鼓励海外学者回国工作，吸引和使用留学生；界定了海外高层次留学人才；鼓励银行、保险、证券业和国有大型企业自主引进海外高层次留学人才，发放一定的住房补贴或提供住房，安排家属就业、就学；通过创业园吸引和扶持留学人员创业；制定并完善各类专业技术人才政策；中科院"百人计划"增加了以创新团队方式吸引"海外知识学者"的内容
21世纪以来	共建留学人员创业园，在中国永久居留审批管理，留学人才引进，界定海外高层次留学人才，高层次留学人才回国和海外科学家来华工作进出境物品管理，引进海外优秀留学人才，建立海外高层次留学人才回国工作绿色通道，吸引海外留学人员为西部服务；为外籍高层次人才和投资者提供入境及居留便利；海外留学人才学术休假回国工作；留学人员回国服务工作部际联席会议制度；资助高层次留学人才回国；界定海外高层次留学人才；重点培训300万名紧跟科技发展前沿、创新能力强的中高级专业技术人才；"春晖计划"实施细则；项目、人才、基地三位一体，力图以建设学科创新引智基地为手段，加大引进海外科技人才的力度；实施海外高层次人才引进计划；海外高层次引进人才享受特定生活待遇；国家重点创新项目引进人才；重点学科和重点实验室引进人才；中央企业和国有商业金融机构引进人才；海外高层次创业人才引进

（二）科技人才引进政策特点的变化

1. 改革开放初期科技人才引进政策的特点

1978年党的十一届三中全会以后，我国现代化建设对海外科技人才提出了强烈的需求。从邓小平同志的讲话到党中央和国务院制定的各项政策来看，这一时期的政策有如下特点：

（1）确立了引进海外科技人才的战略地位。在"文化大革命"错误思想的指导下，我国引进海外人才工作曾经完全中断，但是，改革开放以后，我国科技人才严重不足，对此，国家先后发布了若干政策文件阐述引进人才对于推动四个现代化建设的重要性，提出要有计划地引进一批外国文教专家和专业人才。另外，还成立了相应的工作机构与领导小组，例如，首先在1978年恢复了国家外国专家局的工作，紧接着在1983年正式成立中央引进国外智力以利四化建设工作领导小组（后改为中央引进国外智力领导小组，为非常设机构），并于1985年成立了中国国际人才交流协会及基金会，它们分别成为政府推动外国专家引进工作的主要官方机构和民间机构，这也标志着引进海外人才战略正式付诸行动。[①] 其他吸引海外科技人才的重要机构还包括1982年正式复会的欧美同学会和1988年由国家教委成立的"中国留学服务中心"，由此，我国引进海外人才的战略格局基本上确立下来。

（2）开始推动实施人才来去自由的方针。1978年，我国打开了公费留学的大门，1980年颁布《国籍法》，正式确立了中国的单一国籍政策，使自费留学的大门于1981年也正式打开，与之相伴随的是我国海外留学生规模逐年扩大，并成为我国重要的海外人才资源。为了有效吸引这一群体回国发展，我国于1985年提出了"支持留学，鼓励回国，来去自由"的出国留学方针。与此同时，也注意吸引外国学生来华留学，并在"来去自由"的基础上鼓励他们在中国长期居住和工作，针对海外专家也实施"可来可走，来去自由"的方针。

（3）政策表现出较强的探索性。这一时期的很多人才引进政策都处在试行、暂行阶段，表现出较强的探索性。例如，1985年，在李政道教授的倡议下建立的博士后流动站，就是为吸引海外留学毕业的博士回国发展的初步尝试。

（4）初步建立了以待遇和资助项目吸引人才的模式。改革开放之初，我国科学技术发展仍十分落后，除民族情感等因素外，中国对于海外科技人才的综合吸引力极为有限。在这种情况下，国家主要采取了利用有限财力和其他优惠政策，集中给予愿意来华的少数海外科技人才较高的物质待遇并提供科研及学术交流资助的策略，其基本原则是提供整体上略高于其在国外的实际收入水平，同时满足他们开展学术活动的基本经费需求。实际上，这一时期先后有24个政策都专门或者提到物质待遇的问题，同时还有6项政策专门论述有关资助项目的问题，合计占

[①] 杜红亮、任昱仰：《新中国成立以来中国海外科技人才政策演变历史探析》，《中国科技论坛》2012年第3期。

同期政策总数的近四成。①

2. 邓小平南方谈话后科技人才引进政策特点

1992年，我国经济社会发展进入到新一轮的快速增长轨道中，从而对科技人才特别是高层次科技人才的需求快速增加，并且与海外人才流入减少的矛盾不断凸显，促使国家开始丰富和完善一系列吸引海外科技人才的政策体系，这些政策有如下特点。

（1）人才引进对象和范围不断扩大。这主要表现在人才引进对象的扩大和政策内容的不断充实上。制定了大量吸引海外留学人员、海外学者、海外高层次留学人才回国工作的政策；在政策内容上，不仅包括对留学人员的优厚待遇还包括对留学人员子女和家属的安置，涉及学术休假、创业园、团队引进等多种形式。

（2）人才引进模式呈现多元化趋势。在20世纪90年代以前，国家吸引海外人才的主要方式是实施项目资助，这一情况在1994年以后得以完全改观，在加大对个人项目资助的同时，提出团队资助和基地资助的模式。1994—1999年实施了若干针对海内外科技杰出人才的支持计划，如国家自然科学基金委员会的"国家杰出青年科学基金计划""海外青年学者基金"和"香港澳门学者青年基金"计划，中国科学院的"百人计划"和人事部等四部门联合实施的"百千万人才工程"，教育部的"春晖计划"和"长江学者奖励计划"。在此基础上，1996年人事部还提出留学人员创业园这种基地资助模式，2001年中国科学院又提出"科学家小组"这种团队模式。②

（3）权力的下放使人才引进的方式更加灵活、渠道更加广泛。改革开放初期，我国引进人才的权力集中在国家外专局，而随着自费留学规模和国家对人才需求的扩大及人才引进模式的多元化，人才引进工作需要越来越多的部门参与，国家也相应地把权力下放给相关部门，如国家自然科学基金委员会、教育部、人事部、中国科学院等。近年来，还把部分权力下放给具体的用人单位甚至是社会中介机构，如在《高等学校聘请外国文教专家和外籍教师的规定》《"百千万人才工程"实施

---

① 杜红亮、任昱仰：《新中国成立以来中国海外科技人才政策演变历史探析》，《中国科技论坛》2012年第3期。

② 同上。

方案》《关于规范"百人计划"招聘及分类管理的实施意见》等文件中都允许用人单位通过灵活的方式和广泛的渠道吸引人才。与下放人才引进权力相伴随的是出现了高校教师、研究人员、企业专家等灵活多样的引才形式和学术交流访问、回国创业和在企业就业、回国或来华参与国际会议、学术兼职、短期授课、工作讲学、合作研究等广泛的引才渠道。

3. 21世纪以来科技人才引进政策的特点

2002年中国正式成为世界贸易组织的一员，面对激烈的国际人才竞争形势和我国对高层次人才更加紧迫的需求，国家为此进一步调整、完善了相关政策体系，积极构建更加有利于留学人才和海外高端科技人才回国发展的政策环境。这一时期制定的政策相当一部分是在之前的政策基础上所做的调整、完善、补充，主要有如下特点：

(1) 进一步将工作重心放到吸引海外高端科技人才上。2002年，中共中央、国务院发布的《全国人才队伍建设规划纲要（2002—2005年）》中，明确指出"信息技术、生物技术、新材料技术、先进制造技术、航空航天技术等方面具有世界一流水平的专家，以及金融、法律、国际贸易和科技管理方面的高级专门人才是目前国家紧缺、急需引进的人才"。2003年国务院制定的《关于进一步加强人才工作的决定》进一步强调了要"加大吸引留学和海外高层次人才工作力度"。同时有关部门为进一步强化高端科技人才工作，分别制定了《高等学校学科创新引智计划"十一五"规划》《"十一五"国际科技合作实施纲要》《引进国外智力工作"十一五"规划》《留学人员回国工作"十一五"规划》《知识创新工程三期"百人计划"岗位指标配置和使用方案》等相关规划，从而形成了较为完整的海外高端科技人才吸引规划体系。[①]

(2) 进一步细分人才类别并制定实施差异化的专门计划。随着人才强国战略的实施，国家把开发利用国际国内两个人才市场、两种人才资源提高到同等重要的地位，并针对海外高端科技人才进一步研究制定专门的政策。一个基础工作就是在留学人才中界定海外高层次留学人才，并将其分为一般留学人才和海外高级人才两大类，并将高层次留学

---

① 杜红亮、任昱仰：《新中国成立以来中国海外科技人才政策演变历史探析》，《中国科技论坛》2012年第3期。

人才进一步细分为八个具体类别。① 继而，分别针对其全职回国、回国创业、回国兼职等制订专门计划，例如人事部的《留学人员回国工作"十一五"规划》专门制订了高层次留学人才集聚计划、留学人才创业计划和智力报国计划。其他部门也在已有计划的基础上，进一步完善了相关政策，例如，针对来华或回国兼职或其他形式的服务问题，分别出台了爱因斯坦讲席教授计划、外籍青年访问学者奖学金计划、海智计划、春晖计划学术休假项目等。

（3）进一步强调解决人才引进过程中的各种实际问题。随着以人为本理念的贯彻实施，除了在待遇、职位、科研经费、科研条件等方面进一步加大了支持力度并提高政治待遇以外，国家将工作的重点进一步向引进人才的生活、出入境、子女教育、家属就业、医疗与社会保障、安全、国内流动、户籍、创业投资等方面倾斜，努力解决人才回国或来华发展的后顾之忧，进一步消除阻碍他们来华或回国的各种不必要障碍因素，从而加快形成引得回、回得稳的局面。

（4）吸引海外科技人才正式上升为国家战略行为。进入21世纪，人才战略正式成为国家战略的组成部分，而吸引海外人才则成为其中的一个重要内容。尤其是2008年由中组部牵头的"海外高层次人才引进计划"（简称"千人计划"，即用5—10年时间全职吸引2000名左右的高端科技人才），涉及国务院所属的十多个部门及各省、自治区和直辖市，真正体现了其作为国家行为的全面参与性。与此同时，国家又有意为国内过热的海外科技人才工作"降温"，一方面进一步明确政府的工作重点是吸引最高端的科技人才，另一方面进一步提升国内高端科技人才培养的战略地位，期望从根本上解决我国高端科技人才长期有赖引进的问题；同时也进一步淡化了海外人才和国内人才的差异，更加强调从能力而非身份的角度来考察人才，可以说是我国海外科技人才战略新的升华，将有助于从根本上消除内外有别的歧视性潜规则。

（5）形成了吸引海外科技人才的完整层次结构。随着"千人计划"的部署实施，我国基本完成了吸引海外科技人才体系的建设，初步形成了以"千人计划"为龙头、各部门海外高端科技人才计划为主干、各

---

① 人事部等：《关于在留学人才引进工作中界定海外高层次留学人才的指导意见》，2005年。

省市区相关计划为补充的多层次体系。在此基础上,《国家中长期人才发展规划纲要（2010—2020 年）》和《国家中长期教育改革和发展规划纲要（2010—2020 年）》则进一步明确了推动海外科技人才在我国教育和人才发展体系中的角色和地位，将海外科技人才政策从自成一体变成国家科技人才政策体系的一个有机组成部分。

（6）进一步完善了吸引海外人才的信息服务平台和工作机制建设。为了加快推进"海外高层次人才引进计划"及相关计划的实施，各有关部门和地方按照各自职能，分别成立了专门的海外高层次人才引进工作小组，针对四类具体人才专门制定了统一工作细则和部门（地方）的工作细则，组织建设了人才信息库和信息服务平台、组织实施具体的人才引进工作等。除了官方机构，国家还强调要充分发挥有关学会、协会等社会团体和组织的作用，进一步丰富联系渠道。

二 科技人才流动政策

（一）政策演变

科技人才流动政策内容的演变如表 3-7 所示。由新中国成立初期派遣实习生出国，到改革开放初期的促进科技人员从国企流向集体企业、从大城市流向中小城市、从内地流向边疆，再到 80 年代后期鼓励科技人员停薪留职、业余兼职和合理流动及自费出国留学，邓小平南方谈话后培育和发展人才市场为人才流动提供条件，21 世纪以来，加快发展人才市场，动员广大科技人员服务企业。

表 3-7　　　　　　　　　　分阶段科技人才流动政策

发展阶段	科技人才流动政策
新中国成立初期	出国实习生派遣工作
改革开放初期	合理流动、科学家兼职、解决夫妻两地分居、安排使用、农村家属迁往城镇、国家供应粮食、科技骨干外流、稳定加强三线艰苦地区科技队伍；增选出国留学生；出国留学人员管理教育工作、科技骨干外流；科学家兼职过多；地区及部门与单位之间科学技术人员交流、促进科技人员合理流动（从国企流向集体企业、从大城市流向中小城市、从内地流向边疆）

续表

发展阶段	科技人才流动政策
1985—1992年	科技人员合理流动、配偶和子女落户、子女上学、城镇户口粮食关系、专业技术干部家属"农转非"、科技人员业余兼职、科技咨询、科技信息和技术服务业；城市的各类科学技术人员经所在单位同意，可以停薪留职，应聘到农村工作，促进人才合理流动，允许科技人员业余兼职，获取合理报酬；促使科学技术人员合理流动、可以业余从事技术工作和咨询服务、实行以职务工资为主要内容的结构工资制，并允许发放福利；鼓励科技人员停薪留职、业余兼职和合理流动；鼓励科技人员流动、对流动人才专业技术职务任职资格的认定、充分发挥科技人员的作用，促进人才合理流动；对自费出国留学采取"支持留学、鼓励回国、来去自由"和按规定收取培养费的原则
邓小平南方谈话后	研究人员配偶流动期间工作安置，培育和发展人才市场，人才市场管理，中介机构审批与年审，全国性人才交流会审批，流动人员人事档案管理，东西部地区人才市场建设对口支援，博士后研究人员子女上学介绍信，博士后交流，人才市场供求信息分类标准
21世纪以来	人才市场供求信息发布，中外合资人才机构管理，加快发展人才市场；科技特派员基层创业行动试点；每年在重点建设的高水平大学中选拔出5000名优秀学生，公费派遣到国外一流的院校学习；进一步规范国家公派出国留学研究生派出和管理工作；动员广大科技人员服务企业；深入开展科技特派员农村科技创业行动；大学生"村官"有序流动

(二) 政策特点变化

1. 从改革开放至邓小平南方谈话以前，众多政策引导科技人才正向流动

改革开放以后，国家正式发布政策鼓励人才流动，但文件也严格限定流动必须"正向"，即从国有企业流向集体企业，从大城市流向中小城市，从内地流向边疆。从工资制度、任职资格、配偶和子女安置等方面都制定了相关的政策为人才流动创造便利条件。还允许科技人员辞职、业余兼职、停薪留职、创办乡镇企业，同时也支持"三资"企业的用人自主权。

2. 邓小平南方谈话后，初步形成了发展人才市场的政策体系

1992年邓小平南方谈话后，对内改革搞活经济全面深入地推进，对人才的需求日益强烈，市场在各方面资源配置的作用越来越大。这一期间，人才市场建设的相关政策密集出台，初步形成了以管理法规为指导、以柔性政策为补充的政策体系。为了加强人才流动的管理，规范人才流动秩序，保障单位和个人的合法权益，建立人才流动安全机制，维护社会公共利益，促进经济建设和社会发展，国家有关部门出台了一系列科技人才流动的相关管理政策法规。比如，人事部联合有关部门先后出台了《人才市场管理规定》《流动人员人事档案管理暂行规定》和《人事争议处理暂行规定》。对国家级人才市场，人事部还建立了年终检查述职制度，全面了解其运行情况，加强指导和管理。此外，还对人才市场中介机构审批与年审，全国性人才交流会审批，东西部地区人才市场建设对口支援，博士后研究人员子女上学，博士后交流，人才市场供求信息分类标准等问题进行了规定。

3. 21世纪以来科技人才流动政策更加成熟完善

1999年开始，随着科研机构转制的全面展开，人才分流进一步加强。21世纪以来，出台的科技人才流动政策比以往任何时期都要多，针对人才流动的政策日益丰富。2002年，国务院办公厅转发了人事部《关于在事业单位试行人员聘用制度意见的通知》，要求在事业单位"全面推行公开招聘制度""建立和完善考核制度""规范解聘、辞聘制度"，明确规定对于考核不合格的、不能适应岗位要求的人员要实行解聘；《全国人才队伍建设规划纲要（2002—2005年）》指出，"国家要建立人才统计指标体系，定期发布人才需求预测白皮书，强调要打破人才身份、所有制等限制，探索多种人才流动形式，鼓励科技人才向企业转移，鼓励科研院所人才向本行业内人才相对匮乏的单位流动"；《实施〈国家中长期科学和技术发展规划纲要（2006—2020年）〉的若干配套政策》对科研院所与企业之间人才的双向流动提出了更高要求；2006年，人事部相继发布了《事业单位岗位设置管理试行办法》和《〈事业单位岗位设置管理试行办法〉实施意见》，对事业单位岗位设置和聘任提供具体的操作指导，岗位聘任制度为人才分流和结构调整进一步创造了条件。

三 科技人才培养政策

（一）政策演变

科技人才培养政策侧重点的演变如表 3-8 所示。由新中国成立初期的着重培养青年科技人员，到改革开放初期的培养年轻科技人才和青年农民，再到 20 世纪 80 年代后期通过继续教育、博士后制度等形式培养各类专业技术人才，邓小平南方谈话后实施"百千万人才工程"培养学术和技术带头人，21 世纪以来，实施各类人才培养计划，加强各级各类人才尤其是创新人才的培养。

表 3-8 分阶段科技人才培养政策

发展阶段	科技人才培养政策
新中国成立初期	科学院工作、培养办法、苏维埃政府援助中国；研究生；科研机构的根本任务是出成果出人才、着重培养青年科技人员
改革开放初期	恢复高考；高校毕业生调配派遣、见习管理、基层培养锻炼、统一调剂、职工教育、出国留学；要加强培养年轻的科技人才、理工科本科学制、选拔优秀中青年干部、通过多种途径培养人才；提高青年农民的科学技术水平；就地使用社会闲散科技人员，规定中国学位分为学士、硕士、博士三级；专门人才培养规划
1985—1992 年	试办博士后科研流动站、在职申请博士硕士学位、大学后继续教育、少数民族与民族地区职业技术教育、继续教育、大力发展职业技术教育，从工人、农民及其他劳动者中选拔培养技术人才；试行博士后研究制度；重视科技人才和各类专业技术人才的培养和选拔等；要特别重视培养少数民族地区迫切需要的大专层次的经济、科技管理方面的人才
邓小平南方谈话	调整奖学金、生活费标准，加快改革和积极发展普通高等教育，实施"百千万人才工程"，专业技术人员继续教育，培养跨世纪学术和技术带头人，深化职业教育教学改革，"百千万人才工程"人选培养、考核，高等工程专科教育，加快中西部地区职业教育改革与发展，学术经验继承；促进青年科学技术人才的成长，加速培养造就一批进入世界科技前沿的优秀学术带头人；逐步实行大多数毕业生自主择业的制度；"国家基础科学人才培养基金"加强理科本科生教育、为基础研究培养后备人才；中韩每年互派博士后人员 10 名；提高本科生、研究生的培养质量；开展跨世纪青年农民科技培训工程试点；培养数以万计具有创新精神和创新能力的专门人才

续表

发展阶段	科技人才培养政策
21世纪以来	农村实用科技人才培养，国家重点领域紧缺人才培养，高等学校本科教学质量与教学改革工程，专业技术人才知识更新工程；大力培养和引进创新人才；做好高技能人才培养和人才保障工作；三年五十万新技师培养计划；高层次创造性人才计划包括长江学者和创新团队发展计划、新世纪优秀人才支持计划、青年骨干教师培养计划；做好普通高等学校为军队培养人才工作；进一步加强高技能人才评价工作；在重大项目实施中加强创新人才培养；高技能人才培养体系建设；建设高水平大学公派研究生项目学费资助；具有原始创新能力的科学家队伍，优秀科技创新团队；中青年科技创新领军人才，科技创新创业人才，科技管理与科技服务和科普等人才队伍，创新人才培养示范基地；每年培训100万名高层次、急需紧缺和骨干专业技术人才；高技能人才振兴计划实施方案；到2020年，选拔一批农业科研杰出人才，给予科研专项经费支持，有突出贡献的农业技术推广人才、农业产业化龙头企业负责人和专业合作组织负责人、农村经纪人等优秀生产经营人才

（二）政策特点变化

1. 新中国成立初期，人才培养政策数量较少，内容较零散

新中国成立初期，我国科技人才政策的重点是保护和争取旧有技术人员，关于人才培养的政策较少。

2. 改革开放初期，以恢复高考为核心，重点是完善高等教育人才培养政策

改革开放初期，高考制度得以恢复，相应地出台了大量关于高校专业设置、学制与学位设置、毕业派遣制度等方面的政策，初步形成了我国高等教育的人才培养政策体系。

3. 20世纪80年代后期，继续教育和职业教育政策逐步完善

这一时期，人才培养政策主要集中于通过继续教育和职业教育培养各类专业技术人才。出台了博士后制度的一系列相关政策、在职申请博士硕士学位和大学后继续教育等政策、大力发展职业技术教育等相关政策。

4. 邓小平南方谈话后，侧重于培养优秀学术和技术带头人

邓小平南方谈话后，人才培养政策主要围绕"培养优秀学术和技术带头人"，在这方面出台了一系列政策。比如，实施"百千万人才工程"，培养跨世纪学术和技术带头人，制定了"百千万人才工程"人选

培养、考核等相关的政策；还提出促进青年科学技术人才的成长，加速培养造就一批进入世界科技前沿的优秀学术带头人；实施"国家基础科学人才培养基金"加强理科本科生教育、为基础研究培养后备人才；中韩每年互派博士后人员10名；提高本科生、研究生的培养质量；开展跨世纪青年农民科技培训工程试点；培养数以万计具有创新精神和创新能力的专门人才等。

5. 21世纪以来出台大量政策，使人才培养政策体系趋于完善

这一时期出台了大量的人才培养政策，对以往的政策进行了补充、完善与提升。使我国人才培养政策体系趋于成熟和完善，政策内容已经涵盖了人才培养的方方面面。比如，在实用科技人才、紧缺人才、创新人才和高层次人才培养方面都出台了若干政策，尤其是通过各种计划、各种形式培养创新人才和高层次人才，比如，高层次创造性人才计划（包括长江学者和创新团队发展计划）、新世纪优秀人才支持计划、在重大项目实施中加强创新人才培养等。

四 科技人才激励政策的发展演变

（一）政策演变

科技人才激励政策侧重点的演变如表3-9所示。由新中国成立初期的奖励发明，到改革开放初期的培养年轻科技人才和青年农民，再到

表3-9　　　　　　　　分阶段科技人才激励政策

发展阶段	科技人才激励政策
新中国成立初期	奖励发明，保障发明权与专利权；生产发明、技术革新运动；发明奖励、技术改进奖励
改革开放初期	专业技术人员调整归队，调整工资、工龄、延长、暂缓离退休年龄，知识分子健康保健，科学技术干部业务考绩档案，职称考核评定，技术职称，定级，整顿改革收入分成，技术改进奖励，自然科学奖励，发明奖励，制止滥发奖金；调动积极性；授予科技干部的技术职称、科学技术干部业务考绩档案、科技干部评定技术职称、工程技术干部技术职称、以工代干科技人员评定技术职称、工程与农业技术人员职称考核评定业务；科学技术干部管理工作；调整工资，允许边远省、自治区对科技人员实行各种津贴、浮动工资和奖励，优先提高有突出贡献的中青年科学、技术、管理专家生活待遇，专利、科学技术进步奖励

续表

发展阶段	科技人才激励政策
1985—1992年	工资标准，改革职称评定，实行专业技术职务聘任、评聘严格掌握外语条件，高级技师评聘，科学技术成果登记，星火奖励，购买车船飞机票予以优待，给部分高级知识分子发放特殊津贴，早期回国定居专家享受医疗照顾，名誉教授，社会力量设立科学技术奖；奖励高等学校在推动科学技术进步中做出重要贡献的集体和个人；选拔优秀青年科技人员聘任高级专业技术职务，有突出贡献的中青年科学、技术、管理专家奖励晋升工资，集中少部分精干力量推动高技术产业科技进步；讲理想比贡献，精神上激发广大科技人员的积极性、主动性，提高中年专业技术人员工资，科技人可以业余兼职并对其条件、报酬、成果与权益关系等问题作了详细规定；增拨解决部分中年专业技术人员工资问题增加工资控制指标；适当提高教育、科研、卫生三个部门副教授、副研究员、副主任医师以及相当职务人员的起点工资标准；对承担国家重点科技攻关计划项目的专业技术人员试行岗位补贴；增选中国科学院学部委员；给做出突出贡献的专家、学者、技术人员发放政府特殊津贴；发放中国科学院学部委员津贴
邓小平南方谈话后	工资制度改革，对享受政府特殊津贴人员进行考核，选拔优秀青年科技人员，博士后研究人员住房房租标准，修改奖励条例，调整资金数额，加强知识产权保护，调整外国老专家工资和解决其特殊问题，给部分离退休专家发放生活补贴，长江学者奖励计划个人收入、特聘教授奖金免征个人所得税，高新技术成果作价入股，有突出贡献的中青年科学技术专家奖励晋升工资，科技成果转化个人所得税，知识产权管理，选拔享受政府特殊津贴人员，宣传表彰专业技术人员先进典型，资院士制度，以高新技术成果出资入股；调整国家科学技术奖励资金数额；工资制度改革中引入竞争、激励机制；加快培育和发展我国人才市场；高、中级专业技术人员每年必须接受规定学时的继续教育；从1995年起实行政府特殊津贴发放办法改革；每年奖励优秀博士后十人；国家科技奖励设立五大奖项；科学技术奖励制度改革方案；科学选人、重点支持；对做出突出贡献的专家、学者、技术人员继续实行政府特殊津贴制度；加强院士咨询工作
21世纪以来	股权激励，知识产权管理，表彰全国留学回国人员，保护知识产权专项行动，实行自主创新激励分配制度，废止以高新技术成果出资入股，以技术成果出资入股执行《公司法》的有关规定，不再经科技管理部门认定；中国青年科技奖条例；改进科技人才评价激励机制；加强职务发明人合法权益保护

20世纪80年代后期通过继续教育、博士后制度等形式培养各类专业技术人才,邓小平南方谈话后实施"百千万人才工程"培养学术和技术带头人,21世纪以后,实施各类人才培养计划,加强各级各类人才尤其是创新人才的培养。

(二) 政策特点变化

1. 新中国成立初期,初步形成了奖励发明的政策

新中国成立初期,就初步形成了奖励发明与技术改进、保障发明权与专利权的科技人才激励政策。比如,1950年就出台了《关于奖励有关生产的发明、技术改进及合理化建议的决定》和《保障发明权与专利权暂行条例》,1954年出台了《关于开展技术革新的运动的指示》,1955年出台了《中国科学院科学奖金暂行条例》,1963年颁布了《发明奖励条例》和《技术改进奖励条例》。

2. 改革开放初期,初步建立了业绩考核与职称评定制度

改革开放初期,初步建立了通过业绩考核和职称评定调动科技人员积极性的制度和科技人员兼职制度。比如,1979年发布了《关于授予从事科学技术管理工作的科技干部的技术职称的意见》和《关于建立〈科学技术干部业务考绩档案〉的统一样式的通知》,此后又分别出台了工程技术干部、统计干部、农业技术干部、"以工代干"科技人员的技术职称暂行规定;1982年出台了《聘请科学技术人员兼职的暂行办法》;1982年发布了《关于调整国家机关、科学文教卫生等部门部分工作人员工资的决定》。

3. 20世纪80年代后期,人才激励政策重点在于激励有突出贡献的科技人员

20世纪80年代后期,我国科技人才政策初步形成了生活待遇、岗位补贴、特殊津贴等奖励标准,重点在于激励有突出贡献的优秀青年科技人员。比如,1984年发布了《优先提高有突出贡献的中青年科学、技术、管理专家生活待遇的通知》1985年发布了《关于加强选拔优秀青年科技人员聘任高级专业技术职务工作的若干意见》《关于有突出贡献的中青年科学、技术、管理专家奖励晋升工资有关问题的通知》和《国家科委、卫生部对于有突出贡献的中青年科学、技术、管理专家医疗照顾的通知》,1988年发布了《关于提高部分专业技术人员工资的通知》和《关于对承担国家重点科技攻关计划项目的专业技术人员试行

岗位补贴的通知》，1990年发布了《关于给部分高级知识分子发放特殊津贴的通知》，1991年发布了《关于给做出突出贡献的专家、学者、技术人员发放政府特殊津贴的通知》。

4. 邓小平南方谈话后对工资、技术奖励和特殊津贴等制度进一步改革和完善

这一时期的科技人才激励政策主要是对以前形成的工资制度、技术奖励制度和特殊津贴制度等进行改革和完善。比如，1993年出台了《事业单位工作人员工资制度改革方案》，方案中引入了竞争、激励机制，加大了工资中浮动部分的比例，使报酬与实际贡献紧密结合；1993年出台了《中华人民共和国科学技术进步法》；1999年，重新修订了《国家科技奖励条例》，发布了《国家科学技术奖励条例实施细则》《科学技术奖励制度改革方案》《省、部级科学技术奖励管理办法》《社会力量设立科学技术奖管理办法》，使技术奖励制度更加系统和完善；1995年发布了《人事部关于印发〈关于进一步做好有突出贡献的中青年科学、技术、管理专家的意见〉的通知》《人事部关于从1995年起实行政府特殊津贴发放办法改革的通知》；1996年发布了《人事部关于有突出贡献的中青年科学、技术、管理专家奖励晋升工资有关问题的通知》；2001年发布了《关于对做出突出贡献的专家、学者、技术人员继续实行政府特殊津贴制度的通知》。

5. 21世纪以来科学技术评价和知识产权保护趋于规范化和制度化

这一时期的科技人才激励政策主要是做好人才激励的基础工作和配套政策的完善。主要体现在科学技术评价工作的规范化和知识产权保护的制度化等。比如，2003年发布了《关于改进科学技术评价工作的决定》和《科学技术评价办法》，修改了《国家科学技术奖励条例》，2006年发布了《关于进一步加强高技能人才评价工作的通知》，2007年修订了《中华人民共和国科学技术进步法》，2008年修订了《国家科学技术奖励细则》，2006年发布了《关于企业实行自主创新激励分配制度的若干意见》，2007年发布了《中央科研设计企业实施中长期激励试行办法》，2008发布了《国家知识产权战略纲要》，2012年发布了《关于进一步加强职务发明人合法权益保护，促进知识产权运用实施的若干意见》。

第五节　科技人才政策的经验教训与启示

一　新中国成立初期科技人才政策的经验教训与启示

（一）营造良好的科技人才成才环境至关重要

我国 1949—1966 年科技人才政策及实践表明，营造科研人员的成才环境至关重要，通过政策创设宽松、稳定和谐的政治环境，能够使科技人才排除外界干扰，潜心进行科学研究。比如，新中国成立早期由于政府和社会比较重视，很多科技人才能够人尽其才，发挥作用，使新中国的科技事业发展迅速；相反，20 世纪 50 年代的知识分子思想改造与反右扩大化，使很多知识分子处于政治高压氛围，严重影响了科技人员的发展，这个教训应该引以为戒。

（二）建立健全科技人才的培养机制，提高人才的综合素质

在科技人才培养方面，借鉴新中国成立早期人才培养的经验，应注重科技人才综合素质的培养，注重人文学科和自然学科的结合。新中国成立早期过度强调理工科专业人才的培养，院系调整过程中大量削减了人文社科专业，专业与课程的设置比较单一，忽视人文科学的教育导致科技人才培养模式单一，视野狭窄，缺乏创新思维。因此，目前我国科技人才培养方面要重视科技人才通识教育，培养人才的创新思维能力，提高人才的综合全面素质。

二　"文化大革命"时期科技人才政策的经验教训与启示

"文化大革命"时期，"左"的科技人才政策提供了反面的教训。"文化大革命"时期出现了大规模批判、迫害科学技术专家的现象，"反动学术权威"，"知识越多越反动"的思想流毒严重。1971 年 4 月 15 日至 7 月 31 日，全国教育工作会议在北京举行。会议通过了毛泽东主席同意的《全国教育工作会议纪要》，《全国教育工作会议纪要》中提出了"两个估计"，即认为新中国成立后的 17 年（1949—1966 年），全国教育系统基本上没有贯彻执行毛泽东主席的无产阶级教育路线，资产阶级专了无产阶级的政，大多数教师的世界观基本上是资产阶级的，

这成为知识分子思想中沉重的精神枷锁①，限制了人才的发展。改革开放以后，这种极"左"的思想得以纠正，才使我国科技人才政策逐步完善起来。

三 改革开放以来科技人才政策的经验教训与启示

改革开放以来，我国科技人才队伍建设取得了巨大成绩，这得益于我党在长期的人才队伍建设和人才工作实践中，非常重视政策法规的研究和制定，及时发现和总结了人才工作中的各种有益经验和做法，先后研究制定了一系列人才人事方面的政策法规。然而，科技人才政策是一个涵盖多层面、多部门的政策体系，是一个需要不断发现问题、发展完善的过程。面对新的形势和新的需求，我国科技人才政策体系仍然需要不断深化发展。

第六节 科技人才政策发展规律与趋势

一 科技人才政策发展规律

新中国成立以来，我国的科技人才政策经过不断调整、发展和完善，逐步确定了与我国市场经济及国家总体发展战略基本一致的政策体系。如表3-10所示，通过以上对科技人才政策发展背景、目标、特点等演变过程的总结，可以发现我国科技人才政策的发展具有以下规律。一贯重视科技人才的培养、教育、使用与管理工作；科技人才思想由政治性比较强逐渐过渡到经济性比较强；对科技人才工作的认识程度不断由浅入深，由零散到系统，由模糊宏观到精确具体。

二 科技人才政策发展趋势

总结过去科技人才政策的经验教训，未来政策发展趋势将呈现如下特点。

（一）进一步推动人才流动，形成健全的人才市场

经过30多年的改革，我国在相当范围内消除了阻止科技人才流动的因素，实现了一定程度的流动和分流，但远未建立一个人才流动的正常环境。在实际操作中，岗位聘任制很少有聘期到期不续签的情况，聘

---

① 李明：《新时期中国科技人才政策评析》，硕士学位论文，东北大学，2008年。

表 3-10　　　　　　　　分阶段科技人才政策演进特征

	背景	目标	特点	启示	变化规律
新中国成立初期	社会主义改造与工业化建设	保障科技人才的工作与生活待遇，调动科技人才的工作积极性	系统完备性、时效性、计划行政性	营造科研人员的成才环境至关重要；应健全科技人才的培养机制，提高人才的综合素质；应改善科技人才的管理机制，鼓励科技创新	一贯重视科技人才的培养、教育、使用与管理工作；科技人才思想由政治性比较强逐渐过渡到经济性比较强；对科技人才工作的认识程度不断由浅入深，由零散到系统，由模糊宏观到精确具体
"文化大革命"时期	国内经济发展停滞、世界科技突飞猛进			要避免极端的科技人才政策	
改革初期	改革开放国策的确立和经济与科技协调发展方针的提出	充分保护和调动知识分子的积极性，加速培养年轻的科技人才	政治性和时代感、务实性、科学性、引入竞争机制	人才政策要适应市场经济发展规律	
邓小平南方谈话后	明确了经济体制改革的目标是建立社会主义市场经济体制	建设一支跨世纪的宏大科技队伍	符合市场规律、政策体系基本确立		
21世纪以来	各国综合国力竞争日趋激烈，人才安全问题不容忽视	加快培养和选拔适应改革开放和现代化建设需要的各类人才，加快建立有利于优秀人才脱颖而出、人尽其才的有效机制，努力造就世界一流科学家和科技领军人才、优秀拔尖人才	人才工作的战略管理、需求导向、重点偏向于高层次科技人才	科技人才政策体系需要不断深化发展以适应新的形势和新的需求	

任的绝大部分仍然是内部人员,甚至出现流动只针对编制外人员,或内部轮岗的"假流动"现象。为此,进一步推动人才流动,形成人才市场,依然是未来我国科技人才政策面临的重要挑战。

(二)加大对青年人才的培养力度,重点支持35岁以下人才

目前我们基本解决了"文化大革命"期间造成的科技人才断代的矛盾,代际转移基本顺利完成。但是,我国科技队伍"后代际"问题开始显现,41—45岁的人才峰值明显,占据学术职级、经费配置等有利位置。如何打破"天花板"效应,使35岁以下青年科学家有更多的机会脱颖而出,仍然是未来相当长一段时间内我国科技人才队伍建设的重要课题。

(三)确立引进大批外籍人才的战略目标,充分利用全球人力资源

改革开放30多年来,我国在引进人才方面积累了许多经验,但主要局限于引进本国的留学人才。当今人才的竞争是全球人才的竞争,而非局限于一国一地,要想成为人才强国,仅仅依赖本国的人力资源远远不够。因此,引进外籍人才将成为政策下一阶段必须要面对和重视的内容。

(四)加大对企业科技人才的支持,鼓励科技人才进入企业和创业

1985年科技体制改革以来,国家一直重视科技对国家经济的作用与贡献。目前,在建设创新型国家中,企业科技人才必然成为国家政策关注的重点;同时,也将进一步关注对现有激励和保障政策的完善,以鼓励科研院所现有科技人才进入企业工作和自主创业。

第四章 我国科技人才政策成效生成机理

第一节 公共政策作用机理

公共政策是公共权力机关经由政治过程所选择和制定的为解决公共问题、达成公共目标、以实现公共利益的法律法规、行政规定或命令、国家领导人口头或书面的指示、政府规划等。公共政策作用是规范和指导机构、团体或个人行动，维护和实现公共利益。公共政策是一种以利益为核心的社会价值的分配规则。科技人才政策属于一种公共政策，是依法制定的规范和指导科技人才行为活动的法律法规、行政规定和政府规划等。

一 公共政策修正的理论

按照有限理性决策理论，公共政策的供给者——政府不是完全理性人，无论是政府工作人员还是机构部门都可能受制于不充分或不完全信息，导致决策失误。决策者只能寻求满意的方案或次优的方案。因此，决策结果不是一蹴而就的，而是一个需要不断补充和修正的过程。这种决策属于渐进性决策。按照渐进性决策理论，政策过程是一个对以往政策行为和政策效果不断调整的过程。也就是说，公共政策应该根据实施效果，对比政策目标，不断做出调适，以提高政策成效和目标达成率。公共政策制定过程是一个制定、试行、修订、实施和再修正的演进过程。

二 公共政策作用机理

公共政策具有指导、许可、激励和约束等功能。不同类型的公共政策具有不同的功能。公共政策功能发挥遵循的一定机理和规律。经济管理学中机制是遵循主体理性决策规律并遏制其机会主义行为而进行的一系列策略性制度安排。理性决策也就是政策相对人基于利益比较的决策。公共政策作用机理就是公共政策基于相对人理性决策而发挥作用、产生成效的规律。公共政策作用机理如图4-1所示。

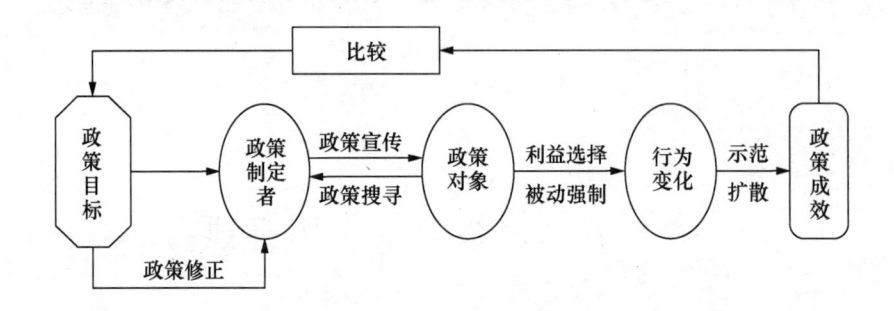

```
                        ┌─── 比较 ───┐
                        ↓            │
   ┌────┐  政策宣传  ┌────┐ 利益选择 ┌────┐ 示范 ┌────┐
   │政策│───────────→│政策│────────→│行为│─────→│政策│
   │目标│  政策搜寻  │制定│ 被动强制 │对象│ 扩散 │变化│      │成效│
   └────┘            │者  │          └────┘      └────┘      └────┘
      ↑              └────┘
      │    政策修正
      └──────────────┘
```

图4-1 公共政策作用机理

图4-1显示，作为社会管理者的政府为维护和实现社会利益，按照经济社会需求确立政策目标，在现实诊断的基础上制定公共政策。政策制定后，制定者会通过相关途径向社会公众宣传，尤其是政策对象。而政策对象也会主动搜寻利益相关政策。当政策传导到政策对象后，政策对象基于利益选择对公共政策作出反应，从而改变自身行为活动。指导性政策可以明确政策对象的行为方向，许可性政策可以允许政策相对人进入相关活动领域，限制性政策可以强制地约束政策对象行为，而激励性政策可以激发行为主体的主动性和积极性。政策对象个体的行为变化通过示范效应和扩散效应产生政策成效，政策制定者将政策成效与政策目标做比较，确定公共政策目标达成状况。如果政策目标达成率不高，政府会进一步修正政策。修正后政策进入下一轮实施过程。

公共政策是界定社会利益分配规则，政策制定和实施的目标是满足社会公众共同政策需求，维护和实现共同利益。这就要求政策对个体或团体的利益作出明确界定和规范，个体或团体在政策框架内作出自身比较利益最大化选择，并根据选择结果支配自身行为，产生政策效应。在公共政策制定实施过程中，由于政策供给者有限理性和政策对象对自身利益的追求，看似完美的政策在实施中成效会出现折扣，政策对象利用自己的"聪明才智"作出规避政策约束的行为，导致公共政策部分失效。

第二节　公共政策成效生成机理

科技人才政策效应产生需要经过政策的制定、政策的传导、政策的反应和政策的示范等几个连续环节。只有这几个环节依次发生作用才会产生政策效应。

一　政策制定

公共政策制定和修正系统如图 4-2 所示。

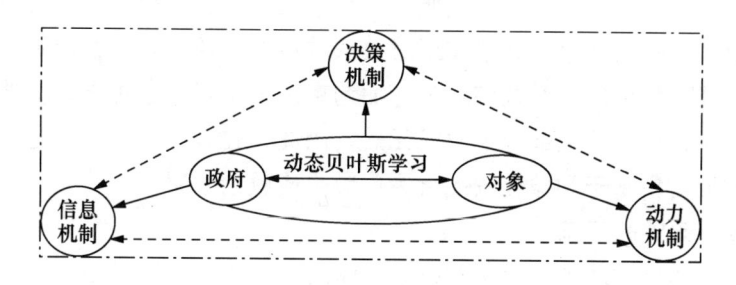

图 4-2　公共政策的制定和修正的 DIM 系统

公共政策基于 DIM 模型制定和修正。DIM 即决策机制（Decision making）、信息机制（Information making）和动力机制（Motivation making）。维护和实现社会公众的共同利益，引导和规范政策对象的行为活动，限制个人或团体损害共同利益的行为等构成公共政策制定实施的动机；掌握政策对象的行为特征、决策规律，社会公众的共同诉求、发展愿景等形成信息机制；根据政策目标，进行理性比较和选择的信息决策构成决策机制。这样在动力机制的驱动下，通过信息收集和选择进行决策而制定公共政策。政策制定后，政策供给者——政府与政策相对人——政策对象之间进行动态贝叶斯学习，即观察对方的行为作出反应和修正决策，提高公共政策的实施效果。动态贝叶斯学习构成公共政策的修正系统。

二　政策的传导

政策制定出来后，需要经过一个宣传传播的过程，才能被人们所了解和认识。政策传播媒介如网络、电视、广播、报刊、会议以及各级管理部门形成政策传播的渠道。政策传播过程中，传播媒介会不自觉地优先选择传播与自己利益相关的政策。这样就形成政策宣传的非均衡性。一些政策因显性利益突出而首先得到传播，而一些与传播媒介利益不太相关的政策被搁置或象征性地宣传。政策制定者对政策宣传具有重要的推动作用，如政府可以以行政强制手段要求相关媒体或隶属单位宣传政策。政策传播动力是政策得以宣传的主导力量。

三 政策反应

政策的成效取决于政策对作用对象的影响程度。除法律法规等强制性政策措施外，一般政策通过引导、激励约束对政策对象施加影响。政策作用对象获取政策信息后按照自身利益最大化进行决策，决策后的行为活动就是政策效果。如果作用对象从政策中获益，政策将产生激励效果。相反，如果政策对调整对象施加约束，政策对象会想方设法地规避政策约束，而使政策部分失效或无效。因此，在政策强制力一定的情况下，政策对象基于利益比较的行为反应生成政策效果。

四 政策的示范

国家和地方政策属于宏观政策，而政策对象却是微观主体。政策效果也是通过微观主体的行为表现出来的。如何联通宏观政策与微观行为？需要发挥政策的引导和示范作用。如人才引进培养政策等，政策对象不是一般人才而是高层次人才，政策制定初衷是通过对高层次人才的作用带动一般人才，以达到以分子影响分母，以点带面的政策预期效果。政策的引导和示范效应最终体现在政策对所有微观主体（如单位或个人）的影响，而不是单纯的某一个体或某一特定群体。政策成效也就是政策对所有微观主体行为活动的影响效果。

第三节 科技人才政策供给者与政策对象之间动态贝叶斯博弈

人才政策尤其是科技人才政策属于公共政策范畴，但政策作用对象是科技人才。大部分科技人才政策虽然面向所有科技人才，但是操作上政策资助作用对象是具备一定资格，自愿申请并入选的科技人才，尤其人才引进政策、人才培养政策、人才激励政策等。这样科技人才政策供给者——政府与具备资格的科技人才——申请者之间就形成了一种利益分配关系，也就形成利益的博弈关系。这种博弈是一种不完全信息动态博弈——精练贝叶斯纳什均衡。本节用信号博弈模型来分析政府与申请者之间的博弈均衡。信号博弈的大规模研究始于斯彭斯（Spence，1973，1974）的劳动力市场模型，其基本特征是博弈方分为信号发送者和信号接收者，先行为的信号发送者行为对后行为的信号接收者来说具有信息传递的作用。

一 基本假设和模型的说明

第一，假设政府部门人才评价标准是科学的，能够真实反映科技人才的科学研究能力和技术开发水平，依照这个标准选拔的科技人才经政策资助后能够达到预期的科技产出水平。

第二，假设科技人才知识、能力等存在个体差异，正是这些差异的存在，政府部门和申请者之间形成多重博弈均衡。

第三，假设科技人才的能力类型是有差异的，而不同的能力差异会导致科技效率和工资率的差异。这些能力的差异通过多重信息反映出来，如学历学位、求学背景、科研成果、获得奖励、经济社会效益、年龄等，这些信号用 m 表示。

第四，选取一个代表性的申请者作为一个参与人——信号的发送者，其能力是获得入选资助资格的最主要条件。申请者清楚知道自己能力是高是低，但由于信息的不对称问题，政府部门并不十分清楚该科技人才的真实能力究竟如何。于是，一个反映申请者能力的信号指标对于政府部门评价和决定是否纳入资助或奖励对象是至关重要的，政府部门会根据申请者发出的信号判断其能力类型，决定资助类型和水平。

第五，选取一个代表性政府部门作为另一个参与人——信号的接收者，该部门观察到申请者发出的信号 m 后，会作出一个与其他政府部门相同的判断（即假设是一个颤抖的手纳什均衡），判断结果有 $P(H|m)$ 和 $P(L|m)$，$P(H|m)+P(L|m)=1$。同时，假设申请者科技人才市场是完全竞争的，政府部门给付的资助水平与申请者的科技产出水平相对等。

$$W(m)=Y(m),\quad Y(m)=\begin{cases}Y[H,m(H)] & m=m(H)\\ Y[L,m(L)] & m=m(L)\end{cases}$$

博弈的顺序如下：

(1) 自然随机决定一个申请者的能力类型 θ，政府部门判断申请者属于 θ 的先验概率是 $P=P(\theta)$，它有高（H）和低（L）两种可能，且 $\theta=H$ 的先验概率为 $P(H)$，$\theta=L$ 的先验概率是 $P(L)$。

(2) 申请者发出信号 m，政府部门观测到信号 m 后，使用贝叶斯法则从先验概率 $P=P(\theta)$，得到后验概率 $\tilde{P}=\tilde{P}(\theta\mid m)$，然后选择行动 a。支付函数为 $u(m,a,\theta)$。

二 博弈均衡

信息的不对称使低能力的申请者伪装成高能力的申请者成为可能，低能力的申请者通过发出高能力的信号将自己装扮成高科技生产力者，试图得到与真正的高能力者相同的资助水平。这样做的方法是接受更多的海外教育或做出更多科研成果或者干脆雇人伪造假的证书。当然，这些做法是需要花费成本的，理性的申请者必然在伪装的成本和收益之间对比，以决定是否做出伪装的选择。当 $W(L)-C[L,m(L)]<W(H)-C[L,m(H)]$ 时，他会选择接受更多的教育和更多的科研活动，将自己装扮成高能力者；相反，$W(L)-C[L,m(L)]>W(H)-C[L,m(H)]$，他就会放弃这种努力，而选择使 $\max[Y(L)-C[L,m(L)]]$ 的教育年限和科技成果。高能力的申请者自然会发出高能力的信号，以反映其真实能力，在这个前提下，如果所有低能力的申请者放弃发出高能力信号的努力，即高能力的申请者发出高能力的信号，低能力的申请者发出低能力的信号，这样的博弈均衡就是分离均衡；如果所有低能力的申请者在通过成本收益比较，都发出高能力的信号，即高能力和低能力的申请者都发出高能力的信号，这样的博弈均衡就是混同均衡；如果一部分低能力的申请者权衡利弊后选择发出高能力的信号，另一部分低能力申请者发出低能力的信号，这样的博弈均衡就是准分离均衡，这时，高能力申请者的比例：$P(H)=P\{H,m(H)+(1-P[H,m(H)])\}\times\lambda$，$\lambda$ 是低能力申请者中发出高能力信号的比例。

三 博弈解的讨论

在分离均衡的情况下，不但申请者清楚自己的能力，政府部门也可以从接收到的信号中很容易地判断申请者的科研能力类型，后验概率为：

$\tilde{P}[H\mid m(H)]=1$

$\tilde{P}[H\mid m(L)]=0$

$\widetilde{P}[L \mid m(H)] = 0$

$\widetilde{P}[L \mid m(L)] = 1$

考虑到申请者实际发出的信号是连续的,不仅仅分为高低两种,企业的后验概率修正为:

$$\widetilde{P}(H \mid m) = \begin{cases} 0 & m < m(H) \\ 1 & m \geq m(H) \end{cases}$$

序贯博弈的策略为:

$$W(m) = \begin{cases} Y[L, m(L)] & m < m(H) \\ Y[H, m(H)] & m \geq m(H) \end{cases}$$

在分离均衡的情况下,政府部门会较快地根据申请者的科研能力类型确定资助或奖励与否。

在混同均衡的情况下,政府部门不修正先验概率,$\widetilde{P}(\theta \mid m) \equiv P(\theta)$,政府部门选择的均衡资助水平为:$W(m) = P(H)Y(H, m) + [1 - P(H)]Y(L, m)$。在混同均衡时,低能力的申请者为获得高资助而努力学习,接受更多的知识教育,做出更多科研成果,也许会提高自己的实际科研能力水平,使自己变成真正的高能力者,从而使为伪装而学习的低能力者变成不再需要伪装的高能力者,这有利于科技人才科研能力的提高,有助于科技人才政策目标的实现。

在准分离均衡的情况下,政府部门接收到低能力者选择低能力信号,就能判定属于低能力类型,如果观测到低能力者选择了高能力信号,政府部门就不能准确地判定信号发出者的类型,但他会推断申请者属于低能力者的概率下降了,属于高能力者的概率上升了。

$$\widetilde{P}[L, m(L)] = \frac{(1-\lambda)P(L)}{(1-\lambda)P(L) + 0 \times P(H)} = 1$$

$$\widetilde{P}[L, m(H)] = \frac{\lambda P(L)}{\lambda P(L) + 1 \times P(H)} < P(L)$$

$$P(H) + \lambda[1 - P(H)] > \widetilde{P}[H, m(H)] = \frac{1 \times P(H)}{1 \times P(H) + \lambda P(L)} > P(H)$$

因此,在准分离均衡的情况下,政府部门判断的高能力者的比例大于分离均衡下的比例,但小于发出高能力信号的申请者比例,政府选择的均衡资助(奖励)水平虽然比分离均衡条件下高,但比高能力信号比例(即假设高能力信号都是由高能力者发出的)的平均水平要低。也就是说,政府部门不会完全按照申请者发出的信号决定资助与否与资助水平。在准分离均衡的条件下，由于政府部门很难辨别申请者的真实类型，也就不会在短时间内确定资助（奖励）人选，影响了科技人才政策成效。

四 假设条件的讨论

如果放松了第一个假设条件，即政府部门设定的科技人才评价标准不科学，不能客观地评价申请者的科研能力和技术开发水平，一部分高能力的申请者会被拒于政策门外，得不到资助或奖励；而一部分低能力的申请者却被列入政策资助人选，这样，科技人才政策的作用对象就会偏离政策目标，科技人才引进政策、培养政策、激励政策等实施成效将会大打折扣。即使评价标准是科学的，如果人才评审中掺杂社会人情关系，使低能力的申请者获得政策资助资格，也会拉低科技人才政策实施成效。

第四节 基于贝叶斯博弈的科技人才政策成效生成机理

一 科技人才引进政策

科技人才引进政策成效体现在引进高层次人才上，高层次人才不但以往科研业绩显著，还具有较高的科技产出预期。引进政策目标是"引得来、留得住、干得好"。拟引进人才评价和甄选是科技人才引进政策取得成效的关键。国家科技人才引进政策出台和宣传后，达到相当水平、被政策吸引的申请者想方设法入选人才引进计划，组织人事部门也想方设法搜索拟引进对象的信息，由于申请者与组织人事部门存在信息不对称，但申请者优先获取组织人事部门引进人才的政策，两者形成不完全信息动态博弈。组织人事部门博弈的成败在于建立科学的人才评估标准和正确评判申请者的科研素质和科研能力，也就是要求组织人事部门从申请者中判断哪些才是达到要求科研水平的拟引进的人才。如果能够从申请者提交的材料中正确评判其科研能力，申请者与组织人事部门之间就形成分离均衡，政府人才引进政策就会产生成效。如果不能正确判断，两者之间就形成了准分离均衡，人才引进政策成效就具有不确定性。

科学评价人才需要掌握申请者相关信息而不能仅仅依据申请者提供的证明材料简单地作出评判，否则，可能因为虚假证明而使引才政策失效。申请者为入选会千方百计地提供能够佐证其科研能力的证书或其他证明材料，甚至夸大其优势而掩盖劣势。组织人事部门需要全方位把握申请者成长信息，从中对其综合科研实力作出评判。

科技人才引进后，人才引进单位和引进的人才之间展开动态贝叶斯学习。即单位根据引进人才的工作表现和工作业绩决定合同期满后是否续聘，而引进人才按照政府的资助兑现情况和单位的科研文化、科研条件决定是否继续留任。组织人事部门也会依据引进人才的工作业绩评估政策成效，以此对人才引进政策作出修正。

二 科技人才培养政策

科技人才培养政策成效主要体现在培养对象科研能力提升状况以及培养对象的示范带动作用。限于国家财力，人才培养政策不可能覆盖所有科技人才，而是重点培养那些具有较高科研素质和科研能力，预期科研能力提升较快的科技人才，也即培养效率较高的科技人才。这就需要对拟培养对象进行甄选，确定入选人才。如人才培养专项计划。而项目培养是针对项目申请人及其团队，以项目评审立项的形式给予资助。因此，科技人才培养政策同样存在不完全信息动态博弈。只有当入选人才培养效率较高时，培养政策才能产生成效。拟培养对象的甄选是科技人才培养政策尤其人才培养专项计划的关键。申请者提供虚假证明材料而获得培养资助将会降低人才培养政策实施效果。

科技人才培养政策成效还受培养对象示范带动作用影响。如果将培养对象看成分子，一般科技人才看成分母，受培养政策资助的科技人才有责任发挥示范带动作用，培养科研团队，让更多的分母脱颖而出，变成分子。这样，科技人才培养政策成效才会倍增。另外，国家科技人才政策调整对象有限，科技人才培养政策成效生成还依赖于国家政策对单位人才培养活动的带动作用。否则，政府人才培养政策成效将缩减。

三 科技人才流动政策

科技人才流动政策成效体现在人才配置效率。人才流动政策成效取决于流动动力机制和流动约束机制。一般而言，人才层次越高，流动动机越强。流动政策成效主要受流动约束机制影响。人才流动约束因素主要包括人事档案关系、户籍制度、家属工作安置、子女教育等。这些约束因素形成科技人才流动的羁绊。即使国家政策层面上允许科技人才自由流动，科技人才流动还可能受制于地方政策和配套性政策的约束。人才流动政策作用机理就是在充分尊重人才流动意愿的情况下解除人才流动各个层次的约束，促使科技人才自由流动和高效配置。

收益驱动是人才流动意愿生成的动力源。对人才个人而言，流动能够改变现状，取得更多收益。而对政府而言，科技人才流动能够优化人才资源配置，提高人才资源配置效率，提高人才的产出水平。但人才流动不利于人才管理，传统的人才管理政策对人才自由流动施加约束。因此，科技人才流动政策成效生成需要创新人才管理方式，实现人才的高效、合理、有序流动。

四　科技人才激励政策

科技人才激励政策成效主要表现为人才科技活动的积极性和创造性。科技产出 = 科技能力 × 激励。在激励水平不变的情况下，科技能力越强，科技产出水平越高。因此，优先对科技能力较强的人才实施激励将提高激励政策的效果。各种奖励政策即是如此。由于激励政策不依赖于预算约束，激励对象可以不局限于高层次人才。与其他科技人才政策不同，人才激励政策可以覆盖所有科技工作者。科技人才激励政策作用机理如图4-3所示。

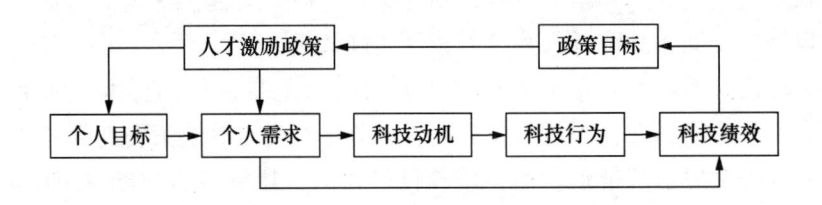

图4-3　科技人才激励政策作用机理

政府根据科技人才发展战略目标制定科技人才激励政策。而科技人才个体目标确立激发个人需求，需求产生动机，动机产生行为活动，科技活动产生科技绩效，使绩效目标与政策目标相吻合，人才激励政策成效生成。但人才激励政策只有将政策目标与个体目标统一起来，满足科技人才需求，才能产生激励效果。

科技人才激励政策需同时考虑保健因素与激励因素。前者如安家落户、子女教育和科研条件。后者如个人职业发展、成就创造和荣誉等。保健因素不会产生明显的激励效果，但保健因素缺失却会拉低激励效果。激励因素不依赖物质条件却产生较高的激励效果。

第五章　我国科技人才政策成效的总体评价

第一节　分阶段科技人才政策成效

由于党和政府的努力，科技人才政策的制定和实施，逐步形成了我国科学技术新发展的良好环境，大批科技人才的培养和吸引，科技奖励制度的实行，为中国科技事业的发展创造了新的动力，为科技事业的发展起到了重要作用，主要体现在以下几个方面。

一　新中国成立初期科技人才政策成效

（一）科研机构与科技人员的数量得到很大的发展

到 20 世纪 50 年代中期，中国科学院研究机构增长到 40 多个，在政府其他部门中，科学研究机构也得到迅速发展，全国已有近 10 个区域性的农业科学研究所，并在基层建立了大量农业试验场和推广站，林业部下设有两个林业科学研究所，各工业部门也都先后建立了许多综合性或专业性研究所，高等院校的科研机构也在进一步发展。1955 年科研机构从新中国成立时的 187 个发展到 840 多个，全国的科学技术人员比新中国成立初期增加了 8 倍，达到 40 万人，科技人员在"一五"计划建设中，尤其是建立新的工业基地，使用从苏联引进的技术设备，进行自主科技创新等方面做出了突出贡献。

（二）建立了比较齐全的自然科学学科

新中国成立初期，自然科学学科发展较快，有些学科的研究居于世界科技发展的前列，如原子能、地质学、生物学等方面；一些新兴科学技术产生，如原子能、半导体、电子计算机、自动化、喷气技术等；各部门的科技研究都有了一定的进展，有些在新中国成立前停滞的研究工作也得以恢复了，有些被搁置很久的科学成就和资料也被应用到经济建设中去，尤其是地质学、气象学、土壤学、物理探矿、工业化学和冶金等部门获得了空前的发展，其他如数学、物理学、化学、地球物理学、生物学、地理学、技术科学等也得到了恢复和发展。

（三）取得了比较显著的科技成果

这一时期我国的科技发展取得显著成果，尤其是原子能研究方面，1964年10月首次核试验爆炸成功，1967年6月我国成功爆炸氢弹，1970年成功发射第一颗人造地球卫星，国防科技达到当时世界先进水平。1964年我国首次人工合成牛胰岛素，在世界上处于先进地位，医疗卫生控制消灭恶性流行性疾病如鼠疫、天花、血吸虫病等疾病，在显微外科、断肢再植等方面有突出成就，农业技术研究应用有新进展，科学事业出现蓬勃发展的形势。

（四）建立了科技人才政策战略体系

这一时期党与政府指出科技发展的方针，制订科技发展的规划，尤其是制定实施的一系列科技人才政策条例，成为科技政策、人才政策的重要组成部分，政策制定根据国家建设的需要与客观实际，涉及人才的培养、引进、激励、任用与管理等多方面，形成人才政策体系，大多政策实施顺利，发挥重要的政策功效，其中虽然有曲折和不足，但对于缺少经验的党和政府来说是相当重要的，奠定了我国科技人才政策工作的基础，也为我国以后科技人才工作的开展提供了宝贵的经验。

二 改革开放初期科技人才政策的成效

改革开放初期的科技人才政策，在平反冤假错案上，使很多科技人才恢复工作，调动了工作积极性，摆脱了"左"倾思想对科技人员的政治高压，恢复了科技界实事求是的传统。它倡导尊重知识与人才，在社会上营造重视学习，重视科学技术的风尚。它重视教育培养科技人才，为造就一支德才兼备的科技人才队伍发挥重要作用。它提出初步的科技人才管理措施，为以后科技人才管理提供基础。更重要的是，它极大地调动凝聚国家科技人才力量，取得一系列科技成果，使得我国政府对高新技术产业化的战略地位的认识进入了实践探索阶段。当然科技人才政策也存在不足，这与当时计划经济体制的制约有着密切关系，科技人才政策在内容上较单一，缺乏人才的激励与流动政策机制；在科技人才管理、科技规划与科技人才团队建设，科研基金投入等方面存在严重不足，没有脱离计划经济体制与行政化的干预。总之，改革开放初期，我国科技人才政策的制定实施，使广大科技人员从政治高压下解放出来，有力地调动了广大科技人才的工作积极性，营造了良好的科技人才科研环境，使我国改革开放初期科技工作有重大进步，为以后科技政策制定实施提供了良好的条件，推动了经济社会建设的发展，为建设现代化奠定厚实的基础。

三 邓小平南方谈话后至今科技人才政策的成效

（一）从机构数量的变化情况来看

总体来看，1991年以后，科研机构数量的变化无论从总量还是从人均拥有量上来看均呈下降趋势，只是人均拥有量的下降时间出现得较晚。从科研机构总量来看，1991年以后，科研机构数量的变化可以分为四个阶段，如图5-1所示。

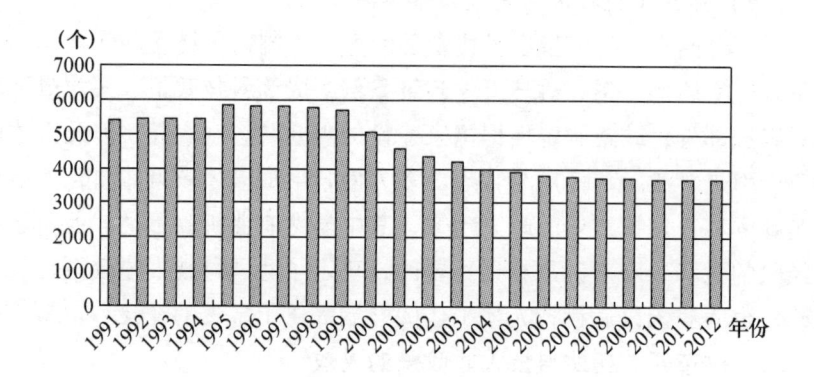

图5-1 科研机构数量

第一阶段，1991—1994年维持在5400多个。

第二阶段，1995年猛增后，直至1999年维持在5800个左右。1994—1995年猛增至5841个（一年间增加了421个）后，直至1999年，一直维持在5800个左右，1995年最多时达到5826个。

第三阶段，2000年迅猛减少后，直至2006年每年都有较大幅度的减少。2000年出现明显减少，由1999年的5705个骤减到2000年的5064个（一年间减少了641个）后，直至2006年每年都有较大幅度的减少，7年间平均每年减少272个，2006年仅剩3803个。

第四阶段，2007—2012年基本稳定在3700个左右。其中，2007—

2011年每年只有少量的减少,平均每年仅减少26个,2011年减少到3673个,2012年又增加1个,达到3674个。

从科研机构人均拥有量来看,1991年以后,每百名经济活动人口拥有研发机构的数量变化情况如图5-2所示,可以看出人均拥有科研机构数量的变化情况可以分为三个阶段。

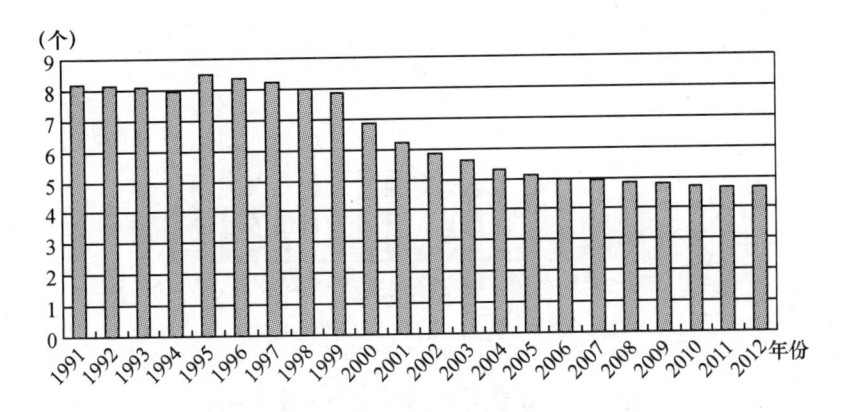

图5-2 每百名经济活动人口拥有科研机构数量

第一阶段,1991—1999年,维持在8个。

第二阶段,2000—2004年,逐渐下降。从1999年的9个下降到2000—2003年的8个,再下降到2004年的5个。

第三阶段,2004—2012年,稳定在5个。

(二)从研发人员全时当量的变化来看

1992—2012年,研发人员全时当量先后经历了低水平小幅波动、低速平稳增长和高速平稳增长三个阶段的变化特点,如图5-3所示。

第一阶段,1992—1998年,低水平小幅波动。7年时间里,研发人员全时当量在67.43万—83.12万人·年小幅度波动。1992年数量最低为67.43万人,1997年数量最高为83.12万人。

第二阶段,1999—2004年,低速平稳增长。除2000年增长速度为12.2%外,其余年份增长速度均在10%以下。研发人员全时当量由1998年的75.52万人·年增长到2004年的115.26万人·年,年均增长速度为6.8%。

第三阶段,2005—2012年,高速平稳增长。研发人员全时当量每年的增长速度都在 10% 以上，由 2004 年的 115.26 万·人年增长到 2012 年的 324.68 万人·年，年均增长速度为 13.6%，8 年共增加 209.42 万·人年，而前两个时期共 13 年仅增加 47.83 万·人年。

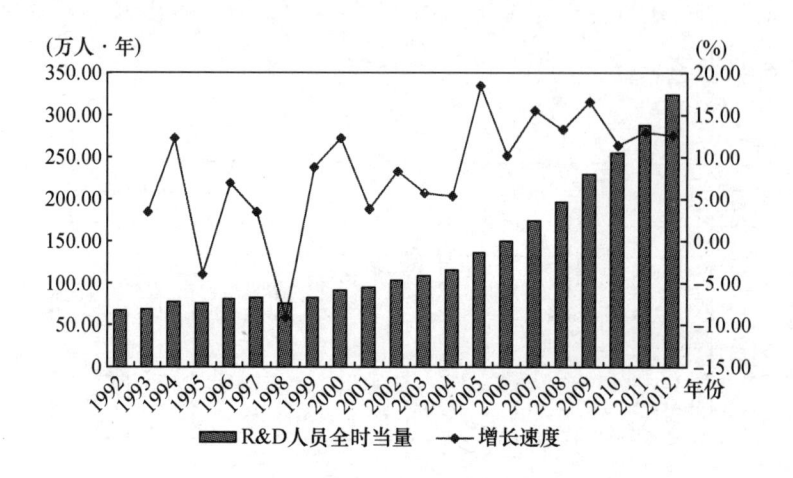

图 5-3　研发人员全时当量及其增长速度

(三) 从人员及其构成来看

1991—2008 年，科技活动人员与科学家和工程师的数量无论从总量来看还是从人均量来看，都呈现出先小幅波动后平稳增长的特点。

从总量来看，科技活动人员与科学家和工程师的总量变化特点与研发人员全时当量的变化特点略有差别，低速小幅波动的时间较长，直至 2004 年以后才出现较大幅度的平稳增长。因此，其变化过程只分为两个阶段，如图 5-4 所示。需要说明的是，这一指标的数据仅截至 2008 年，因为《中国统计年鉴》中自 2009 年以后将这一指标废止。

第一阶段，1991—2003 年，低水平小幅波动。13 年时间里，科技活动人员在 227 万—328.4 万人小幅度波动，1992 年数量最低为 227 万人，2003 年数量最高为 328.4 万人；1993 年、1996 年和 2000 年增速较高，分别为 8.0%、10.6% 和 10.9%，还有 4 年负增长的年份，增长率分别为 -0.7%、-0.6%、-2.5% 和 -2.6%，分别出现在 1992 年、1997 年、1998 年和 2001 年；科学家和工程师数量波动时间推迟一年至 2004 年，在 132.1 万—225.5 万人小幅度波动，1991 年数量最低为 132.1 万人，2003 年数量最高为 225.5 万人；1994 年、1996 年和 2000 年增速较高，分别为 12.2%、8.6% 和 28.3%，还有 3 年负增长的年份，增长率分别为 -1.2%、-10.7% 和 0.1%，分别出现在 1997 年、1998 年和 2004 年。

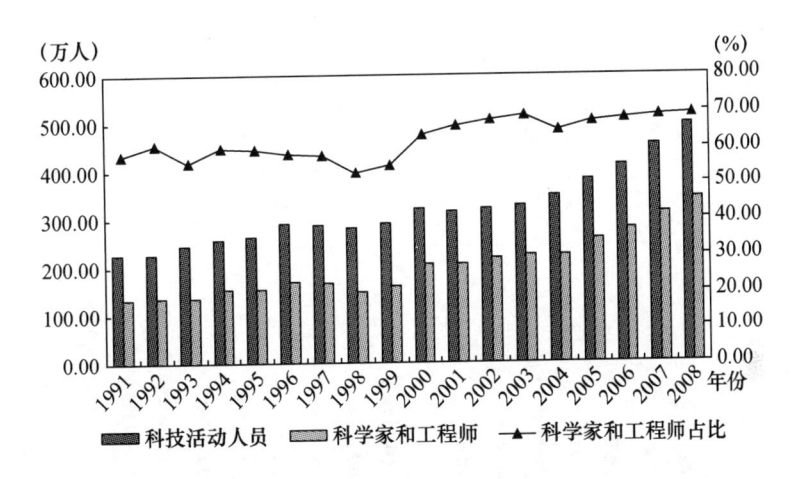

图 5-4 科技活动人员及其构成

第二阶段，2004—2008 年，高速平稳增长。科技活动人员的增长速度分别为 6.0%、9.6%、8.3%、10.0% 和 9.3%，年均增速为 8.5%，由 2003 年的 328.4 万人增长到 2008 年的 496.7 万人，5 年间增加了 168.3 万人，而前一时期 13 年的时间仅增加 101.4 万人；2005—2008 年，科学家和工程师的增长速度分别为 13.7%、9.3%、11.8% 和 9.8%，年均增速为 11.0%，由 2004 年的 225.2 万人增长到 2008 年的 345.3 万人，4 年间增加了 120.1 万人，而前一时期 14 年的时间仅增加 93.4 万人。

从科技活动人员占比来看，每万名经济活动人口中科技活动人员数量与科学家和工程师数量可以反映出人才密度情况，其变化特征与总量变化基本一致，也经历了先波动后平稳增长的过程，只是波动时间有所缩短，如图 5-5 所示。

第一阶段，低水平小幅波动。每万人经济活动人口中科技活动人员数量的波动时间比总量波动时间缩短一年，1991—2002 年，每万人经济活动人口中科技活动人员数量在 34—43 人小幅度波动，1992 年数量最低为 34 人，2000 年数量最高为 44 人；1993 年、1996 年和 2000 年增速较高，分别为 6.9%、9.1% 和 9.1%，还有 4 年负增长的年份，增长率分别为 -1.7%、-2.0%、-4.2% 和 -2.4%，分别出现在 1992 年、1997 年、1998 年和 2002 年；每万人经济活动人口中科学家和工程师数量波动时间缩短 3 年，在 20—24 人之间小幅度波动，1991 年数量最低为 20 人，1996 年和 1997 年数量最高为 24 人；1994 年增速较高，为 11.1%，还有 4 年负增长的年份，增长率分别为 -1.0%、-0.1% 和 -2.6% 和 -12.3%，分别出现在 1993 年、1995 年、1997 年和 1998 年。

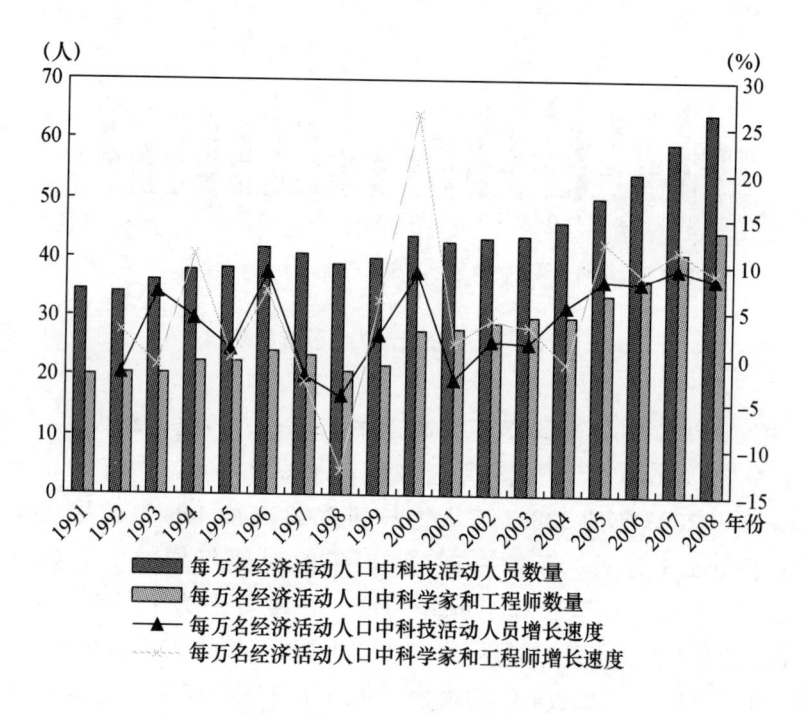

图 5-5 每万名经济活动人口中科技活动人员数量及增长速度

第二阶段，高速平稳增长。每万人经济活动人口中科技活动人员数量在 2003—2008 年，出现较高速度的连续性平稳增长，其增长速度分别为 1.4%、5.5%、8.4%、8.0%、9.7% 和 8.6%，年均增速为 5.9%，由 2002 年的 43 人增长到 2008 年的 64 人，5 年间增加了 21 人，而前一时期 12 年的时间仅增加 9 人；每万人经济活动人口中科学家和工程师数量则在 2000 年就进入连续平稳增长，2000 年增长速度最高，达到 26.2%，由 1999 年的 22 人猛增到 2000 年的 28 人，随后逐年连续增长，至 2008 年增加到 45 人，这一期间（2000—2008 年）年均增速为 4.0%，9 年间增加了 23 人，而前一时期 9 年的时间仅增加 6 人。

从科技活动人员的构成来看，科技活动人员中科学家和工程师所占比例先后呈现出小幅波动、小幅平稳增长、基本稳定的变化特征。

1991—1998 年，在 52.9%—60.4% 之间波动，8 年间，科技活动人员中科学家和工程师所占比例平均为 57.7%；1999—2003 年，这一比例由 52.9% 逐年增加到 68.7%，平均每年所占比例为 64.3%；2004 年这一比例突然由 2003 年的 68.7% 大幅下降到 64.7% 后，又逐年小幅增加到 2008 年的 69.2%，2004—2008 年，5 年间平均比例为 67.7%。

（四）市场成交情况来看

技术市场成交合同数自 1988 年以来维持在 25 万件。如图 5-6 所示。1988—2000 年，累计成交 3122743 件，平均每年成交 240211 件；2001—2012 年累计成交 241626 件，平均每年成交 240144 件。如图 5-7 所示。技术市场成交额则逐年增长，1988—1991 年增幅较小，平均每年增长 81 亿元；1992 年出现大幅增长，成交额达到 141.6 亿元，比 1991 年增长了 49.4%，此后，连年增长，到 2000 年达到 650.8 亿元，1992—2000 年，平均每年成交 345.3 亿元，年均每年增长 21.5%；进入 21 世纪，技术市场成交额仍然平稳增长，2012 年成交额达到 6437.1 亿元，2001—2012 年平均每年成交 2541.1 亿元，年均增长 20.4%。

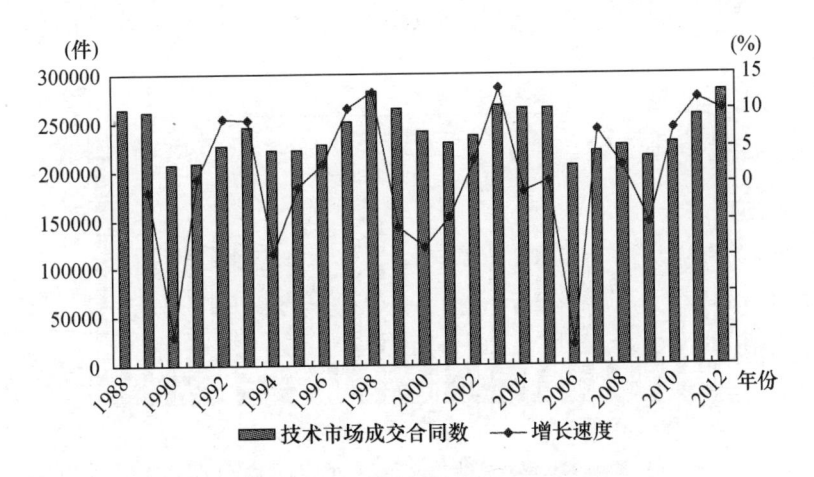

图 5-6 技术市场成交合同数及增长速度

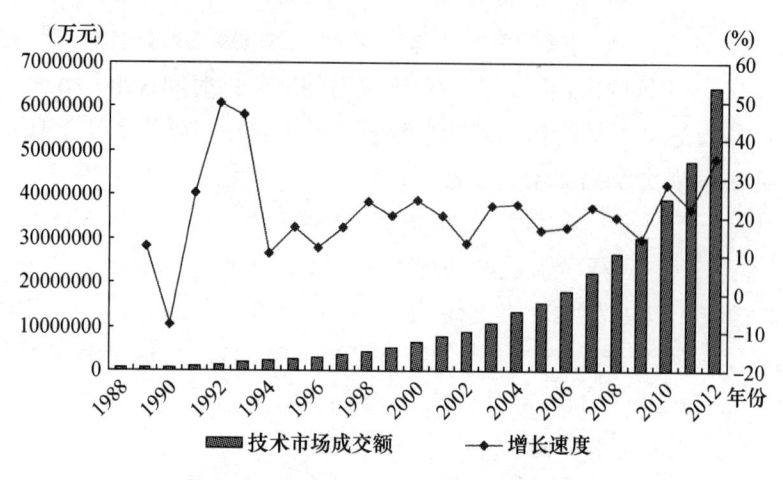

图 5-7 技术市场成交额及增长速度

（五）从申请授权量来看

专利申请授权量总体上呈现不断增长趋势。1986年专利申请授权量只有3024件，1988年突破10000件，1991年达到24616件，6年间增长了21592件，年均增长41.09%；1992年达到31475件，1993年出现快速增长，达到62127件，比1992年增长97.39%，1999年突破10万件，1992—2000年，年均增长14.4%；2001—2012年，专利申请授权量由114251件增长到2012年的1255138件，年均增长19.7%。

（六）从科技成果数量来看

如图5-8所示。重大科技成果数量在2002年以前呈现上下波动的

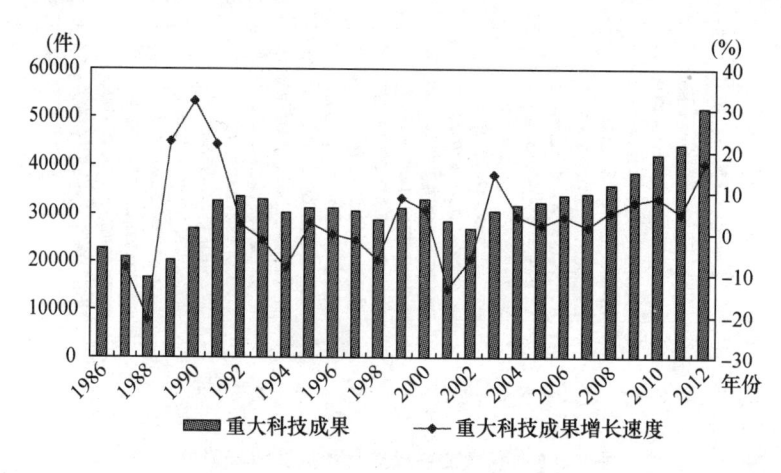

图 5-8 重大科技成果数量及增长速度

情况，2002年以后才出现平稳增长。其中，1986—1991年，呈现先下降后上升的现象，由1986年的22740件逐年下降到1988年的16552件后又逐年上升到1991年的32653件；1992—2002年平均每年30613件，11年间围绕这一水平小幅波动；2003年以后平稳增长，由2003年的30486件连续增长到2012年的51723件，年均增长5.41%。

四 科技人才政策成效的约束

（一）新中国成立初期科技人才政策的局限性

第一，政策过于注重眼前利益。《共同纲领》规定自然科学为工业、农业、国防建设服务，毛泽东提出理论联系实际，科研为国家建设、当前任务服务，强调政治功能与眼前利益，有些急功近利，没有在现代科技人才教育体系，现代化的科研体制、开发体制建立方面下功夫，导致此后科技人才缺乏现代化运行机制，难以出现较高的研究动力与高水平的科技成果。

第二，过分强调科技发展的国家计划性、行政性管理。建立高度集中统一的科研体制，使科学为外部需要服务，以行政任务干预科学研究，限制科研人员进行创造性研究的自由及领域，主要依靠行政权力推动科研发展，具有浓厚的行政化趋向，这种趋向影响到现在。此外科研忽视社会与民间的科技共同体的建立发展，不重视通过社会化方式培养激励科技人才脱颖而出，缺乏为科学而科学的导向，将科技发展与人才建设都纳入国家计划之中，导致科研的内在动力不足，此后出现停滞状况。

（二）改革开放初期科技人才政策的局限性

这一阶段的政策重在纠正"文化大革命"关于科技人才的错误观念，解决长期困扰中国的"是非"问题，力图恢复和发展遭受"文化大革命"破坏的各项制度，并对科技工作如何与经济联系进行了初步探索。但是，科技制度僵化、成果难以转化、人才激励不足等现象依然存在，全面、系统的科技人才政策体系尚未建立。

（三）邓小平南方谈话后至今科技人才政策的局限性

第一，我国科技人才政策的制定并非遵循科技人才成长和队伍建设的规律。科技人才政策的制定并非以科技人才为核心，以其培养、使用、管理、评价考核、流动等过程为对象进行政策体系建设，而是受外部因素（如政治、经济、科技等重大事件或重要政策）扰动较大。

第二，科技人才政策的前瞻性较差。一般都是科技人才队伍建设出现问题时才予以制定实施，如1981年大规模的高校毕业生相关政策的出台，几次人才大规模流动期间科技人才流动政策的出台。

第三，即便是围绕相关主题（如配合科技体制改革、有关国家战略、规划、纲要的实施）制定科技人才政策，政策的针对性也相对较差。而对政策体系建设的统一和完整性做出规定的，类似于为保障《国家中长期科学和技术发展规划纲要（2006—2020年）》的有效实施，专门出台文件《关于印发实施〈国家中长期科学和技术发展规划纲要（2006—2020年）〉若干配套政策的通知》就配套政策制定做出要求的屈指可数。

第四，科技人才政策体系建设缺乏整体规划，就同一内容或同一对象政策的重复性较大，时有相矛盾和冲突之处。另外，由于缺乏具有权威性的整体规划的部门，政出多门，各相关部门协调联动的机制较差。

可见，我国新时期科技人才政策虽然在指导科技人才队伍建设方面取得了不小的成绩，但仍处于不断完善和改进的过程之中。

第二节　分功能科技人才政策成效

一　科技人才引进政策的成效

（一）从学成回国人员数量来看

学成回国人员数量及其增长速度如图5-9所示，新中国成立初期，平均每年学成回国人员仅几百人，到1959年，学成回国人员数量才出现急剧增长，比上年增长106%，达到1380人，1960年增幅也较大，比1959年增长了60.7%，达到2217人，是改革开放前学成回国人员最多的一年，此后开始下降到1962年的不足千人，又逐年下降到1964年的仅191人，此后直到1980年，围绕这一水平上下波动，直到1981年学成回国人员才突破千人；1981年比1980年增长了6倍多，由162人急剧增长到1143人，但此后尽管学成回国人员均在千人以上，但并没有出现连续增长，直到1994年都是上下波动；1995年以后学成回国人员才出现连续平稳增长，由1994年的4230人连续增长到2000年的9121人；2001年突破万人，达到12243人，此后，仍然连续平稳增长到2009年突破10万人，并一直连续增长到2012年的272900人。

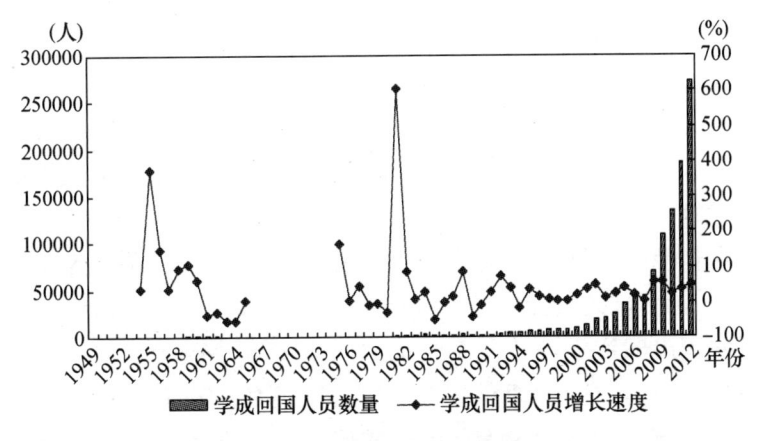

第五章 我国科技人才政策成效的总体评价   85

图 5-9 学成回国人员数量及增长速度

（二）从学成回国人员累计数量及其回归率来看

1. 从新中国成立初期开始累计，考察新中国成立 60 多年以来的累计回归率

从学成回国人员累计数量占出国留学人员累计数量的比例（见图 5-10）来看，新中国成立初期呈逐年增长趋势，由 1953 年的 1.21%，逐年上升到 1963 年的 81.8%；此后回国率出现连续下降，由 1974 年的 74.33% 下降到 1981 年的 54.74%，而 1982—1991 年，留学人员回国率在 60% 左右波动，没有大幅变动；1992 年邓小平南方谈话后，回归率逐年下降，由 1992 年的 56.2% 逐年下降到 2004 年的 24.04%，2005 年以后又由 24.86% 逐年上升到 2012 年的 43.1%。

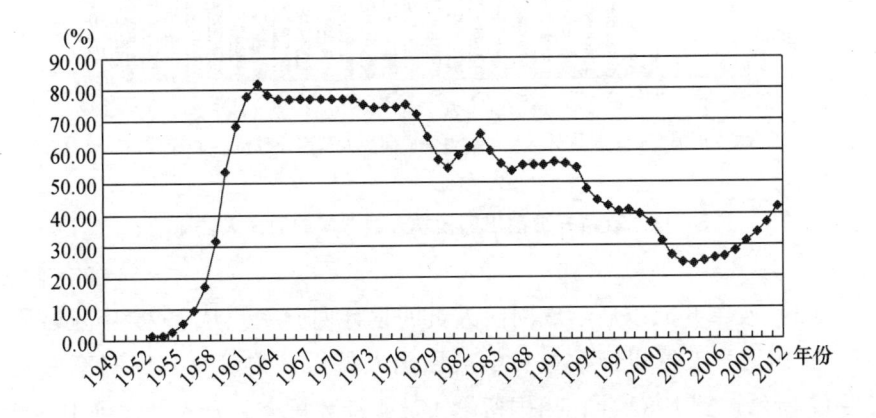

图 5-10 学成回国人员与出国留学人员之比

2. 以改革开放为界限分阶段累计，分阶段考察改革开放前后的累计回归率

（1）改革开放以前学成回国人员的累计回归率。以留学人才为主体的海外人才是我国科技人才引进的重要来源，在社会主义现代化建设进程中发挥了积极作用。新中国成立之初，以钱学森、李四光、邓稼先、吴文俊等杰出科学家为代表的海外留学人才回到祖国，为发展新中国的工业、科研、教育和国防建设事业建立了卓越功勋。新中国成立初期，从我国出国留学人才及其学成回国人员累计数量（如图5-11），可以看出新中国成立初期科技人才回归率很高。从1951年开始累计，1951—1977年，出国留学人员和学成回国人员累计数量及其回归率均呈现先不断增长后趋于稳定的变化特点，截至1964年年底，出国留学人员累计数量达到10633人，学成回国人员累计数量达到8014人，累计回归率达到75.4%；但是，由于"文化大革命"期间留学人员数量很少，直到1977年"文化大革命"结束，这些数量基本没有发生变化。

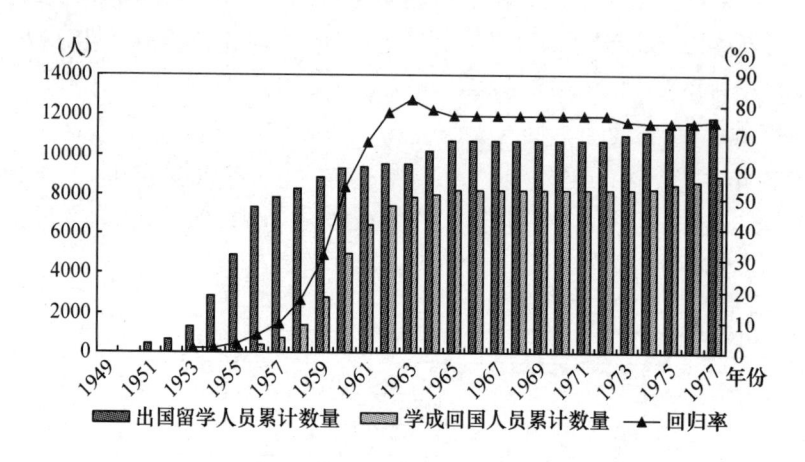

图5-11 改革开放前出国留学人数与学成回国人数比较

（2）改革开放以后学成回国人员的累计回归率。从1978年开始累计，出国留学人员累计数量和学成回国人员累计数量及其回归率如图5-12所示。到1982年，出国留学人员累计数量突破万人，达到10009人；到1996年突破十万人达到120586人，2007年突破百万人，2011

年则突破200万人；学成回国人员，1985年突破万人，2003年突破十万人，2012年突破百万人；回归率则呈现出大幅波动、稳中有升、连续下降和平稳上涨四个阶段的变化特点：1978—1987年大幅波动，1980年回归率最低为13.46%，1984年最高为58.05%；1988—1992年稳中有升，由1987年的45.16%逐年上升到1992年的51.66%；1993—2004年连续下降到23.13%；2005年以后又连续上涨到2012年的41.95%。

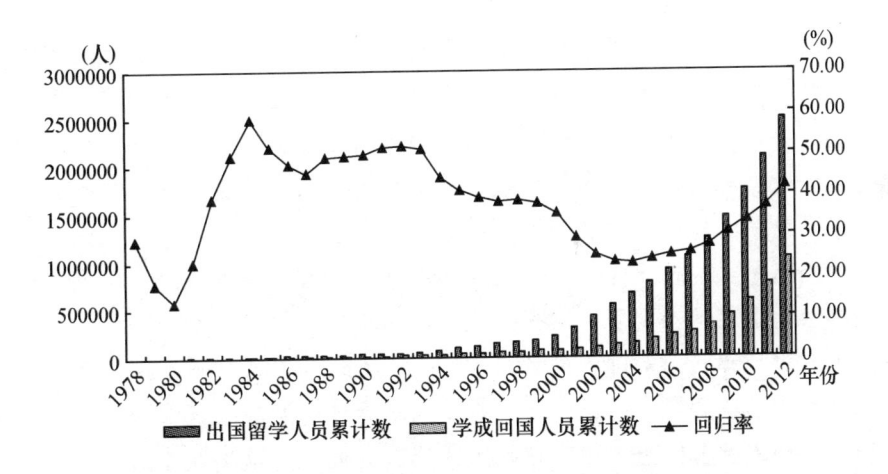

图5-12 改革开放后出国留学人数与学成回国人数比较

此外，21世纪以来，国家重点项目学科带头人中的72%是"海归"，81%的中国科学院院士、54%的中国工程院院士也是"海归"。在全国创办的60多个留学人员创业园中，留学人员创办企业5000多家，年产值逾100亿元。2006年，国家自然科学奖获奖项目的第一完成人中的67%、国家技术发明奖第一完成人中的40%、国家科技进步奖项目第一完成人中的30%是留学回国人员。[①]

（三）科技人才引进政策的经验启示

从我国60多年科技人才引进政策的演变可以看出，科技人才引进政策在国家人才战略和科技人才政策体系中的地位逐渐提升，其政策体

---

① 百度百科：《海外高层次人才引进计划》，http://baike.baidu.com/link?url=b49xcdr9tKRWm6E1fgl6WtNOrgzoDmQ3p0Uh8ltST3yac_P_zRaOCS62vfgGU7ja5LBfARPAIapIDOEnFF4Njq。

系本身所涵盖的主体和对象不断扩大，政策内容持续丰富和完善，政策的针对性、连续性、实效性进一步增强。从吸引留学人员回国方面，这些政策基本起到了应有的作用。但在吸引人才的质量、结构等方面的政策内容还需要结合我国高端科技人才的需求状况加以改进，其政策效果还有待提高。另外，我国科技人才引进政策的战略思维与核心目标有待转变。

1. 转变吸引回国的传统观念，树立引进、开发利用其智力资源的战略思维

以往科技人才引进政策，多是着眼于从改善待遇等外在方面吸引他们回国定居。对如何从其自身内在取向方面吸引他们为祖国提供智力资源的相关政策很少。改善待遇—吸引回国的政策思路没有直接从如何更有效地开发利用我海外留学科技人才的智力资源这一更为根本的问题上考虑问题，而是拘泥于是否回国的表面现象上。事实上，回不回国，并不是判断留学科技人才能否为我所用的根本标准，像李政道、杨振宁这些早年留学出国的著名科学家并没有回国定居，但他们对中国科学事业做出的贡献却非一般国内学者可比。[①] 而且这样的政策还容易产生与政策目标相反的后果，政策初衷是提高留学人才待遇吸引其回国，而结果却在某种程度上促进了更多科技人才出国，而且为留学人才回国提供的待遇越优厚，与未出国留学人才的待遇差别越大，就会引发国内科技人才出国，这种影响就越大。因此，未来的科技人才引进政策，应重点着眼于引进科技人才的智力资源而不是科技人才本身，而对于必须引进科技人才本身的，要注意不能与国内科技人才形成较大差距，从而避免国内人才出国，智力外流的现象发生。

2. 引进智力资源重在为海外科技人才提供实现其价值的便利条件

引进智力资源就是不一定要求科技人才回国，只要是能够充分开发利用其智力资源，回国与否并不重要，关键在于制定相关政策吸引海外科技人才愿意为祖国贡献自己的智力，要做到这一点，仅靠提高待遇是难以实现的。科技人才一般在国外都享有较高的待遇，他们往往更加注重自身价值的实现，因此要想利用其智力资源，就要着手帮助他们实现其自身价值，为其提供便利条件，比如，目前有部分政策是通过改善创

---

① 李喜岷：《改进留学回国科技人才政策的探讨》，《中国人才》1993 年第 4 期。

业环境吸引科技人才。除此之外，还要有针对性地了解具体科技人才的价值取向，从而为其实现自身价值提供相应的便利条件。

3. 引进智力资源需要创新科技人才引进的方式

引进智力资源的最终目的是真正有效地开发利用科技人才的智力资源，而以往改善待遇、吸引科技人才回国定居的方式则很难实现这一目的，这就需要紧紧围绕这一目的创新科技人才引进的方式。近年来颁布的政策已经在朝这方面努力，如提供较好的学术、工作环境，提高政治地位，提供创业环境，居住、落户方面确保来去自由，2006年，教育部启动项目、人才和基地三位一体的"高等学校学科创新引智计划"（又称"111"计划），力图以建设学科创新引智基地为手段，加大引进海外人才的力度，在高等学校汇聚一批世界一流人才。但是还远远不够，还缺乏有效的引进智力资源的方式，还需要鼓励地方、部门、用人单位创新人才引进方式，真正有效地利用科技人才。

二　科技人才流动政策的成效

从出国留学人员数量（见图5-13）来看，科技人才流动规模不断扩大，流动速度趋于平稳。

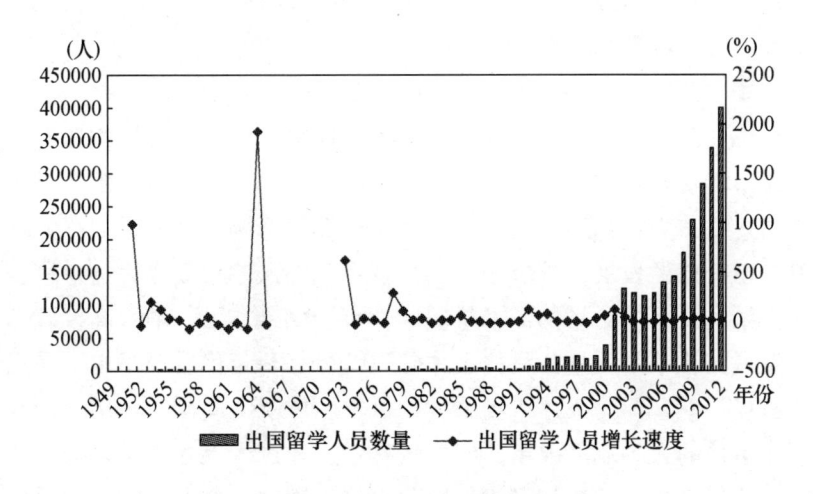

图 5-13　出国留学人员数量及增长速度

（一）改革开放初期恢复高考制度形成了复位性人才流动潮

随着改革开放政策的实施，党和国家工作重心转移，因"反右"、"文化大革命"等多种非正常因素影响导致大量用非所学的人才，纷纷回到原单位或用学一致的地方。尤其是恢复高考制度，一方面，使大批教师和科研人员到高校工作，以适应教学科研的新要求；另一方面，大量工农商学兵身份的有一定才能的人，通过高考跨进大中专院校大门，找回了渴望享有的专业教育权利，形成一次大规模的复位性的人才流动潮。1978年全国科技大会的召开，为蓬勃兴起的人才复位性流动注入了大的推动力。这一轮人才流动高潮，全面拉开了中国人才冲破"左"的政治束缚，适应党和国家工作重心转移到经济建设上来的序幕。

（二）20世纪80年代后期形成引导性人才流动高潮

伴随我国的经济体制改革，特别是沿海经济"特区"、开放"试验区"的成立，新的体制、机制和优惠政策打开了中国对外开放和对内开放的大门，同时也打开了中国科技人才在逐步开放的条件下，进行流动的思想空间和行动空间，大批人才不断地涌向深圳、珠海，拉开了一幅至今令人感动的"孔雀东南飞"的长长画卷。尤其是1988—1989年，中央鼓励科技人才可以辞职、兼职、停薪留职从体制内到体制外、创办企业等，同时三资企业和乡镇企业等多种经济成分迅猛发展，加快了人才流动的速度，"辞职下海""解聘应聘""职工跳槽"的现象越来越多，劳动力市场应运而生，政府人才中介机制开始建立，人才流动成了人力资源配置的一个重要渠道。

（三）邓小平南方谈话后形成市场性人才流动高潮

邓小平南方谈话后，随着人才市场管理法规等相关政策的实施，我国人才市场初步形成，而且人才市场在人才流动、人才资源配置过程中的作用日益扩大，出现了市场成长与人才流动协调发展的局面。尤其是随着改革开放的发展，外资企业和民营企业把人才市场作为选择科技人才的主渠道，人才市场的需求量较大；市场供给方面，随着高校教育的迅速发展与改革，增量的科技人才到20世纪90年代后期基本上是通过人才市场择业，成为人才市场最大的供给主体。与此同时，部分国有企业事业单位的人事制度改革，使大量存量人才进入人才市场，进一步推动了人才供求主体的市场平衡。因此，这一期间，科技人才流动更多地表现在国有企业人才向外资企业、民营企业、合资企业的流动；在经济落后地区向以北京、上海为中心的政治、经济、文化的核心圈和大中城市的流动。

（四）21世纪以来的国际性人才流动高潮

随着2001年中国加入世界贸易组织，中国人才市场也开始真正步入世界人才市场，科技人才竞争已经开始融入全球竞争，同时竞争的深度加大，人才流动导致人才大战，新一轮人才流动从基于制度与体制变革的流动转向了基于人才市场供求规律的流动。原有体制性、政策性壁垒逐渐被打破，如允许合资开办人才中介服务机构，开放中介服务市场，改革户籍管理制度，取消户籍制度对人才流动的限制，修订完善外国人来华就业政策，改革公民出入境的审批办法等。由此带来的科技人才流动带有鲜明的国际化色彩，主要包括人才配置国际化，人才素质国际化，人才的教育、培养国际化，人才制度、人才政策国际化。另外人才流动呈现出从中西部地区向东部地区流动的趋向。

（五）科技人才流动政策的经验启示

1. 市场与政府结合引导科技人才溢流

在整个科技人才流动政策体系中引导科技人才溢流的政策有所缺失，使我国科技人才相对过剩（如发达地区和某些领域）和科技人才相对短缺（中西部欠发达地区和某些领域）的现象同时存在，科技人才资源没能达到最优的配置。针对这种现象，政府应积极制定政策引导科技人才从相对过剩地区或领域向相对短缺地区或领域溢流，否则一方面将造成科技人才的浪费，另一方面也会造成科技人才的贬值。当然，地区间的这种矛盾主要是由于各地吸引人才的政策日益均衡，而欠发达地区的自然条件、物质环境、文化和学术环境方面都有很大劣势，在这种情况下，政策优惠的吸引力日益降低，地区环境自身所起的作用越来越大。对此，政府应发挥宏观调控作用，出台一些倾斜于科技人才紧缺地区的科技人才流动政策，如结合西部大开发，东北老工业基地振兴等国家发展战略，曾出台的《关于进一步加强西部地区人才队伍建设的意见》《贯彻落实中央关于东北地区等老工业基地战略，进一步加强东北地区人才队伍建设的实施意见》等在科技人才向这些地区流动方面就起到了积极的促进作用。

2. 要使高层次科技人才流动政策趋于规范化、长期化、普遍化

近年来我国对高层次的科技人才的流动给予格外关注，在政策方面给予格外的优惠条件，往往"特事特办""因人而异"。比如，为吸引科技人才在内的各类优秀人才，各地在政策上提供越来越多的优惠，这

本来是件好事，但在政策上随意加码，也带来一些弊端，有些条款甚至同现行体制产生矛盾。如为吸引高层次人才，一些地方在录用公务员时采取对高学历、高职称人员免考，或随意简化考试科目和程序作为吸引他们的优惠政策。这种优惠政策显然同公务员"凡进必考"制度相违背。因此，对于高层次科技人才流动政策应该使其规范化、长期化、普遍化。

三 科技人才培养政策的成效

（一）从高等学校数量来看

如图 5-14 所示，普通高等学校数量的变化可以分为七个阶段。

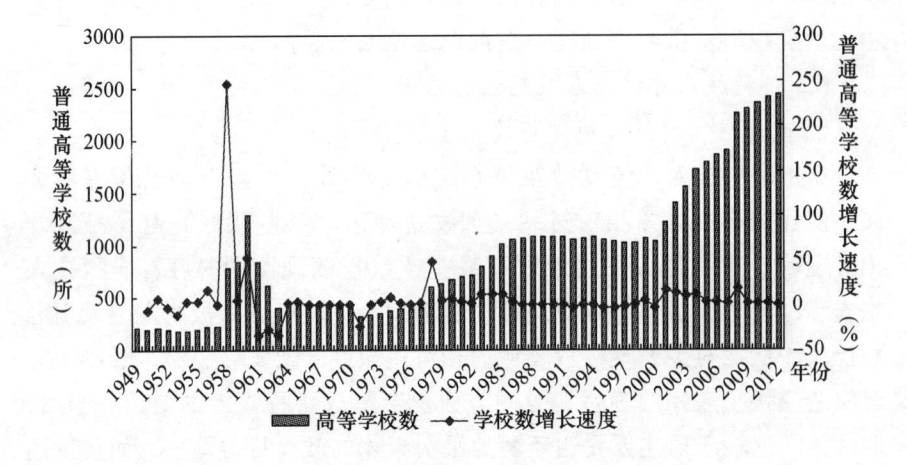

图 5-14 高等学校数及增长速度

第一阶段，1949—1957 年，学校数量在 200 所左右小幅波动。

第二阶段，1958—1963 年，连续三年大幅度增加后，紧接着又连续三年大幅度减少，由 1957 年的 229 所迅速增加到 1960 年的 1289 所，随后又急骤减少到 1963 年的 407 所。

第三阶段，1964—1970 年，高等学校数量基本稳定。由 1963 年的 407 所逐渐增加到 1965 年的 434 所后，直到 1970 年一直维持在这一水平。

第四阶段，1971—1977 年，1971 年出现较大幅度下降，下降到 328 所，此后逐渐增加到 1977 年的 404 所，这一时期受到"文化大革命"的影响，学校数量低于上一时期。

第五阶段，1978—1985 年，有较大幅度的增长，由 1977 年的 404 所迅速增加到 1985 年的 1016 所。

第六阶段，1986—2000 年，基本稳定。这一时期高校数量基本稳定在 1020—1080 所。

第七阶段，2001 年至今，高等学校数量出现大幅度增长。由 2001 年的 1225 所逐年增加到 2012 年的 2442 所。其中，2008 年出现较大幅度的增长，由 2007 年的 1908 所增加到 2263 所，增加了 18.6%。

（二）从普通高等学校专任教师数量来看

如图 5-15 所示，普通高等学校专任教师数的变化可以分为五个阶段。

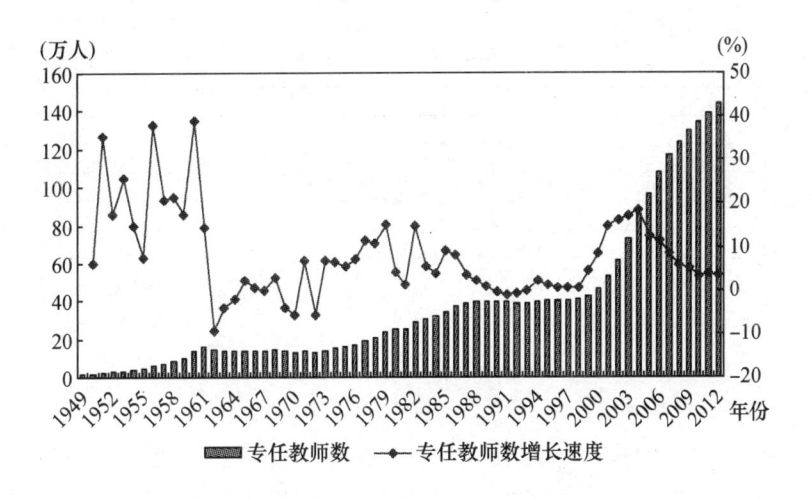

图 5-15 普通高等学校专任教师数及增长速度

第一阶段，1949—1961 年，快速增长阶段。专任教师由 1949 年的 1.6 万人快速增长到 1961 年的 15.9 万人。年均增速达到 18.74%，平均每年增长 5.39 万人。

第二阶段，1962—1973 年，减少后基本停滞阶段。1962 年专任教师出现明显减少，比 1961 年减少了 1.5 万人，下降幅度达到 9.4%，1963 年进一步下降到 13.8 万人，此后近十年间一直维持在 13 万多人。

第三阶段，1974—1989 年，平稳增长阶段。1974 年开始进入持续增长阶段，由 1973 年的 13.9 万人逐年增长到 1989 年的 39.7 万人。直到1998年40.7万人。

第四阶段,1990—1998年,基本停滞阶段。1990年又开始出现下降,减少到39.5万人,此后近10年间,停留在38.8万—40.7万人之间。

第五阶段,1999—2012年,快速增长阶段。1999年又开始出现较大幅度的增长,由1998年的40.7万人增加到2012年的144万人。尤其是2001—2006年,每年增长速度都在10%以上。

(三) 从普通高等学校生师比来看

如图5-16所示,普通高等学校生师比的变化可以分为六个阶段。

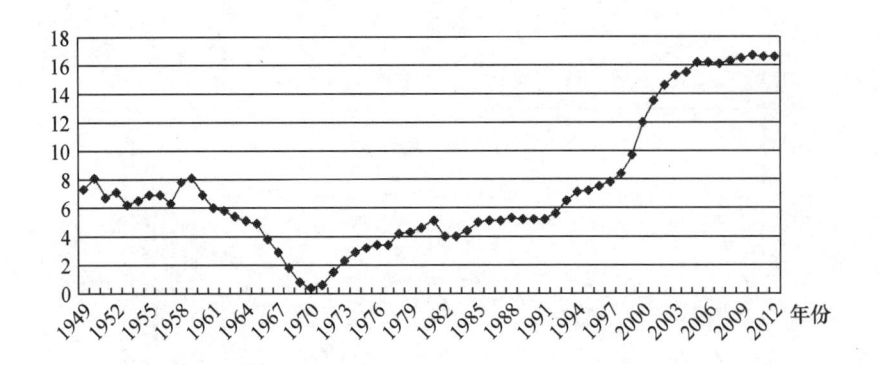

图5-16 普通高等学校生师比

第一阶段,1949—1959年,在6.2—8.1之间剧烈波动。

第二阶段,1960—1970年,快速下降阶段。由6.9连续下降到1970年的0.4。

第三阶段,1971—1981年,快速上升阶段。由0.6连续上升到5.1。

第四阶段,1982—1991年,基本停滞阶段。维持在5左右。

第五阶段,1992—2005年,大幅上升阶段。由5.6快速增长到16.2。

第六阶段,2006—2012年,平稳发展阶段。维持在16.1—16.7之间。

(四) 从研究生毕业人数来看

如图5-17所示,研究生毕业人数的变化可以分为五个阶段。

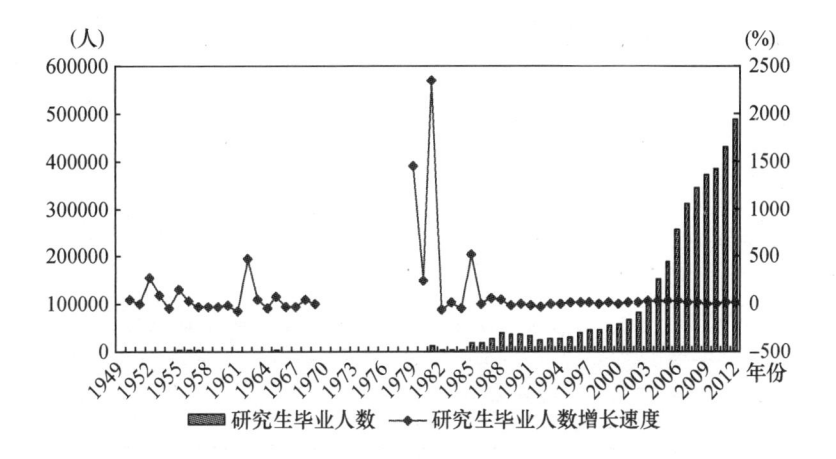

图 5-17 研究生毕业人数及增长速度

第一阶段，1949—1969 年，研究生毕业人数很少，且波动幅度很大。人数最少的一年是 1949 年的 107 人，人数最多的一年仅 2349 人，是 1956 年。其中，下降幅度最大的一年是 1961 年，比 1960 年下降了 69.61%，一年间由 589 人下降到 179 人；增长幅度最大的一年是 1962 年，比 1961 年增长了 4.69 倍，由 1961 年的 179 人一跃上升到 1962 年的 1019 人。除此之外，1952 年，增长幅度也较大，比 1951 年增长了 2.78 倍。

第二阶段，1970—1977 年，空白阶段。

第三阶段，1978—1994 年，剧烈波动中大幅增加阶段。此阶段研究生毕业人数曾经由 1978 的仅 9 人，增长到 1988 年的 40838 人，此后又逐年下降到 1994 年的 28047 人。

第四阶段，1995—2002 年，平稳增长阶段。这一阶段，研究生毕业人数由 28047 人平稳增长到 2002 年的 80841 人，年均增长率为 11.2%。

第五阶段，2003—2012 年，快速增长阶段。2003 年研究生毕业人数突破 10 万人，达到 111091 人，此后快速增长到 2012 年的 486465 人。年均增长率为 16.0%，尤其是 2003—2007 年，增长速度在 20% 以上，2003 年甚至达到 37.4%，而 2008 年以后增长幅度有所下降，在 10% 左右。

(五) 从研究生毕业人数占普通高校毕业人数的比例来看

如图5-18所示，研究生毕业人数占普通高校毕业生人数的比例与研究生毕业人数变化特点较相似，也可以分为五个阶段。

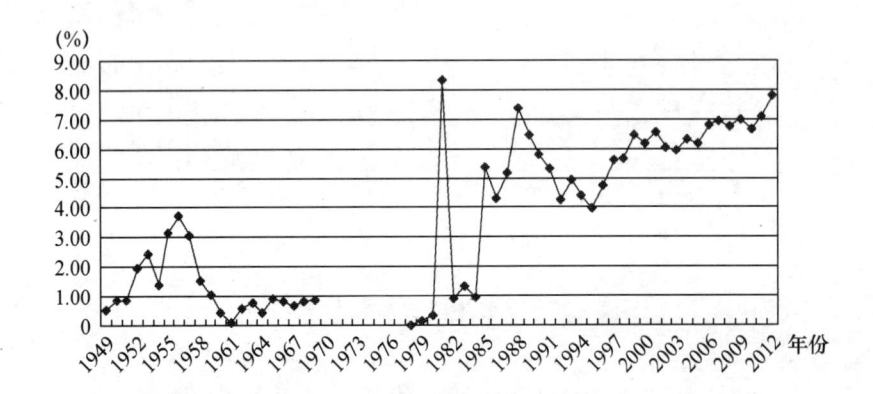

图5-18 研究生毕业人数占普通高校毕业生人数的比例

第一阶段，1949—1969年，研究生毕业人数占高校毕业生数的比例很低，在0.5%—3.7%之间，且波动幅度较大，大部分年份都低于1%，仅有1952—1959年高于1%。

第二阶段，1970—1977年，空白阶段。

第三阶段，1978—1994年，剧烈波动中明显提高阶段。此阶段研究生毕业人数占高校毕业生数的比例由1978年的仅0.01%迅速提高到1981年的8.34%，此后又逐年下降到1994年的4.4%。

第四阶段，1995—2001年，快速增长阶段。这一阶段，研究生毕业人数占高校毕业生数的比例由3.96%快速提高到2001年的6.55%。

第五阶段，2002—2012年，基本稳定阶段。这一阶段，研究生毕业人数占高校毕业生数的比例基本稳定在6%多一点，2011年以后突破7%。

(六) 科技人才培养政策评价

总体来看，我国科技人才培养政策使高等学校数量、高等学校专任教师数量及生师比都得到很大程度的改善，研究生毕业人数也呈总体上涨趋势。人才培养专项计划总体成效显著，国家主体性科技计划培养博士、硕士研究生人数基本呈上升趋势。这说明随着我国科技人才政策的逐渐完善，人才培养的基础条件已经基本成熟，人才培养的成果较为显著。

四 科技人才激励政策的成效

（一）两院院士数量

两院院士数量的变化情况如图 5-19 所示，自 1995 年开始，两院院士数量都在小幅波动中缓慢增长，由 898 人增加到 1473 人。其中有一个非常明显的特点是其每年的增长速度呈现正负交替。

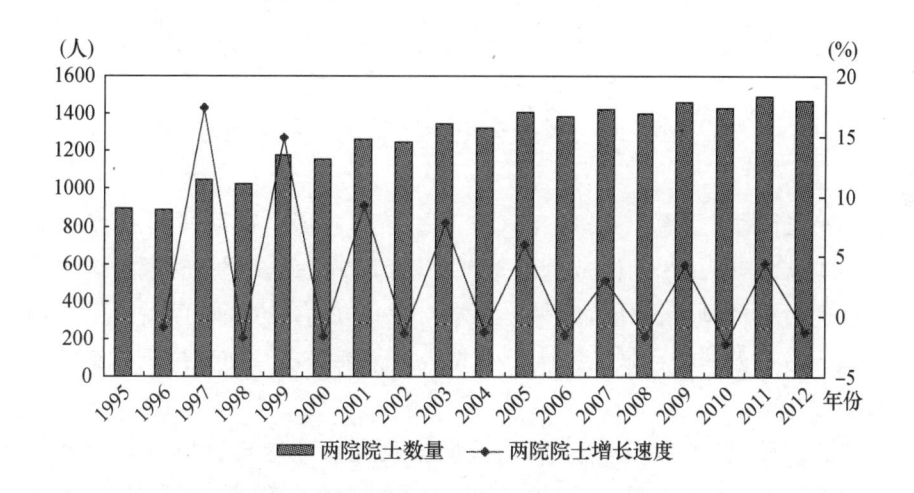

图 5-19 我国两院院士数量及增长速度

（二）重大科技成果数量

1986 年以来，我国重大科技成果的数量变化情况如图 5-20 所示。其变化呈现先下降后快速增长、波动中减少、由缓慢到快速增长三个阶段，与科技体制改革和人才激励政策的变化有很大关系。

第一阶段，1986—1992 年，先下降后快速增长阶段。由 1986 年的 22740 件快速下降到 1988 年的 16552 件后，1989 年开始增长到 20278 件，到 1992 年增长到 33384 件，4 年间增长了 1 万多件，年均增长率 13.7%。这主要是因为，1986 年，国家将全国科技工作部署为面向国民经济建设和社会发展服务、发展高新技术及其产业、加强基础性研究，先后制订了星火计划、"863"计划、火炬计划、攀登计划、重大项目攻关计划、重点成果推广计划六大计划，这些举措使在随后的几年中科技成果数量激增。

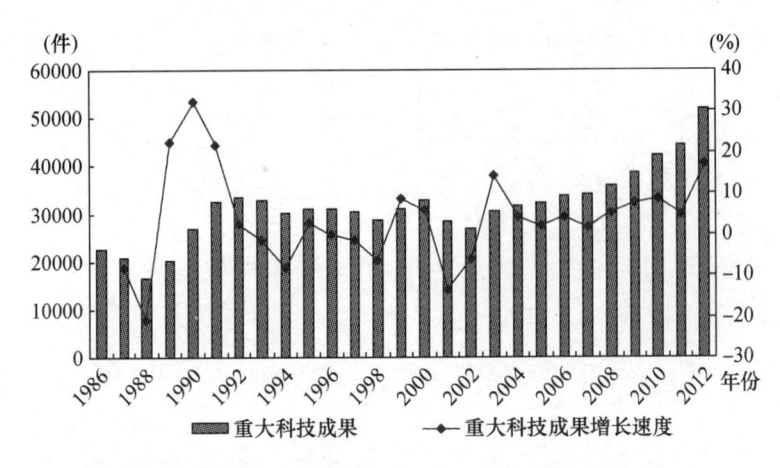

图 5-20　我国重大科技成果数量及增长速度

第二阶段，1993—2002年，波动中减少阶段。此阶段科技成果数量由1992年的33384件减少到2002年的26697件。这一时期，国家一方面通过各种制度设计奖励科技人才，另一方面南方谈话以后，市场经济深入发展到各个领域，使大批科技人才下海经商。使科技成果总量出现减少趋势。

第三阶段，2003年至今，由缓慢增长到快速增长。2003年科技成果数量实现重大突破，由2002年谷底的26697件跃升至2003年的30486件后缓慢增加到2008年的35971件，5年间仅增加了5000多件，而2009年一年则增加了近3000件，2009—2012年，共增加了14000多件，2012年增加得最多，增加了7000多件。这主要是因为，2002年以后，科技人才队伍较为稳定，加之科技人才激励政策逐渐完善而且出台了众多激励高科技人才的政策。

（三）专利申请授权量

1986年以来，我国专利申请授权量的变化情况如图5-21所示。其变化呈现出低水平缓慢增长、较高水平缓慢增长和高水平快速增长三个阶段。

第一阶段，1986—1998年，专利申请授权量低水平缓慢增长。这一时期，每年专利申请授权量在10万件以下，年均增长率15.2%。其中，有三年出现很大幅度的增长，还有两年出现负增长。大幅度增长的年份是1987年、1988年、1993年，其增长率分别高达125.33%、

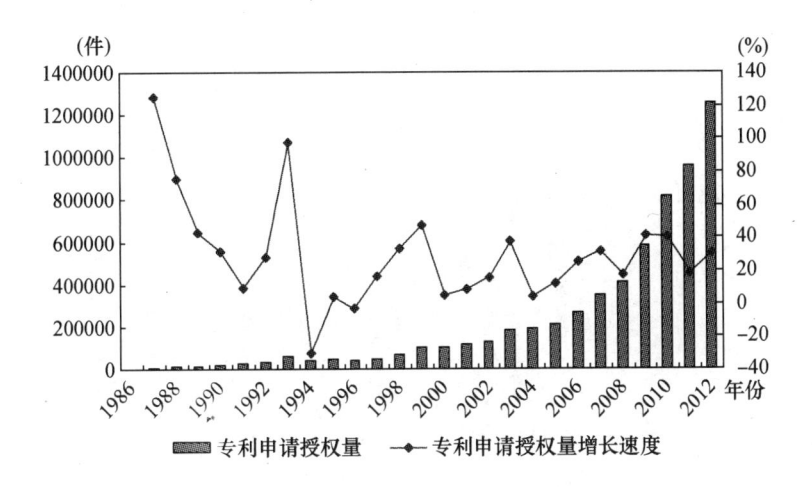

图 5-21　我国专利申请量及增长速度

75.41% 和 97.39%；负增长的年份分别是 1994 和 1996 年。

第二阶段，1999—2008 年，专利申请授权量较高水平缓慢增长。这一时期，每年专利申请授权量突破 10 万件，但增长速度较慢，年均增长率为 15.7%，与上一时期增长速度相当。

第三阶段，2009 年以后，专利申请授权量在较高水平高速增长。2009 年，专利申请授权量突破 50 万件，由 2008 年的 41 万多件一跃上升到 58 万多，2009—2012 年平均每年增加 21 万多件，年均增长率 30.8%，增长速度比 2009 年以前提高了 1 倍。

（四）国家级科技奖励数量

国家级科技奖励数量的变化情况如图 5-22 所示，以 2000 年为界可以分为两个大的阶段。

第一阶段，1987—1999 年，国家级科技奖励数量在波动中减少，1987 年奖励数量最多为 1210 项，此后明显减少，均在 1000 项以下，十多年中总体呈下降趋势，到 1999 年仅 602 项。

第二阶段，2000—2012 年，低水平小幅波动。2000 年国家级科技奖励数量由 1999 年急骤下降到 2000 年的 292 项，2001 年最少仅 231 项。2004 年以后突破 300 项，此后在 305—384 项波动，2011 年是这一阶段奖项最多的一年为 384 项，2012 年又有所下降，为 337 项。

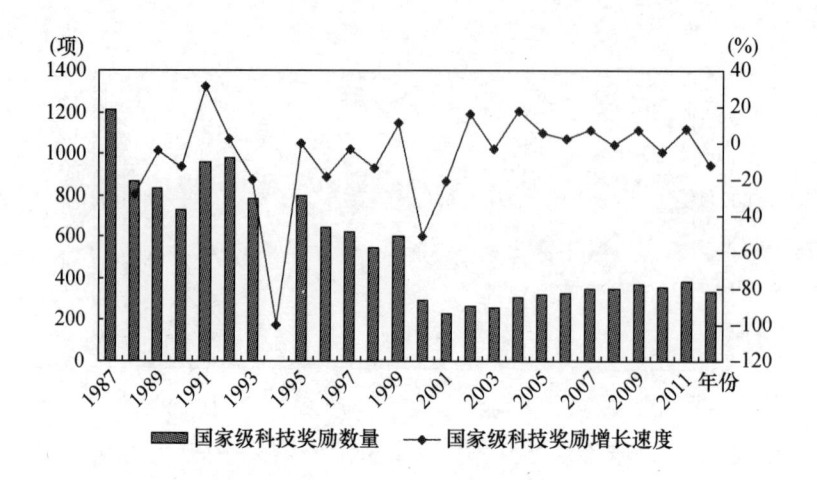

图 5-22　国家级科技奖励数量及增长速度

（五）科技人才激励政策的经验启示

1. 科技人才激励政策必须做到公开与公正、公平与合理才能起到有效的激励作用

目前，一系列的科技人才激励政策，对大批科技人才起到了极大的激励作用，但是由于科技人才及其成果评价的复杂性，使各项政策在公开与公正、公平与合理方面还需要不断地改进。如职称评定制度、科学基金制度、科技奖励制度等还需要不断地改进。

2. 科技奖励应避免公平分配，而要宁缺毋滥

科技奖励应该奖励给真正优秀的科技成果，绝对不能在地区间、部门及单位间公平分配名额。目前，我国国家自然科学一等奖在这方面做得很好。自 2000 年起，国家自然科学一等奖 13 年里有 9 次空缺，2010—2012 年连续空缺 3 年。但还有其他很多奖励一般不会出现空缺现象，而是事先确定奖励名额，然后，基本按照平均分配的原则分配给各地区和部门，这样并不能激励真正的优秀科技成果的产生。

第六章 标志性科技人才政策实施成效评估

第一节 科技人才政策成效总体评估问卷统计描述

课题组于2014年2月15日至4月30日对科技人才进行了问卷调查。发放问卷1000份,回收有效问卷784份。调查地区以天津市为主,调查地区涉及天津市、北京市、山东省、黑龙江省、江苏省、河南省等;调查对象为理工农医学科的科技人才,包括教师、研发人员、技术应用人员、科技管理人员等。调查对象工作单位涉及学校、科研院所、医疗机构、国有企业、民营企业或"三资"企业、政府部门等。

一 调查对象属性特征

被调查者属性特征如图6-1至图6-8所示。

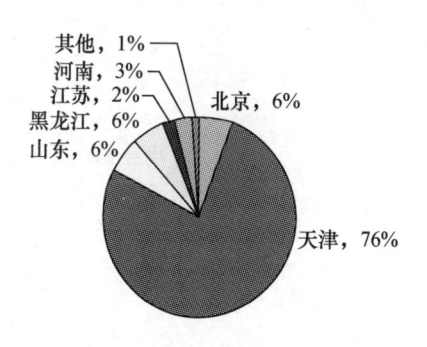

图6-1 调查对象工作地区

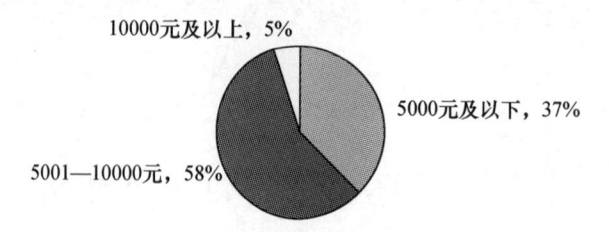

图6-2 调查对象平均月收入

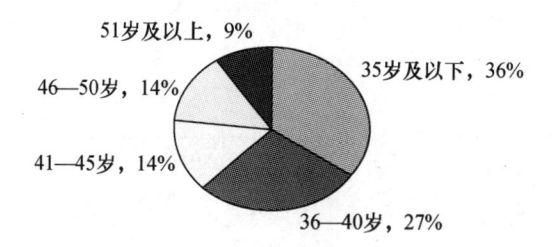

图6-3 调查对象年龄分布

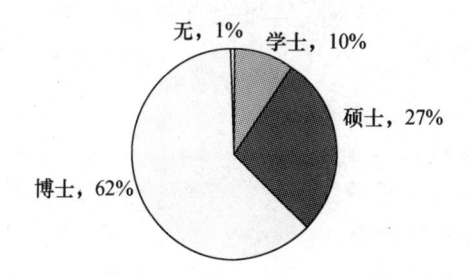

图6-4 调查对象学位分布

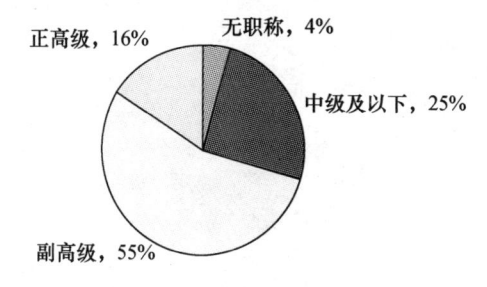

图6-5 调查对象职称分布

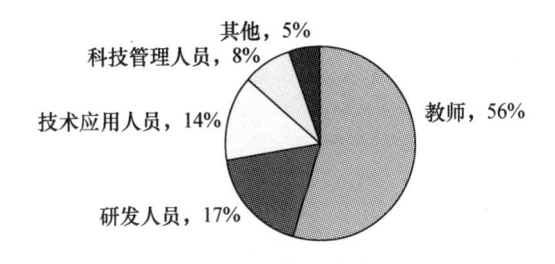

图 6-6 调查对象职业类型分布

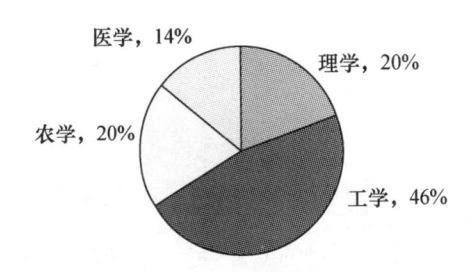

其他，5%
科技管理人员，8%
技术应用人员，14%
研发人员，17%
教师，56%

图 6-7 调查对象学科分布

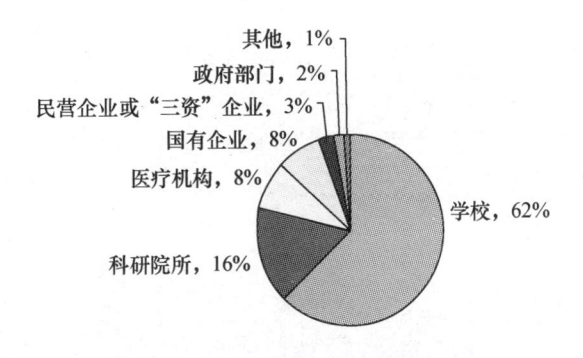

医学，14%
农学，20%
理学，20%
工学，46%

图 6-8 调查对象工作单位类型

其他，1%
政府部门，2%
民营企业或"三资"企业，3%
国有企业，8%
医疗机构，8%
科研院所，16%
学校，62%

二 被调查者对科技人才政策的了解

如图6-9所示，大部分被调查者对科技人才政策不熟悉。比较了解和熟悉的仅占24.1%，39.8%的被调查者部分了解科技人才政策，听说过但不了解的占11%。也就是说，大部分被调查者对科技人才政策了解不全面，75.9%的仅是部分了解甚至不了解。从相关分组看，被调查者年龄越大，了解科技人才政策程度越高；收入越高，了解科技人才政策程度越高；职称越高，了解科技人才政策越多。其中，单位类型分组中，事业单位科技人才比企业单位更多了解科技人才政策。职业类型分组中，教师和研发人员比技术应用人员更了解科技人才政策。但科技管理人员对人才政策了解并不比管理对象多，这也就影响了科技人才对人才政策的了解。

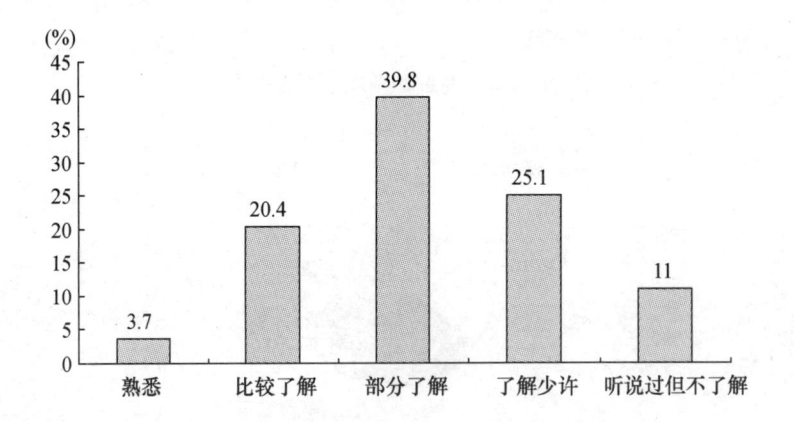

图 6-9 调查对象对现行科技人才政策的了解程度

从科技人才政策获取渠道来看，网络和单位组织人事部门的工作宣传是获悉人才政策的主渠道，达到80%（见图6-10）。从分组来看，北京和黑龙江更多地通过网络获取政策信息，其他省（市、区）更多地通过单位组织人事部门的宣传。事业单位主要通过本单位组织人事部门获取政策信息，而企业单位等则主要借助网络。

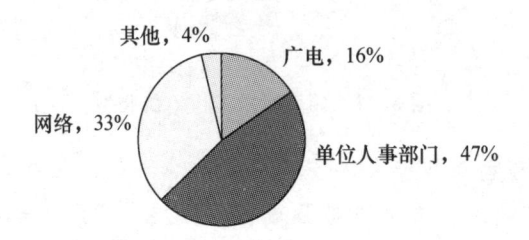

图 6-10 调查对象获悉科技人才政策的主要途径

三 科技人才政策执行情况

图 6-11 显示，从政策执行情况看，接近60%的被调查者认为，

政策部分执行到位；20%左右的认为，政策执行到位；其余20%左右认为，政策执行不到位或没有执行。从执行情况来看，科技人才引进政策执行情况最好，而流动政策最差。人才引进政策执行到位的选择比例为32.9%，执行不到位或没有执行的比例仅为13.2%。而人才流动政策执行到位的比例仅为18%，执行不到位或没有执行的比例达到26.6%。科技人才培养政策和激励政策执行情况和执行效果介于两者之间。

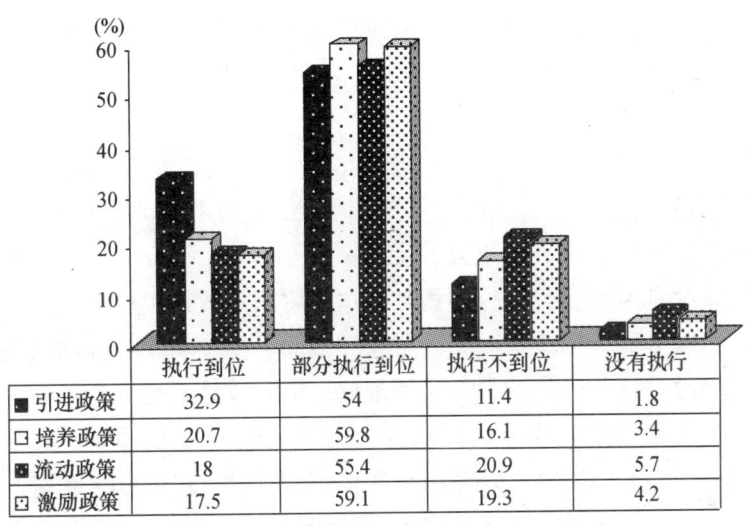

	执行到位	部分执行到位	执行不到位	没有执行
引进政策	32.9	54	11.4	1.8
培养政策	20.7	59.8	16.1	3.4
流动政策	18	55.4	20.9	5.7
激励政策	17.5	59.1	19.3	4.2

注：由于四舍五入，百分比之和不等于100%。

图6-11 近年来科技人才政策执行情况

从引进政策的各项分组情况看，月收入超过1万元的被调查者引进政策执行到位的选择比例高于1万元以下的被调查者，说明引进政策对高能力高收入者执行情况最好；江苏省引进政策执行情况最好，执行到位比例达到80%，山东省次之，达到42.6%，其次是北京市和天津市；政府部门、学校和科研院所人才引进政策执行到位比例最高，达到35%以上；民营企业和"三资"企业引进政策执行不到位或没有执行的比例最高，达到36.4%，表明科技人才引进政策没有在民营企业和"三资"企业实施。教师和研发人员引进政策执行到位的认可比例高于技术应用人员和科技管理人员，说明学校和科研院所引进政策执行情况最好，教师和研发人员对引进政策执行状况较满意。

从人才培养的各项分组情况看，月收入在 1 万元以上的被调查者培养政策执行到位的比例高于 1 万元以下的群体，说明收入水平与人才培养政策作用息息相关；学士学位和无职称的被调查者认可人才培养政策执行到位的比例低于其他群体；民营企业和"三资"企业培养政策执行不到位或没有执行的比例最高，达到 36.3%，表明科技人才培养政策在民营企业和"三资"企业没有得到较好执行。技术应用人员和教师培养政策执行到位的选择比例最低，分别为 16% 和 19%，说明教师和技术应用人员的培训执行情况较差。从事农学的被调查者培养政策执行到位的选择比例最低，仅为 15%，表明培养政策对农学类科技人才的实施情况较差。

从人才流动政策的各项分组情况看，45 岁以下被调查者认为政策执行不到位或没有执行的比例高于其他年龄组，主要源于 45 岁以下是流动的活跃群体，对流动政策感触较多；月收入 1 万元以上的被调查者认为流动政策执行到位的比例最高，这说明流动政策更注重调整高层次人群，这部分群体从流动政策中获益较多；无学位和无职称的被调查者人才流动政策执行到位的选择比例最低，流动政策对这部分群体考虑较少。国有企业中流动政策执行到位的比例最低，仅为 10%，民营企业和"三资"企业流动政策执行不到位或没有执行的比例最高，达到 41%。表明科技人才流动政策在民营企业和"三资"企业没有得到较好贯彻实施。

从人才激励政策的各项分组看。35 岁及以下的被调查者激励政策执行不到位或没有执行的选择比例最高，达到 29%，这部分群体应该是激励政策作用的重点，但政策的执行情况却不佳；月收入 1 万元以上的被调查者激励政策执行到位的选择比例最高，达到 29.7%，5000 元以下的被调查者认为激励政策执行不到位或没有执行的比例最高，达到 32.3%。说明激励政策与劳动产出和收入水平息息相关；没有海外背景的被调查者激励政策执行到位的比例最低为 14.7%，而认为政策执行不到位或没有执行的比例最高，达到 27.4%；学士学位和无职称的被调查者激励政策执行到位的选择比例最低，政策执行不到位或没有执行的比例最高。政府部门被调查者认为激励政策执行到位的比例最高，达到 42.9%，而民营企业和"三资"企业被调查者认为激励政策执行不到位的比例最高，达到 41%，激励政策没有在体制外单位得到较好贯彻实施。

科技人才政策执行不到位的原因如图 6-12 所示。45% 的被调查者认为主要源于国家政策缺乏地方性配套政策。政策制定缺乏针对性、领导重视不够和教条主义也是人才政策执行不到位的原因。

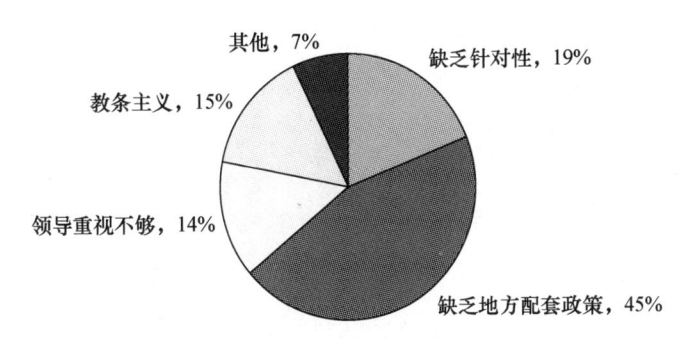

图 6-12 政策执行不到位的原因

四 科技人才政策作用效果

（一）科技人才政策作用效果与政策执行情况相辅相成

图 6-13 显示，科技人才引进政策效果最好，人才流动政策和人才激励政策效果较差。67.4% 的被调查者认为，科技人才引进政策效果较好及以上，只有 52% 的被调查者认为，人才流动政策效果较好及以上。认为科技人才流动政策作用效果较差的占 10.1%，激励政策作用较差的占 9.8%。

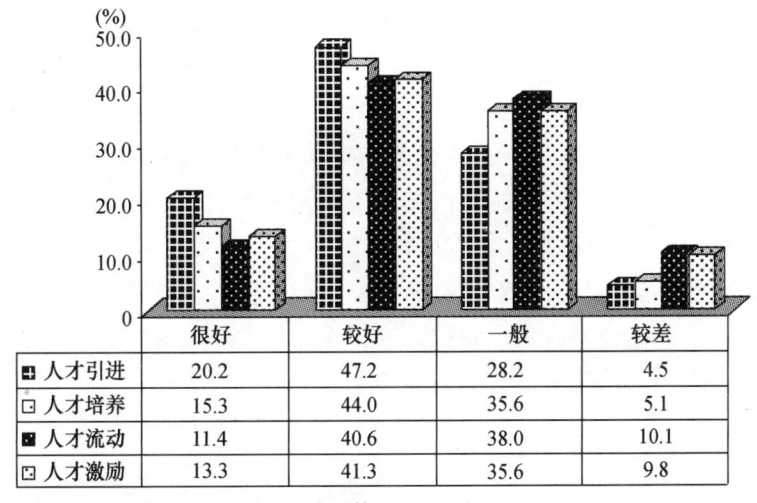

	很好	较好	一般	较差
人才引进	20.2	47.2	28.2	4.5
人才培养	15.3	44.0	35.6	5.1
人才流动	11.4	40.6	38.0	10.1
人才激励	13.3	41.3	35.6	9.8

注：由于四舍五入，百分比之和不等于 100%。

图 6-13 科技人才管理活动效果

从科技人才引进政策的各项分组看，河南省科技人才引进政策作用效果较差，较好及以上的评价仅为 25%；无海外背景的被调查者引进政策效果较好以上的选择比例较低，为 63.5%；无学位、无职称的被调查者人才引进政策效果好评的比例明显偏低；相比而言，学校和政府部门的被调查者人才引进政策较好及以上的认可比例较高，分别为78.6% 和 71.2%。

从科技人才培养政策的各项分组看，收入越高，培养政策效果较好及以上的评价比例越高，说明培养政策能够提高科技人才的能力和收入；无海外工作背景、无学位、无职称的被调查者培养政策实施效果较好的评价比例较低；民营企业和"三资"企业的被调查者人才培养政策实施效果较好以上的评价比例最低，仅为 45.5%，而较差的比例最高，达到 22.7%，表明科技人才培养政策在体制外单位没有产生好的效果。

从科技人才流动政策的各项分组看，中部地区人才流动政策效果明显低于东部地区；收入越高，流动政策效果评价越好；无海外背景、无学位、无职称的被调查者人才流动政策效果好评的比例最低；教师和研发人员被调查者人才流动政策效果好评的比例较高，而工科背景的被调查者好评比例最低，为 47%。

从科技人才激励政策的各项分组看，收入越高，人才激励政策作用效果越好；无海外背景、无学位、无职称的被调查者人才激励政策的实施效果较好的认可比例最低；民营企业和"三资"企业人才激励政策实施效果较差的选择比例较高，为 31.8%。

（二）政策对科技人才生存发展的影响

图 6-14 显示，60% 的被调查者认为人才政策部分改变了自身生存和发展状况。从分组情况看，5000 元以下的被调查者受科技人才政策影响较小；无学位、无职称的被调查者生存状况全面改善和部分改善的比例较低；学校和科研院所的被调查者受科技人才政策影响较大，生存状况得到改善的比例分别为 71.4% 和 62.2%。

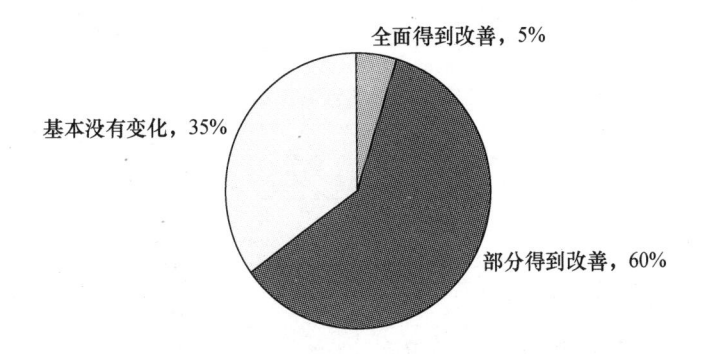

图 6-14 政策对科技人才生存发展的影响

第二节 标志性科技人才引进政策实施成效评估

一 "千人计划"实施成效

在对"千人计划"实施成效进行评价的选项中,其性别、年龄、地区等方面的结构特征如表 6-1 所示。对该政策进行评价的选项数共 772 项,其中,从性别来看,男性所占比例明显高于女性,有 61.1% 的选项来自男性受访者的评价;从年龄来看,40 岁以下所占比例超过 60%,尤其是 35 岁以下所占比例最高;从工作省市来看,有 72.9% 的选项来自河南省;从月收入来看,5000 元及以下的所占比例最高,达到 61.0%,10001 元及以上的所占比例也较高,达到 35.1%;从海外经历来看,没有海外经历的占大多数,达到 67.9%;从学位情况来看,博士所占比例最高,占 64.9%,其次是硕士,占 25.5%;从职称来看,有半数以上来自副高级职称,中级及以下的占 25.1%,正高级职称的占 17.6%;从单位类型来看,有近 70% 来自学校,17.0% 来自科研院所;从职业类型来看,有近 60% 来自教师,近 20% 来自研发人员;从学科类型看,接近半数来自工学。

(一)总体来看

图 6-15 显示,总体来看,认为该政策实施成效较好的选项最多,有 41%,其次是比较了解的占 26%,然后是认为较难操作的和急需改进的,分别占 16% 和 14%,认为该政策需要废除的所占比例很低,仅

有 3%。可见,"千人计划"从总体上看,实施成效较好。

表 6-1 "千人计划"实施成效的被调查者的结构特征 (N=772)

变量	具体指标	频次	百分比(%)	变量	具体指标	频次	百分比(%)
性别	男	472	61.1	职称	无职称	38	4.9
	女	300	38.9		中级以下	194	25.1
年龄组	35 岁及以下	276	35.8		副高级	404	52.3
	36—40 岁	211	27.3		正高级	136	17.6
	41—45 岁	106	13.7	单位类型	学校	529	68.5
	46—50 岁	102	13.2		科研院所	131	17.0
	51 岁及以上	77	10.0		医疗机构	37	4.8
工作省市	北京	55	7.1		国有企业	43	5.6
	河南	563	72.9		民营企业或"三资"企业	14	1.8
	黑龙江	53	6.9		政府部门	14	1.8
	江苏	44	5.7		其他	4	0.5
	其他	21	2.7	职业类型	教师	456	59.1
	山东	30	3.9		研发人员	142	18.4
	天津	6	0.8		技术应用人员	75	9.7
月收入	10001 元及以上	271	35.1		科技管理人员	55	7.1
	5000 元及以下	471	61.0		其他	44	5.7
	5001—10000 元	30	3.9	学科类型	理学	150	19.4
海外经历	无	524	67.9		工学	365	47.3
	有,不足一年	119	15.4		农学	168	21.8
	有,一年以上	129	16.7		医学	89	11.5
学位	学士	69	8.9				
	硕士	197	25.5				
	博士	501	64.9				
	无	5	0.6				

(二)结构差异

从不同特征的科技人才来看,他们对"千人计划"政策实施成效的评价差异不尽相同。在性别、年龄、收入、海外经历和学科几个特征

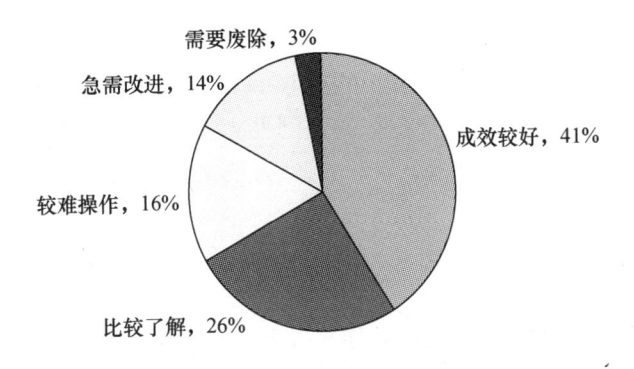

图 6-15 "千人计划"实施成效的总体评价

中,不同特征的科技人才对该政策的评价基本一致,各类科技人才中都是认为该政策成效较好的比例最高,达到40%多。

在学位和职称两个特征中,不同特征的科技人才对该政策的评价差异很小,只是无学位的和有学位的科技人才之间,无职称的和有职称的科技人才之间存在差异,而在学位高低之间和职称高低之间并没有差异,其中,无学位的科技人才中认为该政策较难操作的比例最高,为50%,而在学士、硕士和博士学位的科技人才中都是认为成效较好的比例最高,分别占相应学位科技人才总数的32.1%、40.3%和38.7%。无职称的科技人才中认为该政策急需改进和比较了解的比例最高,均为27.5%,而在中级以下、副高和正高职称的科技人才中都是认为成效较好的比例最高,分别占相应职称科技人才总数的38.9%、38.5%和41.7%。

在单位类型和职业类型两类特征中,不同特征的科技人才对该政策的评价略有差异。在单位类型方面,除国有企业和其他部门选择比较了解的比例最高,分别为41.9%和75.0%,其余部门的科技人才中选择成效较好的比例最高,其比例为35.9%—71.4%,尤其是政府部门的科技人才对该政策评价很高。在职业类型方面,除科技管理人员中认为比较了解的比例(34.5%)略高于成效较好的比例(30.9%)外,其他职业的科技人才中都认为成效较好的比例最高,在31.8%—52.0%之间,其中,技术应用人员中这一比例最高。可见,技术应用人员对"千人计划"的评价很高,其次是教师。

不同地区的科技人才对该政策的评价差异较大,如图6-16所示。

河南、黑龙江、江苏的科技人才认为,"千人计划"实施成效较好的比例较高,尤其是江苏超过 80% 的选项认为该政策成效较好;而北京的科技人才认为该政策较难操作的比例最高,其次才是成效较好的,而山东和天津的科技人才则认为该政策急需改进的比例最高,达到 30%—40%,其次是比较了解。可见,"千人计划"在河南、黑龙江、江苏及其他省市实施成效较好,而在北京较难操作,在山东和天津急需改进。

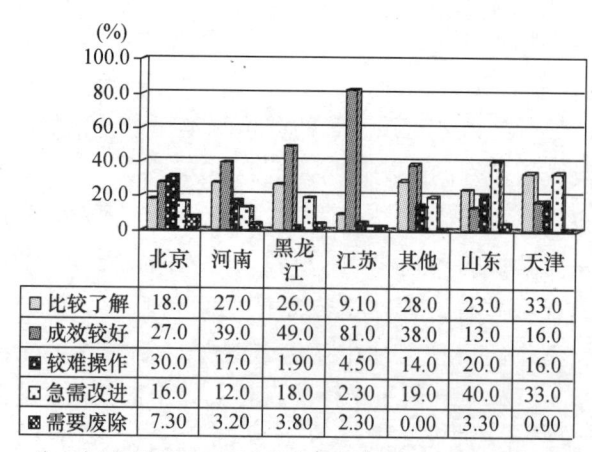

	北京	河南	黑龙江	江苏	其他	山东	天津
比较了解	18.0	27.0	26.0	9.10	28.0	23.0	33.0
成效较好	27.0	39.0	49.0	81.0	38.0	13.0	16.0
较难操作	30.0	17.0	1.90	4.50	14.0	20.0	16.0
急需改进	16.0	12.0	18.0	2.30	19.0	40.0	33.0
需要废除	7.30	3.20	3.80	2.30	0.00	3.30	0.00

注:由于四舍五入,百分比之和不等于 100%。

图 6-16 "千人计划"政策实施成效评价的地区差异

二 高等学校科技创新引智计划实施成效

在对高等学校科技创新引智计划实施成效进行评价的选项中,其性别、年龄、地区等方面的结构特征如表 6-2 所示。对该政策进行评价的选项数共 708 项,其结构特征与"千人计划"非常相似。

(一) 总体来看

图 6-17 显示,总体来看,认为该政策实施成效较好的选项最多,有 32%,其次是较难操作的占 25%,然后是认为比较了解的和急需改进的,分别占 20% 和 19%,认为该政策需要废除的所占比例很低,仅有 4%。可见,高等学校科技创新引智计划,总体来看,实施成效一般。

表 6-2 高等学校科技创新引智计划被调查者结构特征（N=708）

变量	具体指标	频次	百分比（%）	变量	具体指标	频次	百分比（%）
性别	男	431	60.9	职称	无职称	36	5.1
	女	277	39.1		中级以下	181	25.6
年龄组	35 岁及以下	259	36.6		副高级	375	53.0
	36—40 岁	191	27.0		正高级	116	16.4
	41—45 岁	99	14.0	单位类型	学校	496	70.1
	46—50 岁	97	13.7		科研院所	115	16.2
	51 岁及以上	62	8.8		医疗机构	22	3.1
工作省市	北京	53	7.5		国有企业	43	6.1
	河南	514	72.6		民营企业或"三资"企业	14	2.0
	黑龙江	42	5.9		政府部门	13	1.8
	江苏	44	6.2		其他	5	0.7
	其他	23	3.2	职业类型	教师	424	59.9
	山东	25	3.5		研发人员	129	18.2
	天津	7	1.0		技术应用人员	60	8.5
月收入	10001 元及以上	252	35.6		科技管理人员	52	7.3
	5000 元及以下	424	59.9		其他	43	6.1
	5001—10000 元	32	4.5	学科类型	理学	151	21.3
海外经历	无	481	67.9		工学	337	47.6
	有，不足一年	111	15.7		农学	155	21.9
	有，一年以上	116	16.4		医学	65	9.2
学位	学士	59	8.3				
	硕士	188	26.6				
	博士	457	64.5				
	无	4	0.6				

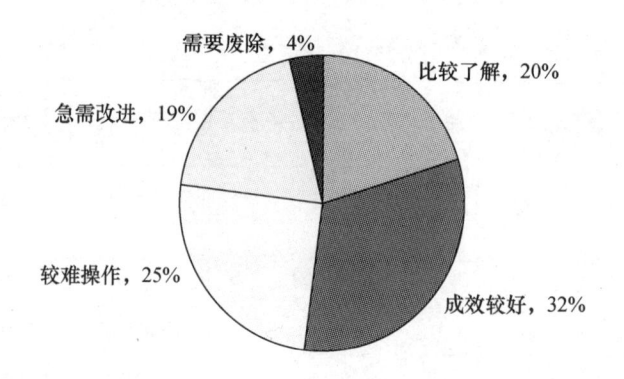

图 6-17　高等学校科技创新引智计划实施成效的总体评价

（二）结构差异

从不同特征的科技人才来看，他们对高等学校科技创新引智计划政策实施成效的评价差异不尽相同。在性别、海外经历两个特征中，不同特征的科技人才对该政策的评价基本一致，各类科技人才中都是选择该政策成效较好的比例最高。

在年龄、收入、学位、职称、职业类型和学科类型六个特征中，不同特征的科技人才对该政策的评价略有差异。40岁以下及46—50岁的科技人才认为该政策成效较好，而41—45岁及51岁以上的科技人才认为该政策成效较差，尤其是后一群体的评价更差。40岁以下及46—50岁的科技人才中，认为该政策成效较好的比例最高，占35%左右；而41—45岁的科技人才中认为该政策较难操作的比例略高于成效较好的比例，51岁及以上科技人才中较难操作的比例则明显高于成效较好的比例，接近40%的人认为该政策较难操作。高收入和低收入群体中都认为成效较好的比例最高，在30%左右；中等收入群体中认为成效较好的比例偏低，在25%左右，而选择比较了解的比例最高超过了35%。有学位的科技人才中选择成效较好的比例最高，在30%左右，没有学位的科技人才中认为该政策较难操作的比例最高，达到50%。有职称的科技人才对该政策的评价高于无职称的科技人才，有职称的科技人才中认为该政策成效较好的比例最高，在35%左右，其中，正高级职称的科技人才中认为该政策较难操作的比例较高，达到30%；无职称的科技人才中认为该政策较难操作的比例最高，接近40%。绝大部分职业类型的科技人才对该政策实施成效的评价都较高，在教师、研发人员、技术应用人员、科技管理人员中，都是认为该政策成效较好的比例最高，为26.9%—45%，其中技术应用人员中该比例最高；而其他职业类型中认为该政策较难操作的比例最高，达到35%，认为成效较好的比例为27.9%。理学和医学类科技人才对该政策评价高于工学和农学，理、工、医类学科中，认为成效较好的比例最高，为30%—35%；而农学类科技人才中，认为较难操作的比例最高，达到30%，略高于认为成效较好的比例。另外，工学类科技人才中认为较难操作的比例也较高，接近30%左右，略低于认为成效较好的比例。

在地区和单位类型特征中，不同特征的科技人才对该政策的评价差异较大。其地区差异如图6-18所示，河南和黑龙江的科技人才中认为高等学校科技创新引智计划实施成效较好的比例较高，有36.0%和38.0%的科技人才认为该政策成效较好；而北京、天津和山东的科技人才中认为该政策较难操作的比例最高，其比例分别达到39.0%、42.0%和52.0%；江苏和其他省份科技人才中认为该政策急需改进的比例最高，其比例达到40%左右，认为该政策较难操作的比例也较高，达到30%左右。可见，高等学校科技创新引智计划在河南、黑龙江实施成效较好，而在北京、天津和山东较难操作，在江苏和其他省份急需改进。

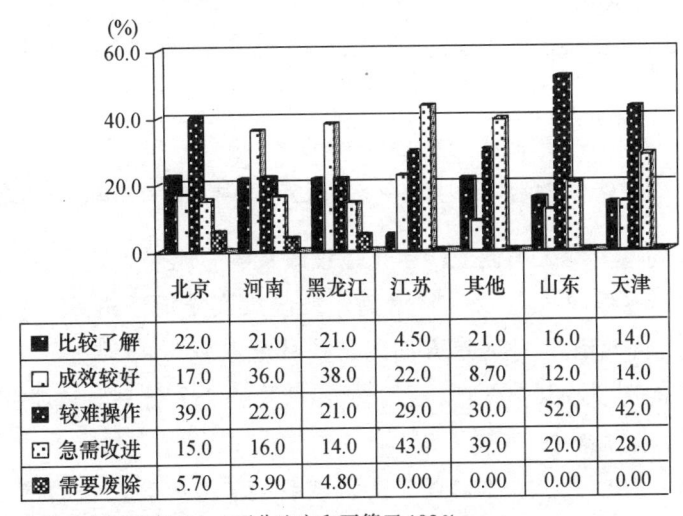

(%)	北京	河南	黑龙江	江苏	其他	山东	天津
■ 比较了解	22.0	21.0	21.0	4.50	21.0	16.0	14.0
□ 成效较好	17.0	36.0	38.0	22.0	8.70	12.0	14.0
▨ 较难操作	39.0	22.0	21.0	29.0	30.0	52.0	42.0
▢ 急需改进	15.0	16.0	14.0	43.0	39.0	20.0	28.0
▩ 需要废除	5.70	3.90	4.80	0.00	0.00	0.00	0.00

注：由于四舍五入，百分比之和不等于100%。

图6-18 高等学校科技创新引智计划政策实施成效评价的地区差异

高等学校科技创新引智计划政策评价的单位类型差异如图 6-19 所示，民营企业或"三资"企业及其他部门的科技人才中，比较了解该政策的比例最高，占 42.9%，要高于认为成效较好的比例，民营企业或"三资"企业的科技人才中这一比例为 35.7%，其他部门科技人才中这一比例仅为 20%；学校、科研院所、国有企业、政府部门、医疗机构的科技人才中认为该政策成效较好的比例最高，都在 30% 以上，其中，医疗机构中该比例最高，接近 60%。可见，医疗机构中的科技人才对该政策的评价较高，明显高于其他单位。

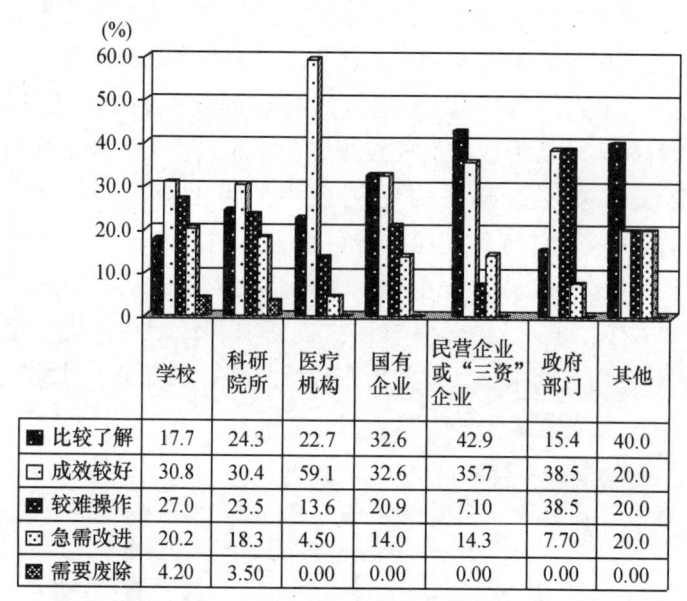

	学校	科研院所	医疗机构	国有企业	民营企业或"三资"企业	政府部门	其他
比较了解	17.7	24.3	22.7	32.6	42.9	15.4	40.0
成效较好	30.8	30.4	59.1	32.6	35.7	38.5	20.0
较难操作	27.0	23.5	13.6	20.9	7.10	38.5	20.0
急需改进	20.2	18.3	4.50	14.0	14.3	7.70	20.0
需要废除	4.20	3.50	0.00	0.00	0.00	0.00	0.00

注：由于四舍五入，百分比之和不等于 100%。

图 6-19 高等学校科技创新引智计划政策实施成效评价的单位类型差异

三 国家留学人员创业园示范建设政策实施成效

在对国家留学人员创业园示范建设政策实施成效进行评价的选项中，其性别、年龄、地区等方面的结构特征如表 6-3 所示。对该政策进行评价的选项数共 701 项，其结构特征与"千人计划"非常相似。

（一）总体来看

图 6-20 显示，总体来看，认为该政策实施成效较好的选项最多，有 30%，其次是认为较难操作、急需改进和比较了解的，分别占 23%、22% 和 21%，认为该政策需要废除的所占比例很低，仅有 4%。可见，

国家留学人员创业园示范建设政策，总体来看，实施成效一般。

表 6-3　　国家留学人员创业园示范建设政策实施
成效被调查者的结构特征（N=701）

变量	具体指标	频次	百分比（%）	变量	具体指标	频次	百分比（%）
性别	男	426	60.8	职称	无职称	32	4.6
	女	275	39.2		中级以下	182	26.0
年龄组	35岁及以下	256	36.5		副高级	373	53.2
	36—40岁	193	27.5		正高级	114	16.3
	41—45岁	97	13.8	单位类型	学校	490	69.9
	46—50岁	91	13.0		科研院所	118	16.8
	51岁及以上	64	9.1		医疗机构	21	3.0
工作省市	北京	50	7.1		国有企业	41	5.8
	河南	512	73.0		民营企业或"三资"企业	14	2.0
	黑龙江	44	6.3		政府部门	13	1.9
	江苏	44	6.3		其他	4	0.6
	其他	18	2.6	职业类型	教师	425	60.6
	山东	26	3.7		研发人员	129	18.4
	天津	7	1.0		技术应用人员	59	8.4
月收入	10001元及以上	248	35.4		科技管理人员	50	7.1
	5000元及以下	423	60.3		其他	38	5.4
	5001—10000元	30	4.3	学科类型	理学	145	20.7
海外经历	无	479	68.3		工学	337	48.1
	有，不足一年	105	15.0		农学	153	21.8
	有，一年以上	117	16.7		医学	66	9.4
学位	学士	57	8.1				
	硕士	186	26.5				
	博士	453	64.6				
	无	5	0.7				

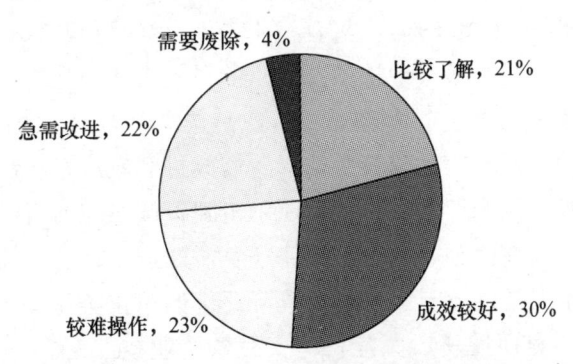

需要废除，4%
比较了解，21%
急需改进，22%
较难操作，23%
成效较好，30%

图 6-20　国家留学人员创业园示范建设政策实施成效的总体评价

（二）结构差异

从不同特征的科技人才来看，他们对国家留学人员创业园示范建设政策实施成效的评价差异不尽相同。在性别、收入和海外经历三个特征中，不同特征的科技人才对该政策的评价基本一致，各类科技人才中也都是认为该政策成效较好的比例最高。

在年龄、学位、职称、职业和学科五个特征中，不同特征的科技人才对该政策的评价略有差异。41—45岁的科技人才对该政策的评价略低于其他年龄段，认为该政策较难操作的比例最高，为30.3%，明显高于认为成效较好的比例（25.8%）；其他年龄段的科技人才中，都是认为成效较好的比例最高，为27.5%—40.7%，尤其是46—50岁的科技人才中，该比例最高，达到40.7%。有学位的科技人才对该政策的评价明显高于没有学位的，前者中认为成效较好的比例最高，为27.4%—35.1%，后者中认为该政策急需改进和较难操作的比例最高，为40%。有职称的科技人才对该政策的评价略高于无职称的科技人才，前者中认为该政策成效较好的比例最高，为30%左右；后者中认为该政策较难操作和急需改进的比例最高，为25%。理学、工学和医学类科技人才对该政策评价较高，略高于农学，理、工、医类学科中，认为成效较好的比例最高，为29.1%—33.8%；而农学类科技人才中，认为急需改进的比例最高，为28.8%，略高于认为成效较好的比例26.8%，选择较难操作的比例也较高，为25.5%。

在地区和单位类型两类特征中，不同特征的科技人才对该政策的评价差异较大。其地区差异如图6-21所示，河南（34%）、黑龙江（38.6%）科技人才中认为该政策实施成效较好的比例最高；而江苏（54.5%）、山东（46.2%）、天津（42.9%）的科技人才中认为该急需改进的比例明显高于其他选项；北京的科技人才中认为该政策较难操作的比例高于其他选项，为28%，其次是选择急需改进的比例为26%；另外，其他地区科技人才政策中选择急需改进和较难操作都很高，均为33.3%。可见，国家留学人员创业园示范建设政策在河南、黑龙江的实施成效较好，而在江苏、山东、天津还急需改进，在北京较难操作。

国家留学人员创业园示范建设政策评价的单位类型差异如图6-22所示，学校、科研院所、医疗机构、民营企业或"三资"企业的科技

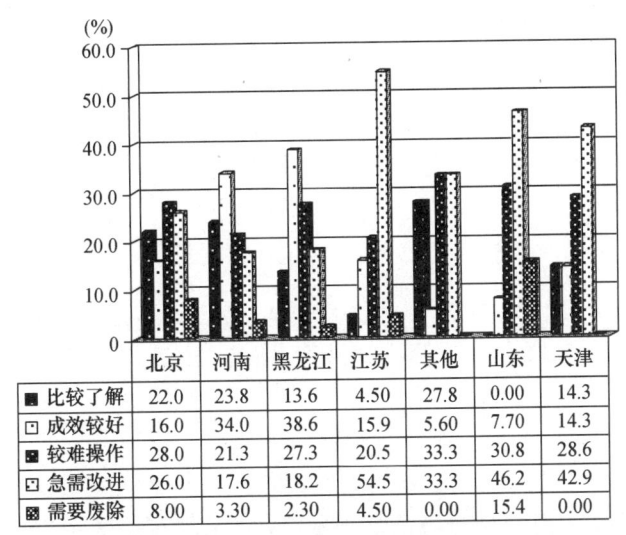

第六章　标志性科技人才政策实施成效评估　119

	北京	河南	黑龙江	江苏	其他	山东	天津
■ 比较了解	22.0	23.8	13.6	4.50	27.8	0.00	14.3
□ 成效较好	16.0	34.0	38.6	15.9	5.60	7.70	14.3
▨ 较难操作	28.0	21.3	27.3	20.5	33.3	30.8	28.6
▤ 急需改进	26.0	17.6	18.2	54.5	33.3	46.2	42.9
▦ 需要废除	8.00	3.30	2.30	4.50	0.00	15.4	0.00

注：由于四舍五入，百分比之和不等于100%。

图 6-21　国家留学人员创业园示范建设政策实施成效评价的地区差异

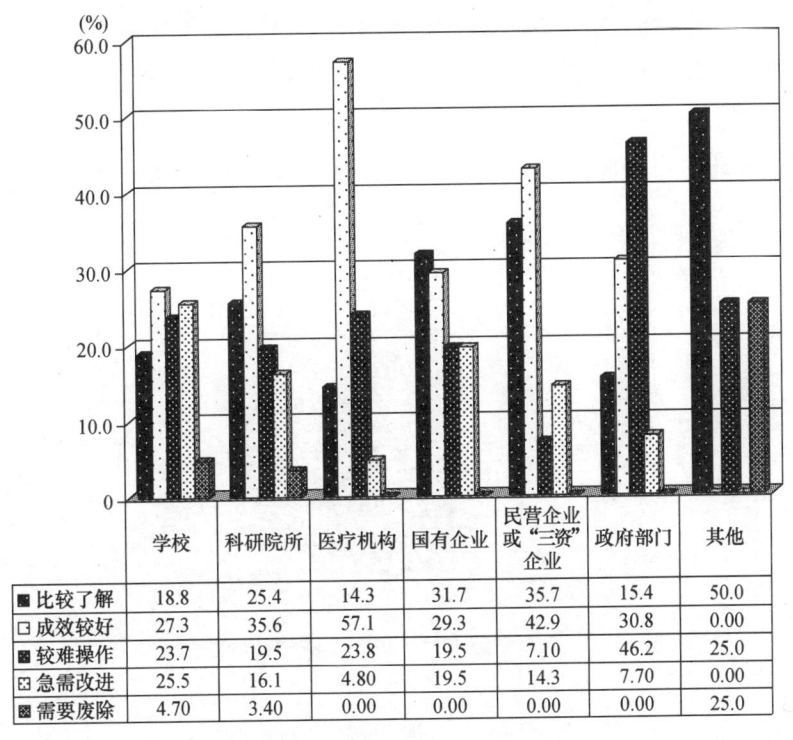

	学校	科研院所	医疗机构	国有企业	民营企业或"三资"企业	政府部门	其他
■ 比较了解	18.8	25.4	14.3	31.7	35.7	15.4	50.0
□ 成效较好	27.3	35.6	57.1	29.3	42.9	30.8	0.00
▨ 较难操作	23.7	19.5	23.8	19.5	7.10	46.2	25.0
▤ 急需改进	25.5	16.1	4.80	19.5	14.3	7.70	0.00
▦ 需要废除	4.70	3.40	0.00	0.00	0.00	0.00	25.0

注：由于四舍五入，百分比之和不等于100%。

图 6-22　国家留学人员创业园示范建设政策实施成效评价的单位类型差异

人才中认为该政策成效较好的比例最高，为 27.3%—57.1%，其中，医疗机构中该比例最高，接近 60%；政府部门的科技人才中，选择较难操作的比例最高为 46.2%。可见，医疗机构中的科技人才对该政策的评价较高，明显高于其他单位，而政府部门的科技人才对该政策的评价较差。

第三节 标志性科技人才培养政策实施成效

一 "百千万人才工程"实施成效

在对"百千万人才工程"实施成效进行评价的选项中，其性别、年龄、地区等方面的结构特征如表 6-4 所示。对该政策进行评价的选项数共 747 项，其结构特征与"千人计划"非常相似。

（一）总体来看

图 6-23 显示，总体来看，认为该政策实施成效较好的选项最多，有 38%，其次是比较了解的占 23%，然后是认为急需改进和较难操作的，分别占 19% 和 17%，认为该政策需要废除的所占比例很低，仅有 3%。可见，总体来看，"百千万人才工程"实施成效较好。

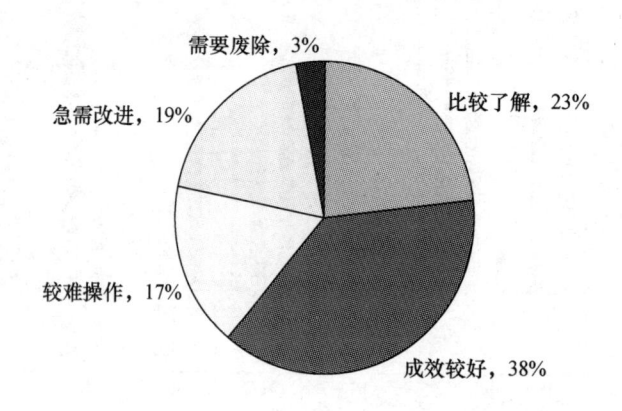

图 6-23 "百千万人才工程"实施成效的总体评价

表6-4 "百千万人才工程"政策实施成效被调查者的结构特征（N=747）

变量	具体指标	频次	百分比（%）	变量	具体指标	频次	百分比（%）
性别	男	451	60.4	职称	无职称	36	4.8
	女	296	39.6		中级以下	187	25.0
年龄组	35岁及以下	265	35.5		副高级	400	53.5
	36—40岁	203	27.2		正高级	124	16.6
	41—45岁	106	14.2	单位类型	学校	500	66.9
	46—50岁	100	13.4		科研院所	117	15.7
	51岁及以上	73	9.8		医疗机构	54	7.2
工作省市	北京	52	7.0		国有企业	42	5.6
	河南	548	73.4		民营企业或"三资"企业	14	1.9
	黑龙江	47	6.3		政府部门	14	1.9
	江苏	44	5.9		其他	6	0.8
	其他	20	2.7	职业类型	教师	432	57.8
	山东	25	3.3		研发人员	127	17.0
	天津	11	1.5		技术应用人员	93	12.4
月收入	10001元及以上	261	34.9		科技管理人员	52	7.0
	5000元及以下	453	60.6		其他	43	5.8
	5001—10000元	33	4.4	学科类型	理学	152	20.3
海外经历	无	510	68.3		工学	341	45.6
	有，不足一年	116	15.5		农学	156	20.9
	有，一年以上	121	16.2		医学	98	13.1
学位	学士	63	8.4				
	硕士	206	27.6				
	博士	474	63.5				
	无	4	0.5				

（二）结构差异

从不同特征的科技人才来看，他们对"百千万人才工程"政策实施成效的评价差异不尽相同。在性别、海外经历、职称和职业四个特征中，不同特征的科技人才对该政策的评价基本一致，都认为该政策成效较好的比例最高。

在其他各类特征中，除地区外，不同特征的科技人才对该政策的评价略有差异。51岁以下的科技人才对该政策的评价都较高，认为成效较好的比例最高，为34.9%—39.0%，而且明显高于其他选项；只有除51岁及以上的科技人才中选择比较了解的比例（31.5%）略高于成效较好的比例（30.1%）。中等收入者对该政策的评价较差，选择比较了解的比例最高，达到45.5%，选择成效较好的比例只有27.0%；高收入和低收入等级的科技人才中，选择政策成效较好的比例最高，分别为38.3%和38.2%。没有学位的科技人才中选择成效较好和急需改进的比例各占50%；硕士和博士学位的科技人才中选择成效较好的比例最高，分别为34.5%和40.1%；学士学位的科技人才中选择比较了解的比例最高为34.9%，略高于选择成效较好的比例（30.2%）。学校、科研院所、医疗机构、政府部门中的科技人才对该政策的评价较高，都是认为该政策成效较好的比例最高，为35.9%—50.0%，其中，政府部门中该比例最高，达到50%；而国有企业、民营企业或"三资"企业的科技人才中，选择成效较好的比例仅占28.8%和28.6%。理学、工学和农学类科技人才对该政策评价较高，略高于医学，理、工、农类学科中，都认为成效较好的比例最高，为33.4%—43.6%；而医学类科技人才中，认为成效较好的比例（37.8%）也较高，略低于比较了解的比例（38.8%）。

不同地区的科技人才对该政策的评价差异较大，其地区差异如图6-24所示，北京（30.8%）、河南（36.9%）、黑龙江（48.9%）、江苏（47.7%）的科技人才中认为该政策实施成效较好的比例最高，而且明显高于其他选项；天津和其他省市选择急需改进和成效较好的比例几乎相等，分别为36.4%和35.0%；而山东的科技人才中选择急需改进的比例（44.0%）明显高于成效较好的比例（36.6%）。可见，"百千万人才工程"在北京、河南、黑龙江和江苏的实施成效较好，而在山东、天津和其他省市成效一般。

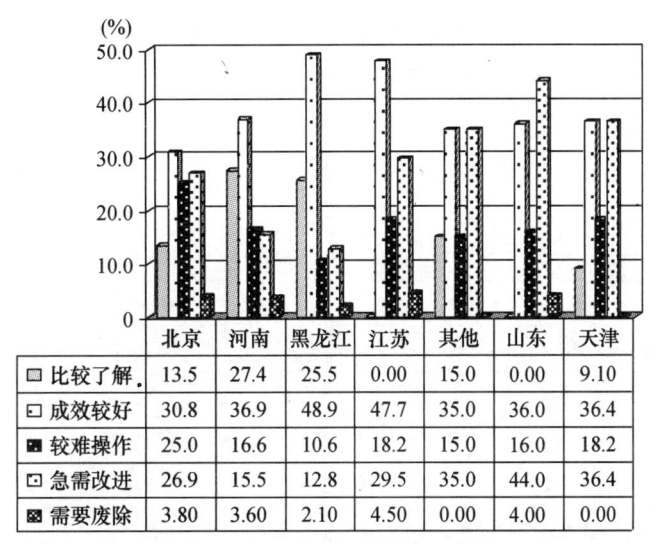

	北京	河南	黑龙江	江苏	其他	山东	天津
比较了解	13.5	27.4	25.5	0.00	15.0	0.00	9.10
成效较好	30.8	36.9	48.9	47.7	35.0	36.0	36.4
较难操作	25.0	16.6	10.6	18.2	15.0	16.0	18.2
急需改进	26.9	15.5	12.8	29.5	35.0	44.0	36.4
需要废除	3.80	3.60	2.10	4.50	0.00	4.00	0.00

注：由于四舍五入，百分比之和不等于100%。

图6-24 "百千万人才工程"政策实施成效评价的地区差异

二 高等学校高层次创造性人才计划实施成效

在对高等学校高层次创造性人才计划实施成效进行评价的选项中，其性别、年龄、地区等方面的结构特征如表6-5所示。对该政策进行评价的选项数共734项，其结构特征与"千人计划"非常相似。

（一）总体来看

图6-25显示，总体来看，认为该政策实施成效较好的选项最多，有40%；其次是比较了解和急需改进的，各占22%，然后是认为较难操作的，占15%；认为该政策需要废除的所占比例很低，仅有1%。可见，高等学校高层次创造性人才计划，总体来看，实施成效较好。

（二）结构差异

从不同特征的科技人才来看，他们对高等学校高层次创造性人才计划政策实施成效的评价差异不尽相同。在性别、收入、海外经历、职称和学科几个特征中，不同特征的科技人才对该政策的评价基本一致，都认为该政策成效较好的比例最高。在其他各类特征中，除单位类型外，不同特征的科技人才对该政策的评价略有差异。51岁以下的

表6-5　　高等学校高层次创造性人才计划实施成效
被调查者的结构特征（N=734）

变量	具体指标	频次	百分比（%）	变量	具体指标	频次	百分比（%）
性别	男	447	60.9	职称	无职称	38	5.2
	女	287	39.1		中级以下	184	25.1
年龄组	35岁及以下	265	36.1		副高级	388	52.9
	36—40岁	200	27.2		正高级	124	16.9
	41—45岁	104	14.2	单位类型	学校	511	69.6
	46—50岁	99	13.5		科研院所	122	16.6
	51岁及以上	66	9.0		医疗机构	24	3.3
工作省市	北京	54	7.4		国有企业	44	6.0
	河南	528	71.9		民营企业或"三资"企业	14	1.9
	黑龙江	49	6.7		政府部门	14	1.9
	江苏	44	6.0		其他	5	0.7
	其他	22	3.0	职业类型	教师	441	60.1
	山东	29	4.0		研发人员	129	17.6
	天津	8	1.1		技术应用人员	65	8.9
月收入	10001元及以上	262	35.7		科技管理人员	56	7.6
	5000元及以下	443	60.4		其他	43	5.9
	5001—10000元	29	4.0	学科类型	理学	149	20.3
海外经历	无	502	68.4		工学	353	48.1
	有，不足一年	114	15.5		农学	161	21.9
	有，一年以上	118	16.1		医学	71	9.7
学位	学士	60	8.2				
	硕士	192	26.2				
	博士	478	65.1				
	无	4	0.5				

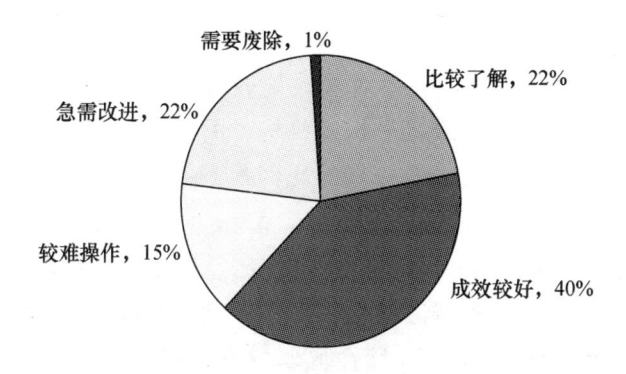

图 6-25　高等学校高层次创造性人才计划实施成效的总体评价

科技人才对该政策的评价都较高，认为成效较好的比例最高，占 40.4%—41.9%，而且明显高于其他选项；51 岁及以上的科技人才中选择比较了解的比例（30.3%）略高于成效较好的比例（25.8%）。高等学校高层次创造性人才计划在河南、黑龙江、江苏、天津的实施成效较好，而在北京、山东和其他省市成效一般，河南（36.9%）、黑龙江（48.9%）、江苏（47.7%）、天津（50.0%）的科技人才中认为该政策实施成效较好的比例最高，而且除天津外明显高于其他选项，而天津的科技人才中选择急需改进的比例（37.5%）也较高；而北京、山东、其他地区的科技人才中选择急需改进的比例最高，分别为 42.6%、41.4% 和 45.5%。博士学位的科技人才对该政策评价较高，而没有学位的科技人才对该政策的评价很差，这主要是因为该政策主要是针对高学历人才，同时也取得了高学历人才的好评，这说明政策成效较好；没有学位的科技人才中，没有人选择成效较好，而选择较难操作和急需改进的比例各占 50%；有学位的科技人才中选择成效较好的比例最高，为 31.8%—44.1%，其中博士学位的科技人才中该比例最高。有职称的科技人才中选择成效较好的比例最高，为 35.5%—45.7%，其中中级以下职称中该比例最高；而在无职称的科技人才中选择急需改进的比例明显高于其他选项，为 47.4%。除其他类职业的科技人才外，都认为该政策成效较好的比例最高，为 30.4—45.7%，其中技术应用人员中该比例最高，而科技管理人员中该比例（30.4%）仅略高于较难操作的比例（28.6%）；其他类职业的科技人才中选择急需改进的比例最高为 37.2%。可见，研发人员对该政策的评价最高，略高于教师和技术应用人员，科技管理人员和其他职业类人员对该政策的评价较差。

不同单位类型的科技人才对该政策的评价差异较大，其差异如图6-26所示，学校、科研院所、医疗机构、民营企业或"三资"企业的科技人才中认为该政策成效较好的比例最高，为40.2%—62.5%，其中，医疗机构中该比例最高，达到62.5%；而国有企业和政府部门的科技人才中，选择比较了解的比例最高，选择成效较好的比例仅为29.5%和21.4%；其他部门的科技人才中选择较难操作的明显高于其他选项，达到60%，没有人选择成效较好。可见，学校、科研院所、医疗机构、民营企业或"三资"企业中的科技人才对该政策的评价较高，而其他部门的科技人才对该政策评价很低。

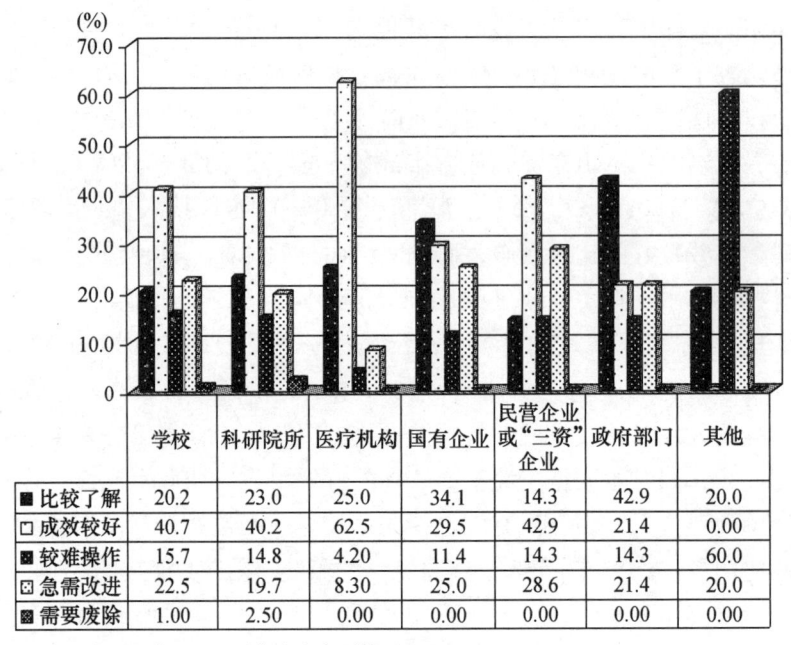

	学校	科研院所	医疗机构	国有企业	民营企业或"三资"企业	政府部门	其他
比较了解	20.2	23.0	25.0	34.1	14.3	42.9	20.0
成效较好	40.7	40.2	62.5	29.5	42.9	21.4	0.00
较难操作	15.7	14.8	4.20	11.4	14.3	14.3	60.0
急需改进	22.5	19.7	8.30	25.0	28.6	21.4	20.0
需要废除	1.00	2.50	0.00	0.00	0.00	0.00	0.00

注：由于四舍五入，百分比之和不等于100%。

图6-26 高等学校高层次创造性人才计划政策实施成效评价的单位类型差异

三 国家重点领域紧缺人才培养政策实施成效

在对国家重点领域紧缺人才培养政策实施成效进行评价的选项中，其性别、年龄、地区等方面的结构特征如表6-6所示。对该政策进行

表 6-6　　　　　国家重点领域紧缺人才培养政策实施
成效被调查者的结构特征（N=718）

变量	具体指标	频次	百分比（%）	变量	具体指标	频次	百分比（%）
性别	男	435	60.6	职称	无职称	38	5.3
	女	283	39.4		中级以下	186	25.9
年龄组	35 岁及以下	264	36.8		副高级	378	52.6
	36—40 岁	197	27.4		正高级	116	16.2
	41—45 岁	98	13.6	单位类型	学校	505	70.3
	46—50 岁	95	13.2		科研院所	116	16.2
	51 岁及以上	64	8.9		医疗机构	21	2.9
工作省市	北京	55	7.7		国有企业	42	5.8
	河南	517	72.0		民营企业或"三资"企业	16	2.2
	黑龙江	48	6.7		政府部门	13	1.8
	江苏	44	6.1		其他	5	0.7
	其他	19	2.6	职业类型	教师	434	60.4
	山东	27	3.8		研发人员	126	17.5
	天津	8	1.1		技术应用人员	59	8.2
月收入	10001 元及以上	262	36.5		科技管理人员	53	7.4
	5000 元及以下	427	59.5		其他	46	6.4
	5001—10000 元	29	4.0	学科类型	理学	150	20.9
海外经历	无	496	69.1		工学	345	48.1
	有，不足一年	104	14.5		农学	157	21.9
	有，一年以上	118	16.4		医学	66	9.2
学位	学士	59	8.2				
	硕士	187	26.0				
	博士	468	65.2				
	无	4	0.6				

评价的选项数共 718 项，其结构特征与"千人计划"非常相似。

（一）总体来看

图 6-27 显示，总体来看，认为该政策实施成效较好的选项最多，

有 35%；其次是急需改进的，占 26%；然后是认为比较了解和较难操作的，分别占 19% 和 18%；认为该政策需要废除的所占比例很低，仅有 2%。可见，国家重点领域紧缺人才培养政策，从总体来看，实施成效一般。

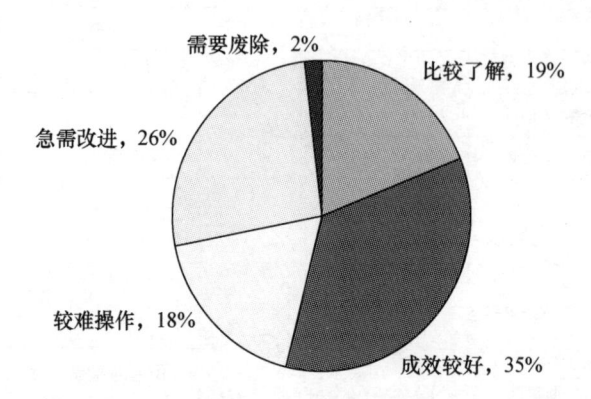

图 6-27　国家重点领域紧缺人才培养政策实施成效的总体评价

（二）结构差异

从不同特征的科技人才来看，他们对国家重点领域紧缺人才培养政策实施成效的评价差异不尽相同。在性别、收入、海外经历和学科四个特征中，不同特征的科技人才对该政策的评价基本一致，都认为该政策成效较好的比例最高。无学位和低学位的科技人才对该政策的评价低于高学位的科技人才，没有学位的科技人才中，没有人选择成效较好，而有 75% 选择较难操作和 25% 选择需要废除；学士学位中选择急需改进的比例最高为 27.1%，略高于成效较好（25.4%）和较难操作（23.7%）的比例；硕士和博士学位的科技人才中选择成效较好的比例最高，分别为 33.2% 和 37.6%。不同职称科技人才对该政策的评价均较高，有职称的科技人才中选择成效较好的比例最高，为 35.3%—35.5%，无职称的科技人才中虽然是选择比较了解的比例最高为 34.2%，但是仅略高于成效较好的比例（31.6%）。学校、科研院所和医疗机构中的科技人才认为该政策成效较好的比例最高，为 36.2%—42.9%，其中，医疗机构中该比例最高；而国有企业和民营企业或"三资"企业及其他部门的科技人才中，选择比较了解的比例最高，为 31.3%—42.9%；而政府部门的科技人才中选择比较了解和成效较好的比例相等，都为 30.0%。除科技管理人员外，都认为该政策成效较好的比例最高，为30.4%—38.0%，其中教师中该比例最高，而其他人员中该比例（30.4%）仅略高于比较了解的比例（28.3%）；科技管理人员中选择急需改进的比例最高为35.8%，明显高于成效较好的比例（20.8%）。

不同地区的科技人才对该政策的评价差异较大，其地区差异如图6-28所示，河南（35.4%）、黑龙江（43.8%）、江苏（75.0%）的科技人才中认为该政策实施成效较好的比例最高，为35.4%—75%，尤其是江苏的比例最高；而北京、山东、天津的科技人才中选择急需改进的比例最高，为32.7%—59.3%，明显高于成效较好的比例，尤其是山东该比例高达59.3%；其他省市选择急需改进和比较了解的比例相等，都为36.8%。可见，国家重点领域紧缺人才培养政策在河南、黑龙江、江苏的实施成效较好，而北京、山东、天津和其他省市还急需改进，尤其是山东。

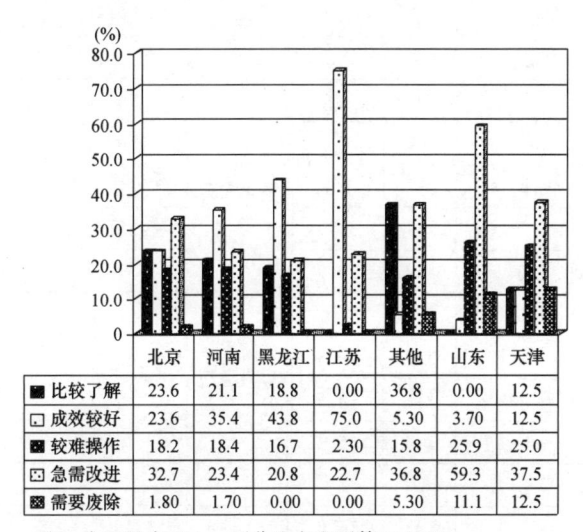

	北京	河南	黑龙江	江苏	其他	山东	天津
比较了解	23.6	21.1	18.8	0.00	36.8	0.00	12.5
成效较好	23.6	35.4	43.8	75.0	5.30	3.70	12.5
较难操作	18.2	18.4	16.7	2.30	15.8	25.9	25.0
急需改进	32.7	23.4	20.8	22.7	36.8	59.3	37.5
需要废除	1.80	1.70	0.00	0.00	5.30	11.1	12.5

注：由于四舍五入，百分比之和不等于100%。

图6-28 国家重点领域紧缺人才培养政策实施成效评价的地区差异

四 "863"计划政策实施成效

在对"863"计划政策实施成效进行评价的选项中，其性别、年龄、地区等方面的结构特征如表6-7所示。对该政策进行评价的选项数共749项，其结构特征与"千人计划"非常相似。

表 6-7 "863" 计划政策实施成效被调查者的结构特征 (N=749)

变量	具体指标	频次	百分比(%)	变量	具体指标	频次	百分比(%)
性别	男	457	61.0	职称	无职称	38	5.1
	女	292	39.0		中级以下	196	26.2
年龄组	35 岁及以下	283	37.8		副高级	385	51.4
	36—40 岁	197	26.3		正高级	130	17.4
	41—45 岁	102	13.6	单位类型	学校	524	70.0
	46—50 岁	96	12.8		科研院所	129	17.2
	51 岁及以上	71	9.5		医疗机构	19	2.5
工作省市	北京	56	7.5		国有企业	44	5.9
	河南	535	71.4		民营企业或"三资"企业	15	2.0
	黑龙江	55	7.3		政府部门	13	1.7
	江苏	44	5.9		其他	5	0.7
	其他	26	3.5	职业类型	教师	448	59.8
	山东	25	3.3		研发人员	145	19.4
	天津	8	1.1		技术应用人员	63	8.4
月收入	10001 元及以上	269	35.9		科技管理人员	52	6.9
	5000 元及以下	449	59.9		其他	41	5.5
	5001—10000 元	31	4.1	学科类型	理学	159	21.2
海外经历	无	519	69.3		工学	361	48.2
	有,不足一年	116	15.5		农学	167	22.3
	有,一年以上	114	15.2		医学	62	8.3
学位	学士	61	8.1				
	硕士	193	25.8				
	博士	491	65.6				
	无	4	0.5				

(一) 总体来看

图 6-29 显示,总体来看,认为该政策实施成效较好的选项最多,有 41%;其次是比较了解和急需改进的,分别占 25% 和 19%;然后是认为较难操作的,占 12%;认为该政策需要废除的所占比例很低,仅

有 3%。可见,"863"计划政策,总体来看,实施成效较好。

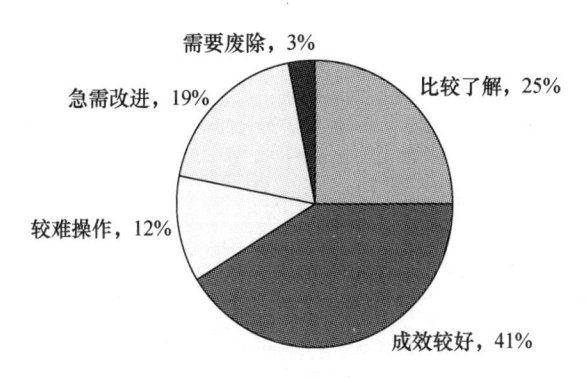

图 6-29 "863"计划政策实施成效的总体评价

（二）结构差异

从不同特征的科技人才来看,他们对"863"计划政策实施成效的评价差异不尽相同。在性别、年龄、收入、海外经历、学科五个特征中,不同特征的科技人才对该政策的评价基本一致。其中,在男性和女性科技人才中都认为该政策成效较好的比例最高,分别占男性科技人才总数和女性科技人才总数的 40.5% 和 41.8%；在不同年龄、不同收入、不同海外经历和不同学科的科技人才中也都是认为该政策成效较好的比例最高,分别占相应科技人才总数的 33.2%—53.9%。

在学位、职称、单位类型和职业类型四个特征中,不同特征的科技人才对该政策的评价略有差异,只是无学位的和有学位的科技人才之间,无职称的和有职称的科技人才之间,各类型单位与其他单位之间,各类职业与其他职业之间存在差异,而在学位高低之间、职称高低之间、各类单位之间、各类职业之间并没有差异。其中,无学位的科技人才中认为该政策急需改进的比例最高,为 50%,而在学士、硕士和博士学位的科技人才中认为成效较好的比例最高,分别占相应学位科技人才总数的 39.9%、42.5% 和 45.9%；无职称的科技人才中认为该政策急需改进的比例最高,为 31.6%,而在中级以下、副高和正高职称的科技人才中都是认为成效较好的比例最高,分别占相应职称科技人才总数的 38.9%、38.5% 和 41.7%；其他单位类型的科技人才中选择比较了解的比例最高为 60.0%,各类单位的科技人才中选择成效较好的比例最高,所占比例为 38.5%—53.3%；其他类职业的科技人才中选择急需改进的比例最高为 36.6%，各类职业的科技人才中选择成效较好的比例最高，为 37.9%—46.2%。

不同地区的科技人才对该政策的评价差异较大。其地区差异如图 6-30 所示，山东的科技人才中选择急需改进的比例最高，占 76.0%；天津的科技人才中选择较难操作的比例最高，占 37.5%；其余地区的科技人才中都是选择成效较好的比例最高，分别为 26.9%—90.9%，其中，北京急需改进的比例也最高，为 30.4%，其他地区较难操作的比例也最高，为 26.9%。可见，"863 计划"在河南、黑龙江、江苏的实施成效较好，在北京和其他地区实施成效一般，在天津成效较差，在山东成效很差。

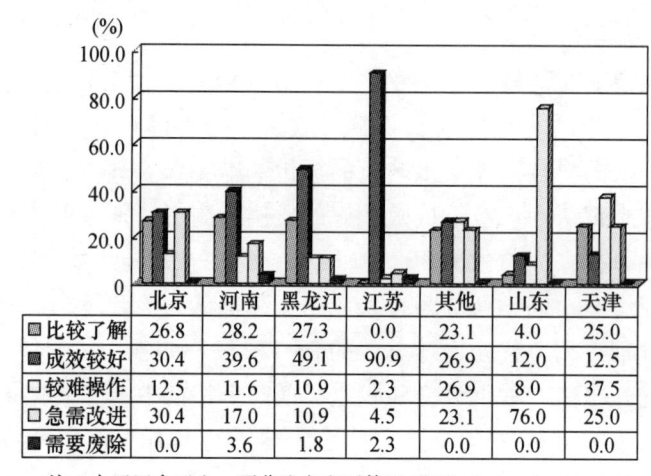

	北京	河南	黑龙江	江苏	其他	山东	天津
比较了解	26.8	28.2	27.3	0.0	23.1	4.0	25.0
成效较好	30.4	39.6	49.1	90.9	26.9	12.0	12.5
较难操作	12.5	11.6	10.9	2.3	26.9	8.0	37.5
急需改进	30.4	17.0	10.9	4.5	23.1	76.0	25.0
需要废除	0.0	3.6	1.8	2.3	0.0	0.0	0.0

注：由于四舍五入，百分比之和不等于 100%。

图 6-30 "863 计划"政策实施成效评价的地区差异

五 博士后政策实施成效

在对博士后政策实施成效进行评价的选项中，其性别、年龄、地区等方面的结构特征如表 6-8 所示。对该政策进行评价的选项数共 740 项，其结构特征与"千人计划"非常相似。

（一）总体来看

图 6-31 显示，总体来看，认为该政策实施成效较好的选项最多，有 38%；其次是比较了解和急需改进的，分别占 24% 和 23%；然后是认为较难操作的，占 12%，认为该政策需要废除的所占比例很低，仅

有2%。可见，博士后政策，总体来看，实施成效一般。

表6-8 博士后政策实施成效被调查者的结构特征（N=740）

变量	具体指标	频次	百分比（%）	变量	具体指标	频次	百分比（%）
性别	男	454	61.4	职称	无职称	40	5.4
	女	286	38.6		中级以下	193	26.1
年龄组	35岁及以下	274	37.0		副高级	387	52.3
	36—40岁	206	27.8		正高级	120	16.2
	41—45岁	100	13.5	单位类型	学校	530	71.6
	46—50岁	94	12.7		科研院所	118	15.9
	51岁及以上	66	8.9		医疗机构	17	2.3
工作省市	北京	58	7.8		国有企业	43	5.8
	河南	521	70.4		民营企业或"三资"企业	14	1.9
	黑龙江	49	6.6		政府部门	14	1.9
	江苏	44	5.9		其他	4	0.5
	其他	29	3.9	职业类型	教师	453	61.2
	山东	31	4.2		研发人员	133	18.0
	天津	8	1.1		技术应用人员	56	7.6
月收入	10001元及以上	269	36.4		科技管理人员	53	7.2
	5000元及以下	440	59.5		其他	45	6.1
	5001—10000元	31	4.2	学科类型	理学	158	21.4
海外经历	无	507	68.5		工学	358	48.4
	有，不足一年	113	15.3		农学	158	21.4
	有，一年以上	120	16.2		医学	66	8.9
学位	学士	56	7.6				
	硕士	186	25.1				
	博士	494	66.8				
	无	4	0.5				

（二）结构差异

从不同特征的科技人才来看，他们对博士后政策实施成效的评价差异不尽相同。在性别、年龄、海外经历和学科四个特征中，不同特征的

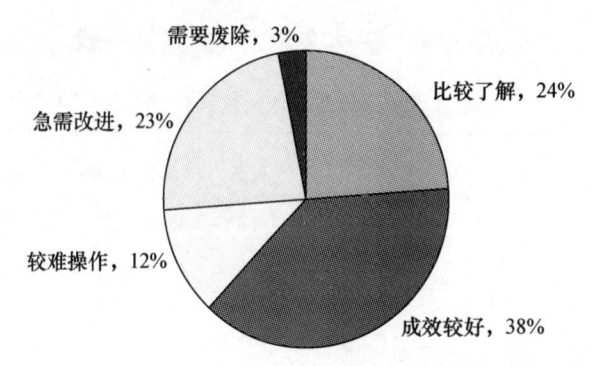

图 6-31 博士后政策实施成效的总体评价

科技人才对该政策的评价基本一致。其中，在男性和女性科技人才中都是认为该政策成效较好的比例最高，分别占男性科技人才总数和女性科技人才总数的 38.1% 和 38.8%；在不同年龄、不同海外经历和不同学科的科技人才中也都认为该政策成效较好的比例最高。

在学位和职称两个特征中，不同特征的科技人才对该政策的评价略有差异，只是无学位的和有学位的科技人才之间，无职称的和有职称的科技人才之间存在差异，而在学位高低之间和职称高低之间并没有差异，其中，无学位的科技人才中认为该政策较难操作的比例最高，为 50%，而在学士、硕士和博士学位的科技人才中都是认为成效较好的比例最高，分别占相应学位科技人才总数的 32.1%、40.3% 和 38.7%。无职称的科技人才中认为该政策急需改进和比较了解的比例最高，均为 27.5%，而在中级以下、副高和正高职称的科技人才中认为成效较好的比例最高，分别占相应职称科技人才总数的 38.9%、38.5% 和 41.7%。

在地区、收入、单位类型和职业类型四类特征中，不同特征的科技人才对该政策的评价差异较大。其地区差异如图 6-32 所示，江苏、山东、河南和黑龙江的科技人才中选择成效较好的比例最高，分别占相应省市科技人才总数的 75%、48.4%、38.6% 和 32.7%；北京、天津的科技人才中选择急需改进的比例最高，分别占相应省市科技人才总数的 37.9% 和 50%；其他省市的科技人才中选择比较了解和急需改进的比例最高，均为 31.0%。

博士后政策评价的收入差异如图 6-33 所示，高收入和低收入的科技人才中选择成效较好的比例最高，分别占相应收入等级科技人才总数的 33.8%、41.1%；中等收入的科技人才中选择比较了解的比例最高，占该收入等级科技人才总数的41.9%。

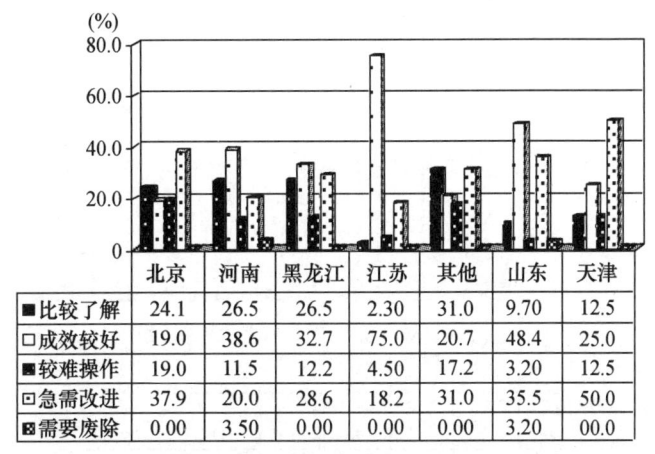

	北京	河南	黑龙江	江苏	其他	山东	天津
比较了解	24.1	26.5	26.5	2.30	31.0	9.70	12.5
成效较好	19.0	38.6	32.7	75.0	20.7	48.4	25.0
较难操作	19.0	11.5	12.2	4.50	17.2	3.20	12.5
急需改进	37.9	20.0	28.6	18.2	31.0	35.5	50.0
需要废除	0.00	3.50	0.00	0.00	0.00	3.20	00.0

注：由于四舍五入，百分比之和不等于100%。

图6-32 博士后政策实施成效评价的地区差异

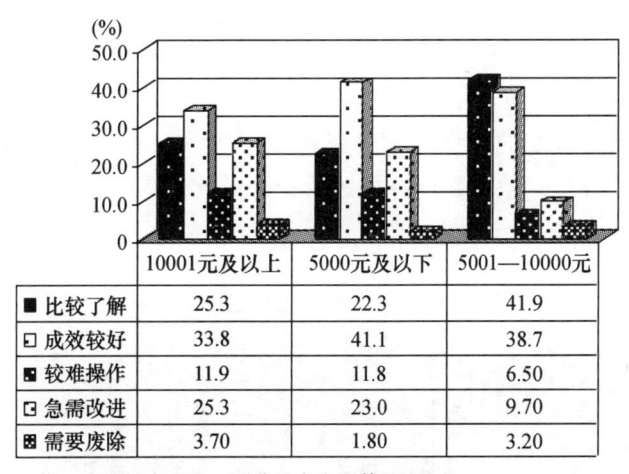

	10001元及以上	5000元及以下	5001—10000元
比较了解	25.3	22.3	41.9
成效较好	33.8	41.1	38.7
较难操作	11.9	11.8	6.50
急需改进	25.3	23.0	9.70
需要废除	3.70	1.80	3.20

注：由于四舍五入，百分比之和不等于100%。

图6-33 博士后政策实施成效评价的收入差异

博士后政策评价的单位类型差异如图6-34所示，学校、科研院所、医疗机构和民营企业或"三资"企业的科技人才中选择成效较好的比例最高，分别占相应单位科技人才总数的38.1%、41.5%、42.9%和42.9%；国有企业的科技人才中选择成效较好和急需改进的比例相等，都为30.2%；政府部门的科技人才中选择急需改进的比例最高，为50.0%，其次才是选择成效较好的比例较高为42.9%；其他部门的科技人才中选择较难操作的比例最高为50.0%。

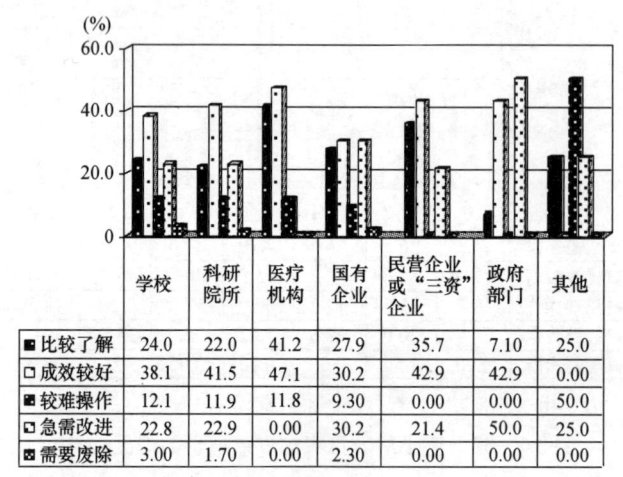

	学校	科研院所	医疗机构	国有企业	民营企业或"三资"企业	政府部门	其他
比较了解	24.0	22.0	41.2	27.9	35.7	7.10	25.0
成效较好	38.1	41.5	47.1	30.2	42.9	42.9	0.00
较难操作	12.1	11.9	11.8	9.30	0.00	0.00	50.0
急需改进	22.8	22.9	0.00	30.2	21.4	50.0	25.0
需要废除	3.00	1.70	0.00	2.30	0.00	0.00	0.00

注：由于四舍五入，百分比之和不等于100%。

图6-34 博士后政策实施成效评价的单位类型差异

博士后政策评价的职业类型差异如图6-35所示，只有科技管理人员中选择急需改进的比例最高，占科技管理人员总数的35.8%；其他职业类型的科技人才中都是选择成效较好的比例最高，占相应科技人才总数的比例在33.3%—42.1%。

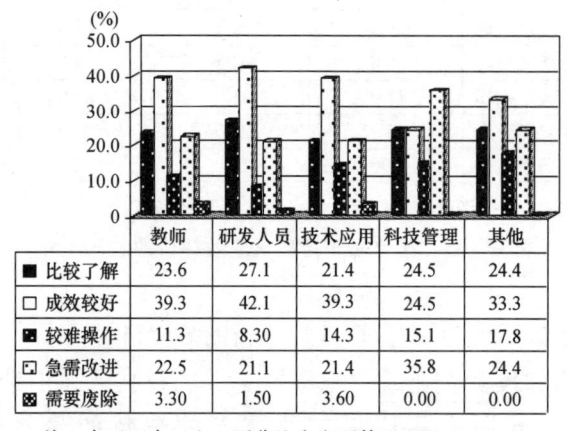

	教师	研发人员	技术应用	科技管理	其他
比较了解	23.6	27.1	21.4	24.5	24.4
成效较好	39.3	42.1	39.3	24.5	33.3
较难操作	11.3	8.30	14.3	15.1	17.8
急需改进	22.5	21.1	21.4	35.8	24.4
需要废除	3.30	1.50	3.60	0.00	0.00

注：由于四舍五入，百分比之和不等于100%。

图6-35 博士后政策实施成效评价的职业类型差异

六 专业技术人员继续教育政策实施成效

在对专业技术人员继续教育政策实施成效进行评价的选项中，其性别、年龄、地区等方面的结构特征如表6-9所示。对该政策进行评价的选项数共724项，其结构特征与"千人计划"非常相似。

表6-9 专业技术人员继续教育政策实施成效被调查者的结构特征（N=724）

变量	具体指标	频次	百分比（%）	变量	具体指标	频次	百分比（%）
性别	男	439	60.6	职称	无职称	34	4.7
	女	285	39.4		中级以下	185	25.6
年龄组	35岁及以下	263	36.3		副高级	387	53.5
	36—40岁	196	27.1		正高级	1158	16.3
	41—45岁	100	13.8	单位类型	学校	508	70.2
	46—50岁	97	13.4		科研院所	19	2.6
	51岁及以上	68	9.4		医疗机构	42	5.8
工作省市	北京	51	7.0		国有企业	15	2.1
	河南	521	72.0		民营企业或"三资"企业	15	2.1
	黑龙江	49	6.8		政府部门	13	1.8
	江苏	44	6.1		其他	5	0.7
	其他	19	2.6	职业类型	教师	440	60.8
	山东	32	4.4		研发人员	131	18.1
	天津	8	1.1		技术应用人员	61	8.4
月收入	10001元及以上	255	35.2		科技管理人员	5.4	7.0
	5000元及以下	438	60.5		其他	4.1	5.7
	5001—10000元	31	4.3	学科类型	理学	147	20.3
海外经历	无	498	68.8		工学	355	49.0
	有，不足一年	106	14.6		农学	158	21.8
	有，一年以上	120	16.6		医学	64	8.8
学位	学士	60	8.3				
	硕士	190	26.2				
	博士	469	64.8				
	无	5	0.7				

（一）总体来看

图6-36显示，总体来看，认为该政策实施成效较好和急需改进的

选项最多，分别有30%和29%；其次是比较了解和较难操作的，分别占22%和15%；认为该政策需要废除的所占比例很低，仅有4%。可见，专业技术人员继续教育政策从总体来看，实施成效一般。

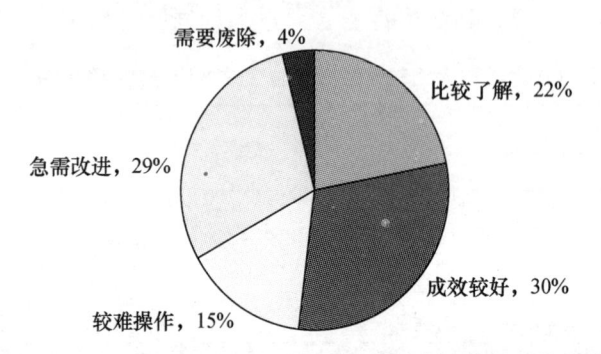

图6-36 专业技术人员继续教育政策实施成效的总体评价

（二）结构差异

从不同特征的科技人才来看，他们对专业技术人员继续教育政策实施成效的评价差异不尽相同。在性别、年龄、收入、海外经历、学位、职称和学科五个特征中，不同特征的科技人才对该政策的评价差异不大。其中，在男性和女性科技人才中认为该政策成效较好和急需改进的比例最高，分别占男性科技人才总数和女性科技人才总数的29.4%、31.2%和30.9%、26.3%，女性的评价略高于男性；在不同年龄的科技人才中35岁及以下、36—40岁和51岁及以下的科技人才都是选择急需改进的比例最高，分别占30.0%、33.7%和30.9%，其次是成效较好的，分别占28.1%、27.6%和26.5%；不同收入的科技人才选择成效较好的比例都较高，只是低收入和高收入中选择急需改进的比例也较高与选择成效较好的比例不相上下；有海外经历的科技人才中选择成效较好的比例最高，占38.3%，略高于没有海外经历和不足一年海外经历的科技人才；学位方面，无学位的科技人才中认为该政策较难操作的比例最高，为40%，而在学士、硕士和博士学位的科技人才中认为成效较好和急需改进的比例最高，都占相应学位科技人才总数的30%左右；职称方面，有职称的科技人才的评价略高于无职称的科技人才，其中中级职称的评价最高，有职称的科技人才中选择成效较好和急需改进的比例相当，都在30%左右，无职称的科技人才选择比较了解的比例最高，为29.4%，选择急需改进和需要废除的比例也较高，为20%

多一点，可见，无职称的科技人才对该政策的评价很差；学科方面，理学和工学科技人才中选择成效较好的比例最高，占相应科技人才的36.1%和30.4%，农学和医学类科技人才中选择急需改进的比例最高，分别占相应科技人才的29.7%和39.9%。

在地区、单位类型和职业类型几类特征中，不同特征的科技人才对该政策的评价差异较大。其地区差异如图6-37所示，江苏、山东、北京和其他地区的科技人才中选择急需改进的比例明显高于其他选项，分别占相应省市科技人才总数的63.6%、53.1%、29.4%和36.8%；天津的科技人才中选择急需改进和需要废除的比例都很高，占37.5%；只有河南和黑龙江选择成效较好的比例最高，分别占相应科技人才总数的32.8%和34.7%。

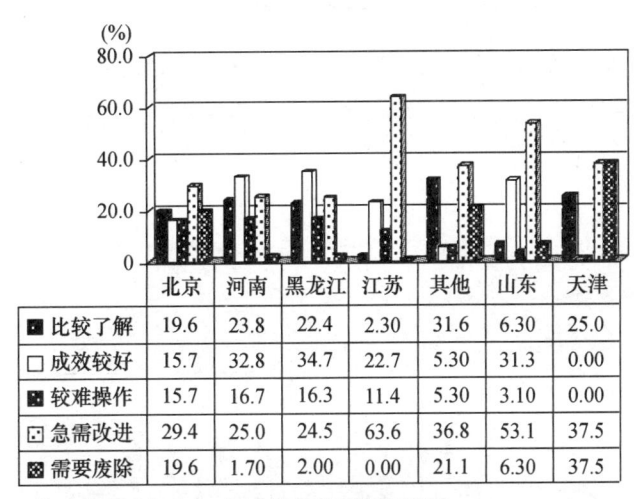

	北京	河南	黑龙江	江苏	其他	山东	天津
■ 比较了解	19.6	23.8	22.4	2.30	31.6	6.30	25.0
□ 成效较好	15.7	32.8	34.7	22.7	5.30	31.3	0.00
▩ 较难操作	15.7	16.7	16.3	11.4	5.30	3.10	0.00
▫ 急需改进	29.4	25.0	24.5	63.6	36.8	53.1	37.5
▨ 需要废除	19.6	1.70	2.00	0.00	21.1	6.30	37.5

注：由于四舍五入，百分比之和不等于100%。

图6-37 专业技术人员继续教育政策实施成效评价的地区差异

专业技术人员继续教育政策评价的单位类型差异如图6-38所示，政府部门对该政策的评价明显高于其他部门，选择成效较好的比例达到53.8%；学校的科技人才选择成效较好和急需改进的比例相当，前者仅略高于后者，分别为30.5%和29.5%；科研院所和国有企业的科技人才中选择成效较好和急需改进的比例相当，前者略低于后者，都在30%左右；医疗机构和民营企业或"三资"企业选择比较了解的比例最高，都达到40%；其他部门选择较难操作的比例很高达到60%。

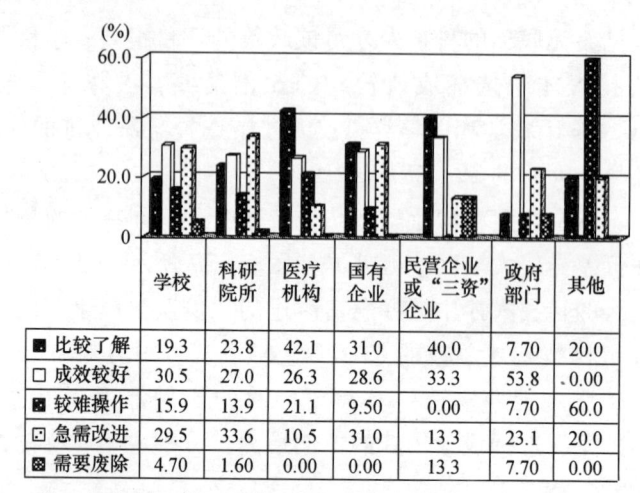

	学校	科研院所	医疗机构	国有企业	民营企业或"三资"企业	政府部门	其他
■ 比较了解	19.3	23.8	42.1	31.0	40.0	7.70	20.0
□ 成效较好	30.5	27.0	26.3	28.6	33.3	53.8	0.00
■ 较难操作	15.9	13.9	21.1	9.50	0.00	7.70	60.0
▨ 急需改进	29.5	33.6	10.5	31.0	13.3	23.1	20.0
▨ 需要废除	4.70	1.60	0.00	0.00	13.3	7.70	0.00

注：由于四舍五入，百分比之和不等于100%。

图 6-38　专业技术人员继续教育政策实施成效评价的单位类型差异

专业技术人员继续教育政策评价的职业类型差异如图 6-39 所示，教师和技术应用人员对该政策的评价高于其他人员，选择成效较好的比例最高，分别占 32.7% 和 31.1%，略高于急需改进的比例；研发人员和科技管理人员中选择急需改进的比例最高，占相应科技人才总数的 29.8% 和 31.4%；其他职业类型的科技人才中选择比较了解的比例最高，所占比例为 29.3%。

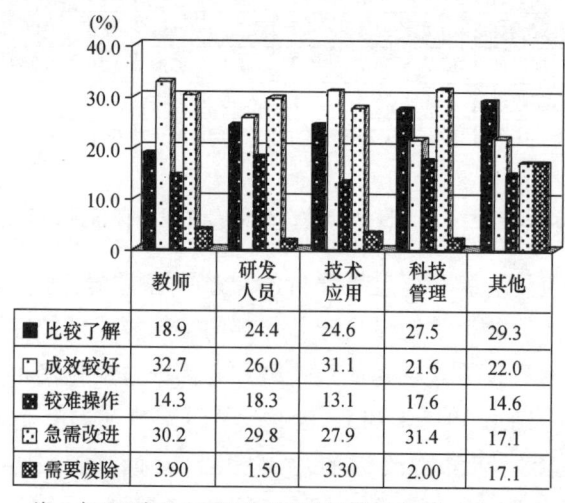

	教师	研发人员	技术应用	科技管理	其他
■ 比较了解	18.9	24.4	24.6	27.5	29.3
□ 成效较好	32.7	26.0	31.1	21.6	22.0
■ 较难操作	14.3	18.3	13.1	17.6	14.6
▨ 急需改进	30.2	29.8	27.9	31.4	17.1
▨ 需要废除	3.90	1.50	3.30	2.00	17.1

注：由于四舍五入，百分比之和不等于100%。

图 6-39　专业技术人员继续教育政策实施成效评价的职业类型差异

第四节　标志性科技人才流动政策实施成效

一　培育和发展我国人才市场相关政策实施成效

在对培育和发展我国人才市场相关政策实施成效进行评价的选项中，其性别、年龄、地区等方面的结构特征如表6-10所示。对该政策进行评价的选项数共710项，其结构特征与"千人计划"非常相似。

表6-10　培育和发展我国人才市场相关政策实施成效被调查者的结构特征（N=710）

变量	具体指标	频次	百分比（%）	变量	具体指标	频次	百分比（%）
性别	男	436	61.4	职称	无职称	37	5.2
	女	274	38.6		中级以下	191	26.9
年龄组	35岁及以下	266	37.5		副高级	373	52.5
	36—40岁	194	27.3		正高级	109	15.4
	41—45岁	95	13.4	单位类型	学校	503	70.8
	46—50岁	93	13.1		科研院所	115	16.2
	51岁及以上	62	8.7		医疗机构	16	2.3
工作省市	北京	56	7.9		国有企业	43	6.1
	河南	504	71.0		民营企业或"三资"企业	14	2.0
	黑龙江	45	6.3		政府部门	14	2.0
	江苏	44	6.2		其他	5	0.7
	其他	23	3.2	职业类型	教师	435	61.3
	山东	30	4.2		研发人员	126	17.7
	天津	8	1.1		技术应用人员	55	7.7
月收入	10001元及以上	261	36.8		科技管理人员	51	7.2
	5000元及以下	421	59.3		其他	43	6.1
	5001—10000元	28	3.9	学科类型	理学	150	21.1
海外经历	无	494	69.6		工学	349	49.2
	有，不足一年	107	15.1		农学	151	21.3
	有，一年以上	109	15.4		医学	60	8.5
学位	学士	58	8.2				
	硕士	183	25.8				
	博士	463	65.2				
	无	6	0.8				

（一）总体来看

图 6-40 显示，总体来看，认为该政策急需改进的选项最多，占 30%；其次是成效较好，占 25%；然后是认为较难操作和比较了解的，分别占 23% 和 19%；认为该政策需要废除的所占比例很低，仅有 3%。可见，培育和发展我国人才市场相关政策，总体来看，实施成效较差，还需要进一步改进。

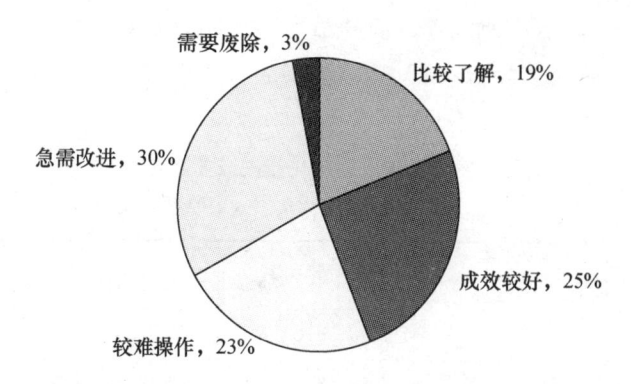

图 6-40 培育和发展我国人才市场相关政策实施成效的总体评价

（二）结构差异

从不同特征的科技人才来看，他们对培育和发展我国人才市场政策实施成效的评价差异不尽相同。只有不同性别的科技人才对该政策的评价基本一致，都认为该政策急需改进的比例最高。

在年龄、职称、职业和学科四个特征中，不同特征的科技人才对该政策的评价略有差异，只有 46—50 岁的科技人才对该政策的评价较高，其他年龄段的科技人才对该政策的评价都较差。各职称科技人才对该政策的评价都较差，有职称的科技人才中选择急需改进的比例最高，为 29.4%—31.4%，略高于选择成效较好和较难操作的比例；无职称的科技人才中选择较难操作的比例最高为 37.8%，选择急需改进的比例也不低，为 29.7%，而选择成效较好的比例仅为 5.4%，比需要废除的比例（13.5%）还要低。只有研发人员，认为该政策成效较好的比例最高，为 30.2%，也仅是略高于急需改进的比例（28.6%）；教师和技术应用人员中选择急需改进的比例最高，分别为 30.3% 和 32.7%；科技管理人员和其他职业的科技人才中选择较难操作的比例最高，分别为 31.4% 和 32.6%，选择急需改进的比例也较高，分别为 27.5% 和

30.2%，尤其是其他职业的人员选择成效较好的比例仅 7.0%，低于选择需要废除的比例 11.6%。理学和医学类科技人才比工学和农学类科技人才对该政策的评价要高，理学和医学类科技人才中选择成效较好的比例最高，分别为 32.7% 和 30.0%；工学和农学类科技人才中选择急需改进的比例最高，分别为 29.5% 和 39.7%。

在地区、收入、海外经历、学位和单位类型五类特征中，不同特征的科技人才对该政策的评价差异较大。其地区差异如图 6－41 所示，只有河南和黑龙江的科技人才中认为该政策实施成效较好的比例最高，分别为 29.6% 和 40.0%，而河南的这一比例也只是略高于急需改进的；江苏、山东、天津的科技人才中选择急需改进的比例最高，分别为 52.3%、46.7% 和 75.0%；北京的科技人才中选择急需改进和较难操作的比例相等都是 37.5%；其他省市的科技人才中认为较难操作的比例最高为 43.5%。可见，培育和发展我国人才市场相关政策在河南、黑龙江实施成效较好，而在其他地区都急需改进或较难操作。

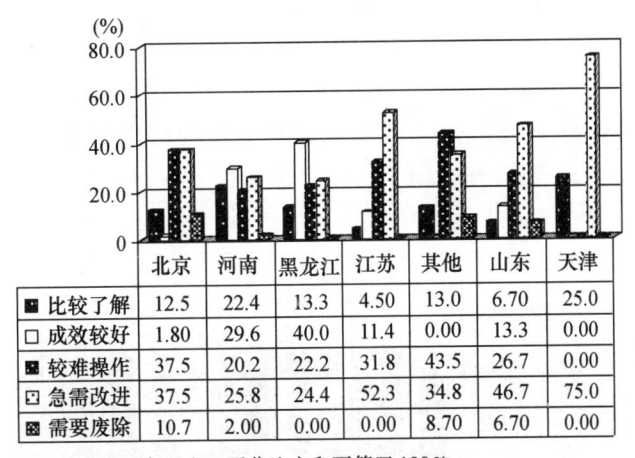

	北京	河南	黑龙江	江苏	其他	山东	天津
■ 比较了解	12.5	22.4	13.3	4.50	13.0	6.70	25.0
□ 成效较好	1.80	29.6	40.0	11.4	0.00	13.3	0.00
■ 较难操作	37.5	20.2	22.2	31.8	43.5	26.7	0.00
□ 急需改进	37.5	25.8	24.4	52.3	34.8	46.7	75.0
■ 需要废除	10.7	2.00	0.00	0.00	8.70	6.70	0.00

注：由于四舍五入，百分比之和不等于 100%。

图 6－41 培育和发展我国人才市场政策实施成效评价的地区差异

培育和发展我国人才市场政策评价的收入差异如图 6－42 所示，中等收入的科技人才中，选择政策成效较好的比例最高，为 39.3%；而高收入的科技人才中选择急需改进的比例最高为 33.3%，明显高于成效较好的比例 20.7%；低收入的科技人才中也是选择急需改进的比例最高为 28.7%，但仅是略高于成效较好和较难操作的比例。

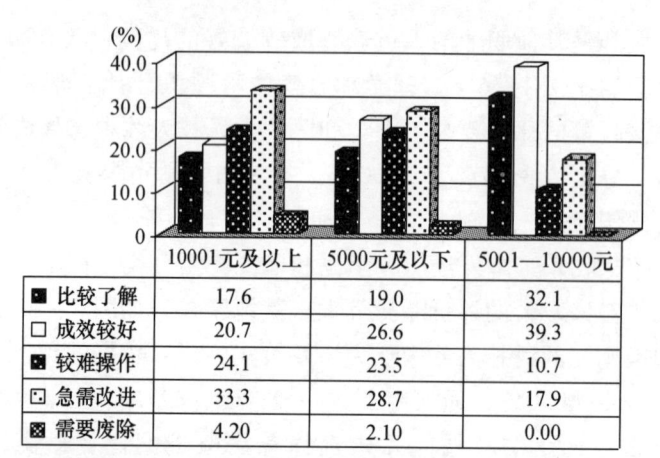

144 我国科技人才政策实施成效评估

	10001元及以上	5000元及以下	5001—10000元
■ 比较了解	17.6	19.0	32.1
□ 成效较好	20.7	26.6	39.3
▨ 较难操作	24.1	23.5	10.7
▥ 急需改进	33.3	28.7	17.9
▦ 需要废除	4.20	2.10	0.00

注：由于四舍五入，百分比之和不等于100%。

图 6-42 培育和发展我国人才市场政策实施成效评价的收入差异

培育和发展我国人才市场政策评价的海外经历差异如图 6-43 所示，只有有一年以上海外经历的科技人才中选择成效较好的比例最高，为 34.9%，而且其选择急需改进和较难操作的比例也都超过了 20%；而没有海外经历和不足一年海外经历的科技人才中选择急需改进的比例最高，分别为 32.0% 和 25.2%，其次是选择较难操作和成效较好的比例也都较高，都超过了 20%。可见，有海外经历的科技人才对该政策的评价要高于没有海外经历的。

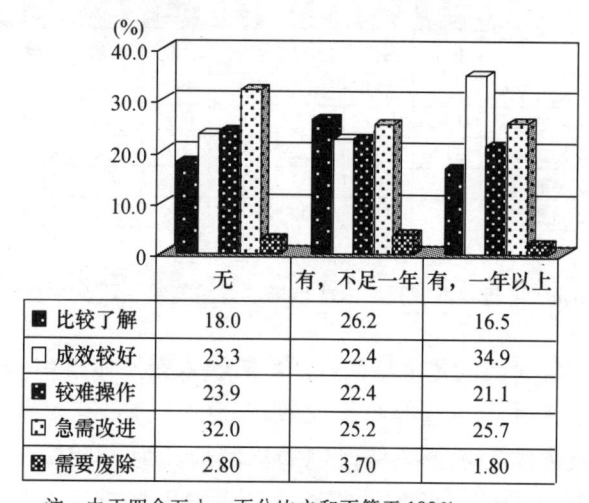

	无	有，不足一年	有，一年以上
■ 比较了解	18.0	26.2	16.5
□ 成效较好	23.3	22.4	34.9
▨ 较难操作	23.9	22.4	21.1
▥ 急需改进	32.0	25.2	25.7
▦ 需要废除	2.80	3.70	1.80

注：由于四舍五入，百分比之和不等于100%。

图 6-43 培育和发展我国人才市场政策实施成效评价的海外经历差异

培育和发展我国人才市场政策评价的学位差异如图6-44所示，没有学位的科技人才中，没有人选择成效较好，而只有66.7%选择较难操作和33.3%选择急需改进；硕士和博士学位中都是选择急需改进的比例最高，分别为31.1%和30.2%，略高于较难操作和成效较好的比例；学士学位的科技人才中选择比较了解的比例最高为27.6%，然后由高到低依次是急需改进、较难操作和成效较好，都在20.2%—24.1%。可见，不同学位的科技人才对该政策的评价都很差。

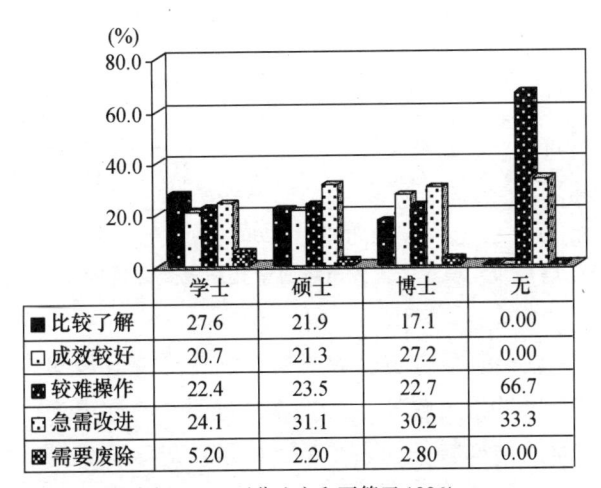

	学士	硕士	博士	无
比较了解	27.6	21.9	17.1	0.00
成效较好	20.7	21.3	27.2	0.00
较难操作	22.4	23.5	22.7	66.7
急需改进	24.1	31.1	30.2	33.3
需要废除	5.20	2.20	2.80	0.00

注：由于四舍五入，百分比之和不等于100%。

图6-44 培育和发展我国人才市场政策实施成效评价的学位差异

培育和发展我国人才市场政策评价的单位类型差异如图6-45所示，只有医疗机构中的科技人才认为该政策成效较好的比例最高，为62.5%，而且明显高于其他选项；学校和科研院所的科技人才中选择急需改进的比例最高，分别为30.2%和36.5%；国有企业、民营企业或"三资"企业和政府部门的科技人才中，选择比较了解的比例最高，为35.7%—37.2%；其他部门的科技人才中选择较难操作的比例最高，为60.0%，而没有人选择成效较好。可见，医疗机构中的科技人才对该政策的评价较高，学校、科研院所、国有企业、民营企业或"三资"企业和政府部门中的科技人才对该政策的评价较差，而其他部门的科技人才对该政策的评价很差。

146　我国科技人才政策实施成效评估

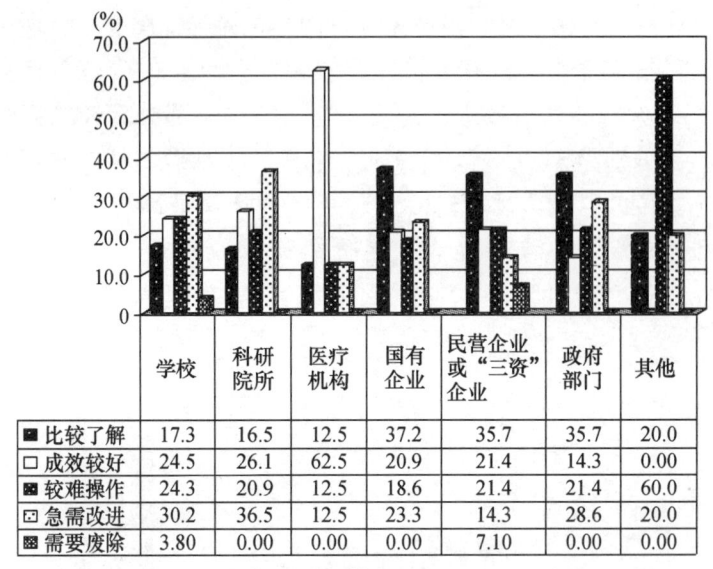

	学校	科研院所	医疗机构	国有企业	民营企业或"三资"企业	政府部门	其他
■ 比较了解	17.3	16.5	12.5	37.2	35.7	35.7	20.0
□ 成效较好	24.5	26.1	62.5	20.9	21.4	14.3	0.00
▨ 较难操作	24.3	20.9	12.5	18.6	21.4	21.4	60.0
▤ 急需改进	30.2	36.5	12.5	23.3	14.3	28.6	20.0
▧ 需要废除	3.80	0.00	0.00	0.00	7.10	0.00	0.00

注：由于四舍五入，百分比之和不等于100%。

图 6-45　培育和发展我国人才市场政策实施成效评价的单位类型差异

二　科技特派员基层创业、农村科技创业支持政策实施成效

在对科技特派员相关政策实施成效进行评价的选项中，其性别、年龄、地区等方面的结构特征如表 6-11 所示。对该政策进行评价的选项数共 716 项，其结构特征与"千人计划"非常相似。

（一）总体来看

图 6-46 显示，总体来看，认为该政策成效较好的选项最多，占 29%；其次是急需改进和较难操作的，各占 24%；然后是比较了解的，

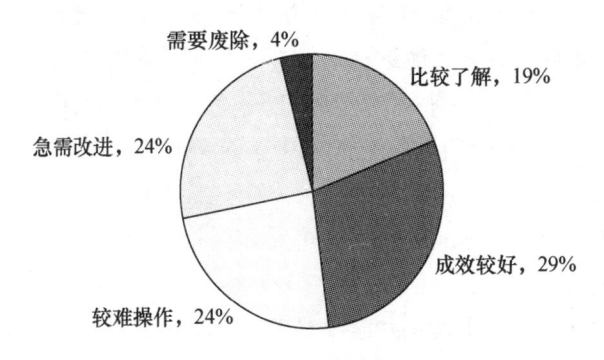

图 6-46　科技特派员相关政策实施成效的总体评价
（需要废除 4%；比较了解 19%；成效较好 29%；较难操作 24%；急需改进 24%）

表6-11 科技特派员相关政策实施成效被调查者的结构特征（N=716）

变量	具体指标	频次	百分比(%)	变量	具体指标	频次	百分比(%)
性别	男	432	60.3	职称	无职称	35	4.9
	女	284	39.7		中级以下	188	26.3
年龄组	35岁及以下	259	36.2		副高级	374	52.2
	36—40岁	200	27.9		正高级	119	16.6
	41—45岁	97	13.5	单位类型	学校	503	70.3
	46—50岁	93	13.0		科研院所	125	17.5
	51岁及以上	67	9.4		医疗机构	16	2.2
工作省市	北京	51	7.1		国有企业	40	5.6
	河南	516	72.1		民营企业或"三资"企业	14	2.0
	黑龙江	46	6.4		政府部门	13	1.8
	江苏	44	6.1		其他	5	0.7
	其他	20	2.8	职业类型	教师	435	60.8
	山东	31	4.3		研发人员	131	18.3
	天津	8	1.1		技术应用人员	57	8.0
月收入	10001元及以上	256	35.8		科技管理人员	53	7.4
	5000元及以下	432	60.3		其他	40	5.6
	5001—10000元	28	3.9	学科类型	理学	147	20.5
海外经历	无	492	68.7		工学	345	48.2
	有，不足一年	108	15.1		农学	162	22.6
	有，一年以上	116	16.2		医学	62	8.7
学位	学士	61	8.5				
	硕士	184	25.7				
	博士	465	64.9				
	无	6	0.8				

占19%；认为该政策需要废除的所占比例很低，仅有4%。可见，科技特派员相关政策，总体来看，实施成效有待改进，尤其在可操作性方面需要进一步完善。

(二) 结构差异

从不同特征的科技人才来看，他们对科技特派员相关政策实施成效的评价差异不尽相同。只有不同性别的科技人才对该政策的评价基本一致，认为该政策成效较好的比例最高。

在其他特征中，除地区和职业类型外，不同特征的科技人才对该政策的评价差异不大，只有46—50岁的科技人才对该政策的评价较高，其他年龄段的科技人才对该政策的评价一般。不同收入等级的科技人才对该政策的评价均一般，中等收入的科技人才中，选择比较了解的比例最高，为42.9%；各收入等级的科技人才中选择成效较好的比例都在28%左右，在高收入和低收入者中这一比例与急需改进和较难操作的比例相差不大，在中等收入者中相差较大。不同海外经历的科技人才对该政策的评价均一般，只有有一年以上海外经历的科技人才对该政策的评价稍高。没有学位的科技人才对该政策的评价很高，博士学位的稍高些，硕士和学士的评价要差些。没有职称的科技人才对该政策的评价较差，有职称的科技人才评价稍高。医疗机构和其他部门中的科技人才对该政策的评价较高，学校、科研院所、国有企业、民营企业或"三资"企业和政府部门中的科技人才对该政策的评价较差。各类学科中，理学和医学类科技人才比工学和农学类科技人才对该政策的评价要高。

在地区和职业类型两类特征中，不同特征的科技人才对该政策的评价差异较大。其地区差异如图6-47所示，只有河南和黑龙江的科技人才中认为该政策实施成效较好的比例最高，分别为32.4%和41.3%；江苏的科技人才中选择较难操作的比例明显高于其他选项，达到61.4%，选择成效较好的比例仅为6.8%；北京、其他省市、山东和天津的科技人才中选择急需改进的比例最高，分别为37.3%、40.0%、48.4%和37.5%。可见，科技特派员相关政策在河南、黑龙江实施成效较好，而在其他地区都急需改进或较难操作。

科技特派员相关政策评价的职业类型如图6-48所示，教师和研发人员中选择成效较好的比例最高，分别为28.3%和32.1%，选择较难操作和急需改进的比例也都超过了20%；技术应用人员中选择较难操作的比例最高为33.3%，选择成效较好的比例也较高为29.8%；科技管理人员中，除没有人选择需要废除外，其他四个选项所占比例基本相等，在25%左右；其他职业的科技人才中选择急需改进的比例最高

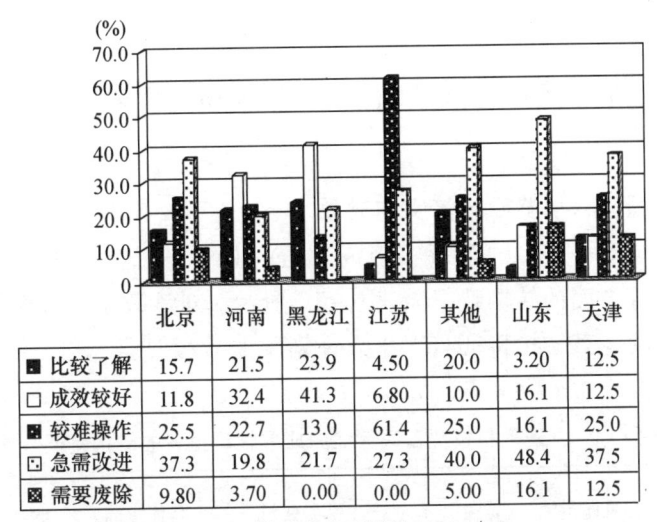

	北京	河南	黑龙江	江苏	其他	山东	天津
■ 比较了解	15.7	21.5	23.9	4.50	20.0	3.20	12.5
□ 成效较好	11.8	32.4	41.3	6.80	10.0	16.1	12.5
▨ 较难操作	25.5	22.7	13.0	61.4	25.0	16.1	25.0
▥ 急需改进	37.3	19.8	21.7	27.3	40.0	48.4	37.5
▩ 需要废除	9.80	3.70	0.00	0.00	5.00	16.1	12.5

注：由于四舍五入，百分比之和不等于100％。

图6-47 科技特派员相关政策实施成效评价的地区差异

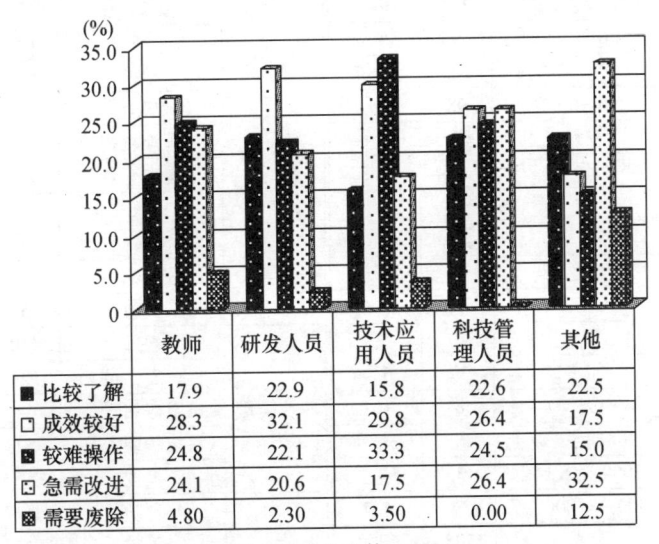

	教师	研发人员	技术应用人员	科技管理人员	其他
■ 比较了解	17.9	22.9	15.8	22.6	22.5
□ 成效较好	28.3	32.1	29.8	26.4	17.5
▨ 较难操作	24.8	22.1	33.3	24.5	15.0
▥ 急需改进	24.1	20.6	17.5	26.4	32.5
▩ 需要废除	4.80	2.30	3.50	0.00	12.5

注：由于四舍五入，百分比之和不等于100％。

图6-48 科技特派员相关政策实施成效评价的职业类型

为32.5％，明显高于其他选项，而且该类人员中选择需要废除的比例较高为12.5％。可见，教师和研发人员对该政策的评价较高，技术应用人员、科技管理人员的评价一般，其他人员的评价较差。

第五节　标志性科技人才激励政策实施成效

一　国家科技奖励政策实施成效

在对国家科技奖励政策实施成效进行评价的选项中，其性别、年龄、地区等方面的结构特征如表6-12所示。对该政策进行评价的选项数共730项，其结构特征与"千人计划"非常相似。

表6-12　国家科技奖励政策实施成效被调查者的结构特征（N=730）

变量	具体指标	频次	百分比(%)	变量	具体指标	频次	百分比(%)
性别	男	447	61.2	职称	无职称	43	5.9
	女	283	38.8		中级以下	186	25.5
年龄组	35岁及以下	267	36.6		副高级	378	51.8
	36—40岁	195	26.7		正高级	123	16.8
	41—45岁	100	13.7	单位类型	学校	509	69.7
	46—50岁	98	13.4		科研院所	120	16.4
	51岁及以上	70	9.6		医疗机构	24	3.3
工作省市	北京	55	7.5		国有企业	42	5.8
	河南	522	71.5		民营企业或"三资"企业	16	2.2
	黑龙江	44	6.0		政府部门	14	1.9
	江苏	44	6.0		其他	5	0.7
	其他	20	2.7	职业类型	教师	440	60.3
	山东	37	5.1		研发人员	129	17.7
	天津	8	1.1		技术应用人员	64	8.8
月收入	10001元及以上	263	36.0		科技管理人员	52	7.1
	5000元及以下	433	59.3		其他	45	6.2
	5001—10000元	34	4.7	学科类型	理学	148	20.3
海外经历	无	505	69.2		工学	359	49.2
	有，不足一年	109	14.9		农学	154	21.1
	有，一年以上	116	15.9		医学	69	9.5
学位	学士	62	8.5				
	硕士	182	24.9				
	博士	480	65.8				
	无	6	0.8				

（一）总体来看

图 6-49 显示，总体来看，认为该政策成效较好的选项最多，占 36%；其次是比较了解和急需改进的，分别占 23% 和 22%；然后是较难操作的，占 15%；认为该政策需要废除的所占比例很低，仅有 4%。可见，国家科技奖励政策从总体来看，实施成效一般。

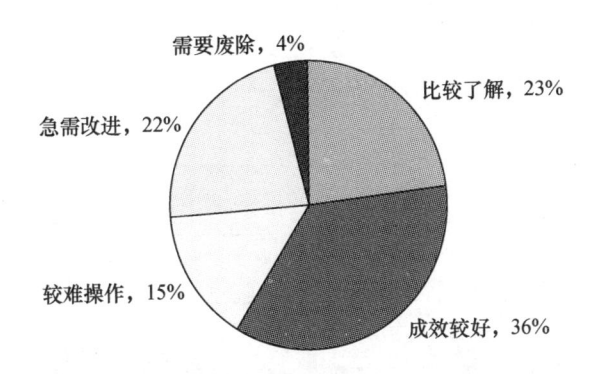

图 6-49 国家科技奖励政策实施成效的总体评价

（二）结构差异

从不同特征的科技人才来看，他们对国家科技奖励政策实施成效的评价差异不尽相同。在性别、年龄、收入、海外经历和学科五类特征中，不同类型的科技人才对该政策的评价基本一致，都认为该政策成效较好的比例最高。

在地区、职称、单位类型和职业类型四个特征中，不同特征的科技人才对该政策的评价差异不大，国家科技奖励政策在江苏、黑龙江和河南实施成效较好，而在其他地区都急需改进，河南、黑龙江和江苏的科技人才中选择该政策实施成效较好的比例最高，分别为 36.2%、40.9% 和 70.5%；天津的科技人才中选择成效较好和急需改进的比例相等，都为 37.5%，选择需要废除的比例也较高为 25%；北京、山东和其他省市的科技人才中选择急需改进的比例最高，分别为 38.2%、40.5% 和 45.0%。没有职称的科技人才对该政策的评价较差，有职称的科技人才评价稍高，有职称的科技人才中选择成效较好的比例最高，为 34.1—38.9%；无职称的科技人才中选择急需改进的比例最高为 34.9%。国有企业和政府部门中的科技人才对该政策的评价稍低，其他部门的评价较高。教师、研发人员、技术应用人员和科技管理人员对该政策的评价较高,其他人员的评价较差。

只有不同学位的科技人才对该政策的评价差异较大。其学位差异如图6-50所示,硕士和博士的科技人才中,选择成效较好的比例最高,分别为38.5%和37.9%;没有学位的科技人才中选择较难操作的比例最高为66.7%;学士学位的科技人才中选择比较了解的比例最高为33.9%。可见,硕士和博士学位的科技人才对该政策的评价较高,学士学位的稍低些,没有学位的评价很差。

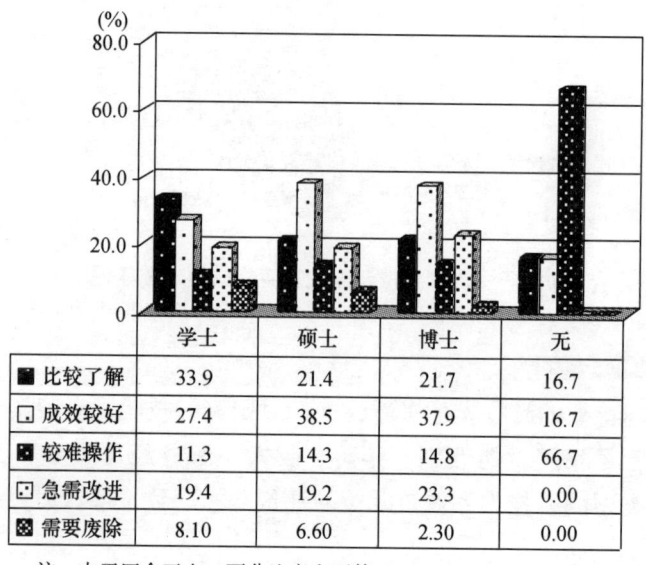

	学士	硕士	博士	无
比较了解	33.9	21.4	21.7	16.7
成效较好	27.4	38.5	37.9	16.7
较难操作	11.3	14.3	14.8	66.7
急需改进	19.4	19.2	23.3	0.00
需要废除	8.10	6.60	2.30	0.00

注:由于四舍五入,百分比之和不等于100%。

图6-50 国家科技奖励政策实施成效评价的学位差异

二 政府特殊津贴制度实施成效

在对政府特殊津贴制度实施成效进行评价的选项中,其性别、年龄、地区等方面的结构特征如表6-13所示。对该政策进行评价的选项数共730项,其结构特征与"千人计划"非常相似。

(一)总体来看

图6-51显示,总体来看,认为该政策成效较好的选项最多,占35%;其次是比较了解的,占24%;然后是急需改进和较难操作的,分别占18%和15%;认为该政策需要废除的所占比例较低,占8%。

表6-13 政府特殊津贴制度实施成效被调查者的结构特征（N=730）

变量	具体指标	频次	百分比(%)	变量	具体指标	频次	百分比(%)
性别	男	447	62.4	职称	无职称	43	6.0
	女	283	39.5		中级以下	186	26.0
年龄组	35岁及以下	267	37.3		副高级	378	52.8
	36—40岁	195	27.2		正高级	123	17.2
	41—45岁	100	14.0	单位类型	学校	509	71.1
	46—50岁	98	13.7		科研院所	120	16.8
	51岁及以上	70	9.8		医疗机构	24	3.4
工作省市	北京	55	7.7		国有企业	42	5.9
	河南	522	72.9		民营企业或"三资"企业	16	2.2
	黑龙江	44	6.1		政府部门	14	2.0
	江苏	44	6.1		其他	5	0.7
	其他	20	2.8	职业类型	教师	440	61.5
	山东	37	5.2		研发人员	129	18.0
	天津	8	1.1		技术应用人员	64	8.9
月收入	10001元及以上	263	36.7		科技管理人员	52	7.3
	5000元及以下	433	60.5		其他	45	6.3
	5001—10000元	34	4.7	学科类型	理学	148	20.7
海外经历	无	505	70.5		工学	359	50.1
	有，不足一年	109	15.2		农学	154	21.5
	有，一年以上	116	16.2		医学	69	9.6
学位	学士	62	8.7				
	硕士	182	25.4				
	博士	480	67.0				
	无	6	0.8				

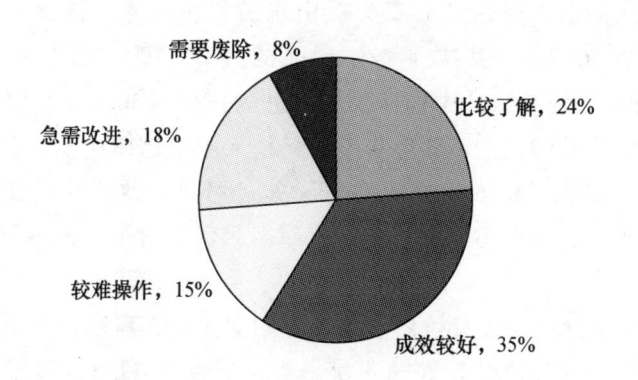

图6-51 政府特殊津贴制度实施成效的总体评价

需要废除，8%；比较了解，24%；成效较好，35%；较难操作，15%；急需改进，18%

可见，政府特殊津贴制度从总体来看，实施成效一般，而且认为需要废除的比例略高于其他政策。

（二）结构差异

从不同特征的科技人才来看，他们对政府特殊津贴制度实施成效的评价差异不尽相同。在性别、年龄、收入和职称四类特征中，不同类别的科技人才对该政策的评价基本一致，都认为该政策成效较好的比例最高。

其他特征中，除地区和学位外，不同特征的科技人才对该政策的评价差异不大。有一年以上海外经历和没有海外经历的科技人才对该政策的评价较高，而有不足一年海外经历的科技人才对该政策的评价较低。民营企业或"三资"企业、医疗机构、学校和国有企业的科技人才对该政策的评价较高，科研院所的评价一般，政府和其他部门的评价较差。不同职业类型的科技人才中选择成效较好的比例最高，为28.6%—42.2%，只有科技管理人员中该比例偏低，而研发人员中选择比较了解的比例也很高与成效较好的比例相等。各学科的科技人才对该政策评价都较高，只有医学类的科技人才中选择比较了解的比例（37.0%）略高于成效较好的比例（34.2%）；其他学科的科技人才中选择成效较好的比例最高，分别为32.2%、32.7%和44.8%。

在地区和学位两类特征中，不同特征的科技人才对该政策的评价差异较大。其地区差异如图6-52所示，河南、黑龙江、江苏和天津的科技人才中选择该政策实施成效较好的比例最高，分别为34.2%、46.0%、69.8%和37.5%，都明显高于其他选项，但是在天津选择需要废除的比例也较高达到了25%；山东的科技人才中选择急需改进的比例最高为36.7%，其次是需要废除的占26.7%，成效较好的仅占6.7%；北京的科技人才中选择急需改进的比例（30.0%）略高于较难操作和成效较好的比例；其他省市的科技人才中选择比较了解的比例最高为40%，其次是成效较好的占33.3%。可见，政府特殊津贴制度在江苏、黑龙江、河南实施成效较好，而在北京、山东、天津和其他地区成效较差。

政府特殊津贴制度评价的学位差异如图6-53所示，硕士和博士的科技人才中，选择成效较好的比例最高，分别为32.3%和37.9%；学士学位的科技人才中选择比较了解的比例最高为32.1%，其次才是成

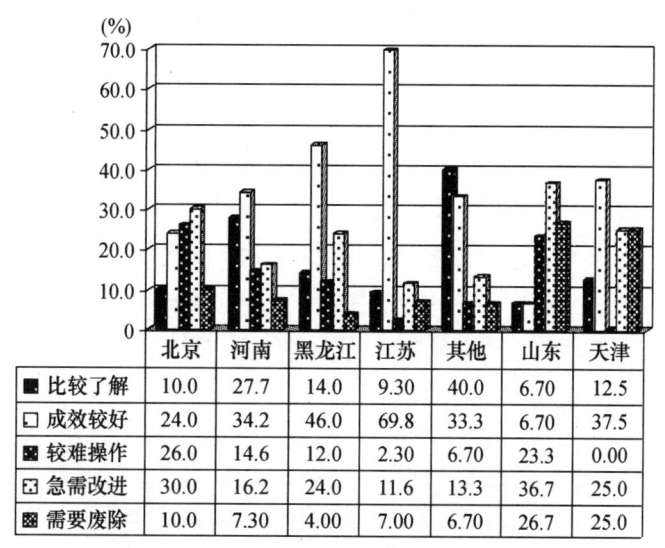

第六章 标志性科技人才政策实施成效评估 155

	北京	河南	黑龙江	江苏	其他	山东	天津
■ 比较了解	10.0	27.7	14.0	9.30	40.0	6.70	12.5
□ 成效较好	24.0	34.2	46.0	69.8	33.3	6.70	37.5
■ 较难操作	26.0	14.6	12.0	2.30	6.70	23.3	0.00
▦ 急需改进	30.0	16.2	24.0	11.6	13.3	36.7	25.0
▩ 需要废除	10.0	7.30	4.00	7.00	6.70	26.7	25.0

注：由于四舍五入，百分比之和不等于100%。

图 6-52 政府特殊津贴制度实施成效评价的地区差异

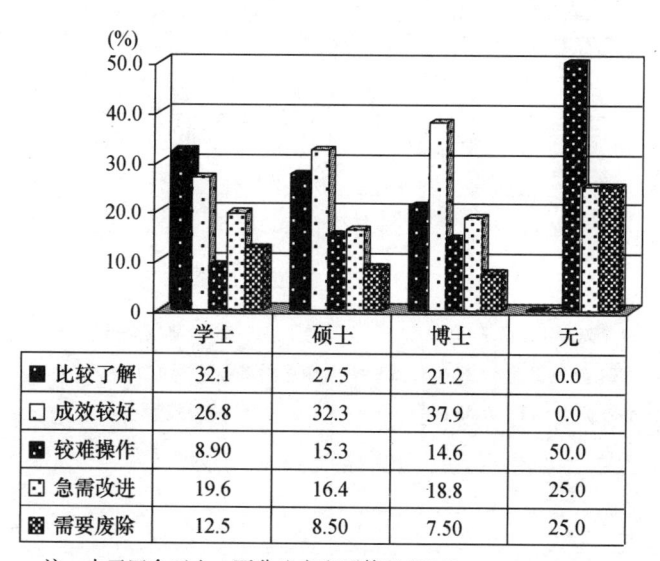

	学士	硕士	博士	无
■ 比较了解	32.1	27.5	21.2	0.0
□ 成效较好	26.8	32.3	37.9	0.0
■ 较难操作	8.90	15.3	14.6	50.0
▦ 急需改进	19.6	16.4	18.8	25.0
▩ 需要废除	12.5	8.50	7.50	25.0

注：由于四舍五入，百分比之和不等于100%。

图 6-53 政府特殊津贴制度实施成效评价的学位差异

效较好的比例为26.8%；没有学位的科技人才中选择较难操作的比例就占一半。另外，选择急需改进和需要废除的各占25%，而没有人选择成效较好。可见，有学位的科技人才对该政策的评价较高，没有学位的评价很差。

三 社会力量设立科学技术奖管理办法实施成效

在对社会力量设立科学技术奖管理办法实施成效进行评价的选项中，其性别、年龄、地区等方面的结构特征如表6-14所示。对该政策进行评价的选项数共698项，其结构特征与"千人计划"非常相似。

表6-14　社会力量设立科学技术奖管理办法实施成效被调查者的结构特征（N=698）

变量	具体指标	频次	百分比（%）	变量	具体指标	频次	百分比（%）
性别	男	428	61.3	职称	无职称	35	5.0
	女	270	38.7		中级以下	179	25.6
年龄组	35岁及以下	256	36.7		副高级	374	53.6
	36—40岁	194	27.8		正高级	110	15.8
	41—45岁	98	14.0	单位类型	学校	495	70.9
	46—50岁	90	12.9		科研院所	114	16.3
	51岁及以上	60	8.6		医疗机构	17	2.4
工作省市	北京	53	7.6		国有企业	40	5.7
	河南	502	71.9		民营企业或"三资"企业	14	2.0
	黑龙江	43	6.2				
	江苏	44	6.3		政府部门	13	1.9
	其他	19	2.7		其他	5	0.7
	山东	29	4.2	职业类型	教师	427	61.2
	天津	8	1.1		研发人员	126	18.1
月收入	10001元及以上	247	35.4		技术应用人员	54	7.7
	5000元及以下	423	60.6		科技管理人员	50	7.2
	5001—10000元	28	4.0		其他	41	5.9
海外经历	无	474	67.9	学科类型	理学	149	21.3
	有，不足一年	107	15.3		工学	336	48.1
	有，一年以上	117	16.8		农学	149	21.3
学位	学士	54	7.7		医学	64	9.2
	硕士	183	26.2				
	博士	457	65.5				
	无	4	0.6				

(一) 总体来看

图 6-54 显示，总体来看，认为该政策成效较好的选项最多，占 32%；其次是较难操作的和急需改进，分别占 24% 和 22%；然后是比较了解的，占 18%；认为该政策需要废除的所占比例很低，仅占 4%。可见，社会力量设立科学技术奖管理办法从总体来看，实施成效一般。

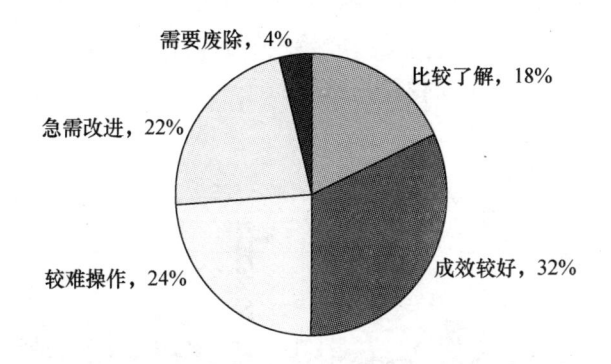

图 6-54 社会力量设立科学技术奖管理办法实施成效的总体评价

(二) 结构差异

从不同特征的科技人才来看，他们对社会力量设立科学技术奖管理办法实施成效的评价差异不尽相同。在性别和收入两类特征中，不同类别的科技人才对该政策的评价基本一致，都是认为该政策成效较好的比例最高。

其他特征中，除地区和学位外，不同特征的科技人才对该政策的评价差异不大。40 岁以下和 46—50 岁的科技人才对该政策的评价略高于 51 岁及以上和 41—45 岁的科技人才。有一年以上海外经历和没有海外经历的科技人才对该政策的评价较高，而有不足一年海外经历的科技人才对该政策的评价较低。有职称的比没有职称的科技人才对该政策的评价更高。医疗机构中的科技人才对该政策的评价较高，学校、科研院所、国有企业和民营企业或"三资"企业的科技人才对该政策的评价一般，政府和其他部门的评价较差。理、工、医类的科技人才对该政策评价较高，农学类的科技人才评价较差，理、工、医学类的科技人才中选成效较好的比例最高，分别为 35.6%、30.7% 和 46.9%；农学类的科技人才中选择较难操作的比例最高，为 43.0%。

在地区、学位和单位类型三类特征中，不同特征的科技人才对该政策的评价差异较大。其地区差异如图 6 – 55 所示，只有河南和黑龙江的科技人才中选择实施成效较好的比例最高，分别为 35.9% 和 37.2%；北京和江苏科技人才中选择较难操作的比例最高，分别为 35.9% 和 79.5%；山东、天津和其他省市的科技人才中选择急需改进的比例最高，分别为 34.5%、50.0% 和 42.1%。可见，社会力量设立科学技术奖管理办法在黑龙江、河南实施成效较好，而在其他地区都急需改进或较难操作，尤其是在江苏较难操作。

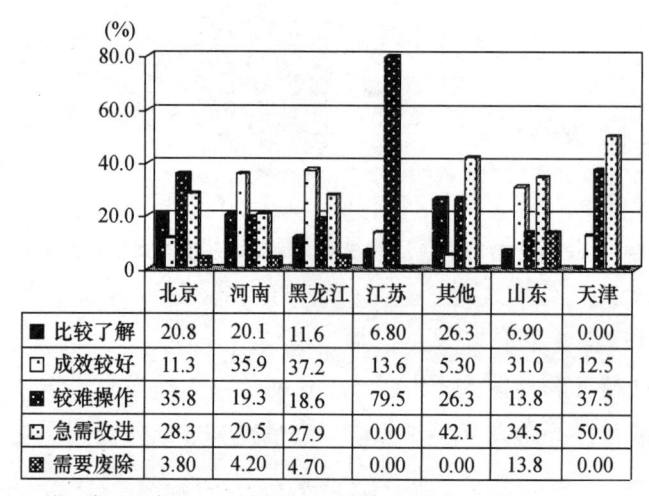

	北京	河南	黑龙江	江苏	其他	山东	天津
■ 比较了解	20.8	20.1	11.6	6.80	26.3	6.90	0.00
□ 成效较好	11.3	35.9	37.2	13.6	5.30	31.0	12.5
■ 较难操作	35.8	19.3	18.6	79.5	26.3	13.8	37.5
□ 急需改进	28.3	20.5	27.9	0.00	42.1	34.5	50.0
▩ 需要废除	3.80	4.20	4.70	0.00	0.00	13.8	0.00

注：由于四舍五入，百分比之和不等于 100%。

图 6 – 55　社会力量设立科学技术奖管理办法实施成效评价的地区差异

社会力量设立科学技术奖管理办法评价的学位差异如图 6 – 56 所示，只有博士学位的科技人才中，选择成效较好的比例最高，为 34.4%；硕士学位的科技人才中选择较难操作的比例最高，为 34.4%，其次才是选择成效较好的比例较高，为 26.8%；没有学位的科技人才全都认为该政策较难操作；学士学位的科技人才中选择比较了解的比例最高为 29.6%，仅略高于成效较好、较难操作和急需改进的比例。可见，只有博士学位的科技人才对该政策的评价较高，硕士和学士的评价较低，没有学位的评价很差。

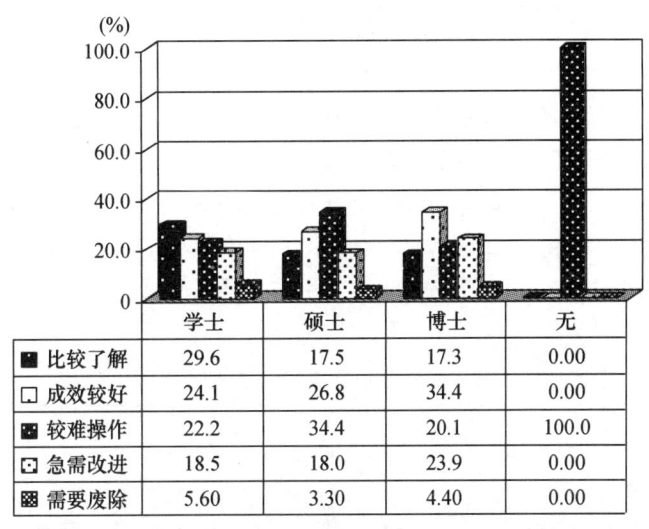

	学士	硕士	博士	无
■ 比较了解	29.6	17.5	17.3	0.00
□ 成效较好	24.1	26.8	34.4	0.00
▨ 较难操作	22.2	34.4	20.1	100.0
▥ 急需改进	18.5	18.0	23.9	0.00
▩ 需要废除	5.60	3.30	4.40	0.00

注：由于四舍五入，百分比之和不等于100%。

图6-56 社会力量设立科学技术奖管理办法实施成效评价的学位差异

社会力量设立科学技术奖管理办法评价的职业类型差异如图6-57所示，教师、研发人员、技术应用人员中选择成效较好的比例最高，分别为31.1%、30.2%和42.6%；科技管理人员中选择较难操作的比例最高为34.0%，其次才是选择成效较好的比例（28.0%）；其他人员中

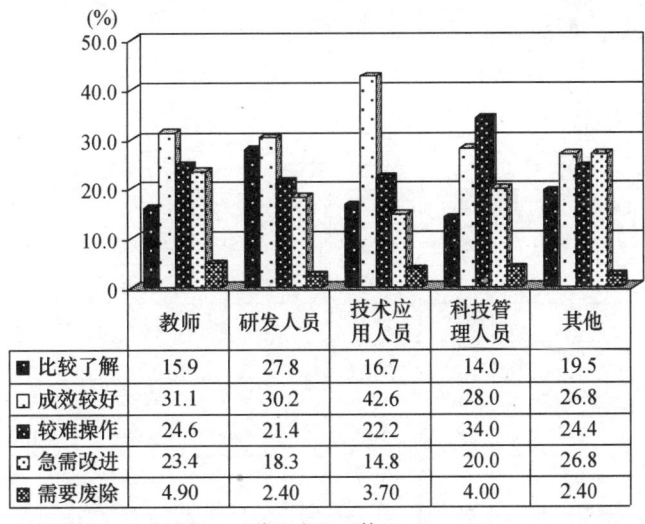

	教师	研发人员	技术应用人员	科技管理人员	其他
■ 比较了解	15.9	27.8	16.7	14.0	19.5
□ 成效较好	31.1	30.2	42.6	28.0	26.8
▨ 较难操作	24.6	21.4	22.2	34.0	24.4
▥ 急需改进	23.4	18.3	14.8	20.0	26.8
▩ 需要废除	4.90	2.40	3.70	4.00	2.40

注：由于四舍五入，百分比之和不等于100%。

图6-57 社会力量设立科学技术奖管理办法实施成效评价的职业类型差异

选择成效较好和急需改进的比例相等都为26.8%,略高于较难操作的比例(24.4%)。可见,技术应用人员、教师和研发人员对该政策的评价较高,科技管理人员和其他人员评价一般。

四 职称评定政策实施成效

在对职称评定政策实施成效进行评价的选项中,其性别、年龄、地区等方面的结构特征如表6-15所示。对该政策进行评价的选项数共819项,其结构特征与"千人计划"非常相似。

表6-15 职称评定政策实施成效被调查者的结构特征(N=819)

变量	具体指标	频次	百分比(%)	变量	具体指标	频次	百分比(%)
性别	男	501	61.2	职称	无职称	43	5.3
	女	318	38.8		中级以下	211	25.8
年龄组	35岁及以下	295	36.0		副高级	432	52.7
	36—40岁	221	27.0		正高级	133	16.2
	41—45岁	115	14.0	单位类型	学校	537	65.6
	46—50岁	114	13.9		科研院所	132	16.1
	51岁及以上	74	9.0		医疗机构	56	6.8
工作省市	北京	62	7.6		国有企业	54	6.6
	河南	589	71.9		民营企业或"三资"企业	19	2.3
	黑龙江	50	6.1				
	江苏	44	5.4		政府部门	14	1.7
	其他	34	4.2		其他	7	0.9
	山东	32	3.9	职业类型	教师	457	55.8
	天津	8	1.0		研发人员	150	18.3
月收入	10001元及以上	305	37.2		技术应用人员	101	12.3
	5000元及以下	480	58.6		科技管理人员	64	7.8
	5001—10000	34	4.2		其他	47	5.7
海外经历	无	568	69.4	学科类型	理学	170	20.8
	有,不足一年	129	15.8		工学	384	46.9
	有,一年以上	122	14.9		农学	163	19.9
学位	学士	74	9.0		医学	102	12.5
	硕士	217	26.5				
	博士	522	63.7				
	无	6	0.7				

（一）总体来看

图 6-58 显示，总体来看，认为该政策急需改进的比例最高，达到 28%；其次是成效较好和比较了解的，均占 25%；然后是认为较难操作的，占 15%，认为该政策需要废除的所占比例最低，占 7%。可见，职称评定政策从总体来看，实施成效较差。

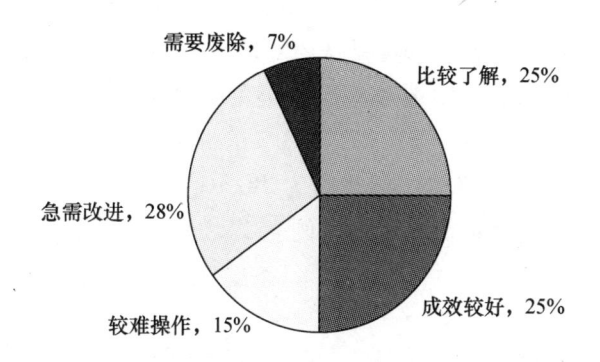

图 6-58 职称评定政策实施成效的总体评价

（二）结构差异

从不同特征的科技人才来看，他们对职称评定政策实施成效的评价差异不尽相同。在不同性别的科技人才中男性认为该政策急需改进的比例略高于女性；在不同年龄的科技人才中，45 岁以下的科技人才对该政策成效的评价明显低于 46 岁以上的科技人才，45 岁以下的科技人才认为该政策急需改进的比例明显高于其他选项，所占比例在 29.2%—38.3%，46 岁以上的科技人才选择比较了解的比例最高，所占比例为 29.7%—32.5%，其次是选择成效较好的比例为 24.3%—29.8%，而选择急需改进的比例仅略高于 20%；在不同地区的科技人才中，除河南外，其他地区对该政策的评价都较低，都认为该政策急需改进的比例最高，其所占比例为 35.5%—56.3%，河南的科技人才中选择比较了解、成效较好的比例最高，均占 28% 左右；不同收入的科技人才中，只有中等收入者（月均收入 5001—10000 元）认为该政策成效较好的比例最高，为 44.1%，而低收入和高收入者都认为该政策急需改进的比例最高，分别为 28.1% 和 31.5%；不同海外经历的科技人才对该政策的评价都较低，其中，没有海外经历的评价更低，其认为该政策急需改进的比例为 30.1%，要高于有海外经历的；没有学位的科技人才比有学位的科技人才对该政策的评价更低，其中，没有学位的科技人才中认为该政策较难操作的比例为 50.0%，远高于有学位的；在不同单位类型的科技人才中，除学校和科研院所的科技人才认为该政策急需改进的比例最高，分别为 32.2% 和 27.3% 外，其他单位的科技人才都选择比较了解的比例最高，在 37.0—57.1%；在职业类型方面，研发人员、技术应用人员和科技管理人员都认为对该政策比较了解的比例最高，在 29.7%—32.7%，教师中选择急需改进的比例最高，为 33.3%，其他人员选择较难操作的比例最高为 34.0%；学科类型方面，只有医学类科技人才选择比较了解的比例最高为 36.3%，而其他学科类科技人才选择急需改进的比例最高，所占比例为 27.1%—31.9%。

第七章 案例分析：新时期上海市科技人才政策实施成效

第一节 研究背景

教育、科技和人才是推动经济社会发展的主导力量，经济越发达，经济社会对科技人才的依赖性就越强。科技人才政策是政府调节科技人才引进、培养、流动、激励和保障活动的一系列政策、法规和规则。科技人才效能发挥是能力和激励共同作用的结果，离不开政策规则的激励约束。作为国际经济、金融、贸易和航运中心都市，上海市经济社会发展是科技人才创新创造的结果，在向知识型社会转型过程中，上海市确立了人才强市战略，依靠海内外高层次创新性科技人才推动两型社会发展。21世纪以来，尤其2002年以来，国家制定和实施人才强国战略，国务院发布了《全国人才队伍建设规划纲要（2002—2005年）》和《国家中长期科学和技术发展规划纲要（2006—2020年）》。上海市制定了《上海中长期科学和技术发展规划纲要（2006—2020年）》《上海市"十一五"人才发展规划纲要》等综合性发展战略。中长期发展规划确定了十一个技术创新领域及其对应的关键技术。这个任务目标达成归根到底是科技人才创新创业的结果。为实现上海市中长期发展目标，需要在以往科技人才政策成效评估的基础上科学调整政策规则，最大限度地培养和激发科技人才的创造活力。学者对科技人才政策尤其是上海市科技人才政策研究并不多见。邓金霞（2012）以上海市为例通过座谈和问卷调查对科技人才政策法规进行了综述和总体评估并提出了改善对策。杨小玲等（2012）对上海市科技人才引进政策进行了综述并对引进政策效果进行了简单的评价。本书利用文献检索和深度访谈方法从政策演进、标志性政策、总体评价和实施成效四个方面对新时期（2000年以来）上海市科技人才政策实施成效进行研究，以评价上海市以往政策的实施效果，发现政策缺陷并提出完善对策。

第二节 总体状况

20世纪80年代以来，上海市颁布科技人才政策134项。其中，人才引进政策22项，人才培养政策约21项，人才激励政策约27项。随着社会经济发展，上海市科技人才政策颁布呈上升趋势。20世纪80年代科技人才相关政策只有约10项，90年代则颁布了约25项，新世纪以来，政策颁布数量明显增加，21世纪头10年就颁布了76项。

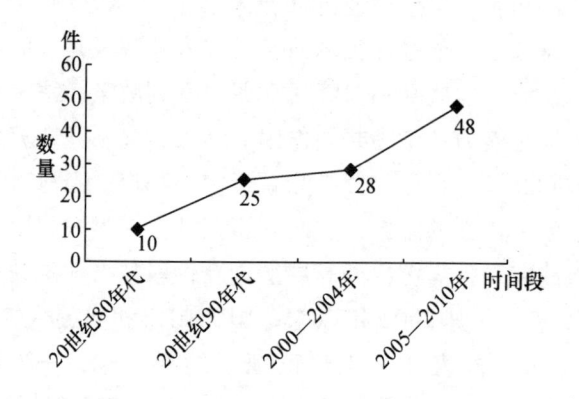

图7-1 上海市科技人才政策颁布时间

资料来源：邓金霞：《科技人才开发政策法规总体评估——以上海市为例》，《科技进步与对策》2012年第19期。

第三节 科技人才引进和流动政策

一 政策演进和标志性政策

（一）人才引进政策

20世纪90年代，上海在全国率先提出构建国内人才高地，引才引智成为一项战略性工程。上海市科技人才引进政策对象主要包括海外留学人才、海外高层次人才、港澳台人才、国内优秀人才和博士后等。

博士后群体是科技研发的新生力量，1992年南方谈话后中国改革开放进入一个新的阶段。上海市改革开放首当其冲。1993年7月7日，原上海市人事局发布了《上海市人事局关于印发〈上海市博士后管理工作实施办法〉的通知》，其中规定了博士后流动站的机构设置、申请和计划、进站管理、出站工作分配、经费管理、工作生活条件等。

1997年4月10日，上海市人民政府发布了《上海市引进海外高层次留学人员若干规定》及其专项资金管理办法，办法对于本市引进的海外高层次留学人员，在专项经费、报酬、住房、家属安置、医疗、奖励各方面提出相关优惠措施。这是上海市海外人才引进的标志性政策。与这一政策相配套，1999年，上海市在全国率先制定和实施了《上海市吸引国内优秀人才来沪工作实施办法》，规定符合优秀人才标准的，用人单位可直接申请办理调沪手续，符合规定标准的，未成年子女可调入、迁移。两个政策将上海市大门向海内外优秀人才敞开。

为了鼓励引进技术的消化吸收和再创新，上海市继1987年6月20日颁布《上海市鼓励引进技术消化吸收暂行规定》后，于2000年1月25日通过了新修正的《上海市鼓励引进技术的吸收与创新规定》。2003年，上海市进一步启动了《上海市留学人才集聚工程》，计划用2—3年吸纳万名高层次专业技术和管理人才。为贯彻实施留学人才集聚工程，上海市政府继1997年之后，颁布了《鼓励留学人员来上海工作和创业的若干规定》和《上海市引进国外专家暂行办法》，外籍留学人员可申请办理《上海市居住证》B证。

"十二五"期间，上海市启动新一轮"海外高层次人才集聚工程"，重点引进本市紧缺急需的海外高层次人才。为贯彻实施这一新的工程，根据《国家中长期人才发展规划纲要（2010—2020年）》、国家"千人计划"和《上海市中长期科技发展规划纲要（2010—2020年）》，2010年上海市颁布《上海市中长期人才发展规划纲要（2010—2020年）》。为促进国际人才创新试验区建设，上海浦东新区从2011年起正式启动"1116"人才引进计划。计划在五年内集聚100多名中央"千人计划"人才、100多名上海"千人计划"人才、100多名浦东"百人计划"人才和600多名金融、航运、战略性新兴产业和高新技术产业领域的创新创业人才。上海市委组织部同时出台了上海市《关于海外高层次引进人才享受特定生活待遇若干规定的实施意见》，入选中央和上海市"千人计划"的人才可享受居留和出入境、落户、资助、医疗、保险、住房、税收、配偶安置、薪酬、通关、子女就学和优化服务12个方面的特定生活待遇。上海市科技人才引进的标志性政策如表7-1所示。

表7-1　　　　　　上海市科技人才引进的标志性政策

时间	发文单位	文件名	主要规定
1993年7月7日	原上海市人事局	《上海市人事局关于印发〈上海市博士后管理工作实施办法〉的通知》	博士后流动站的机构设置、申请和计划、进站管理、出站工作分配、经费管理、工作生活条件等
1997年4月10日	上海市人民政府	《上海市引进海外高层次留学人员若干规定》（含专项资金管理办法）（已于2005年废止）	对于本市引进的海外高层次留学人员，在专项经费、报酬、住房、家属安置、医疗、奖励各方面提出相关优惠措施
1999年5月20日	原上海市人事局	《上海市吸引国内优秀人才来沪工作实施办法》	符合优秀人才标准的，用人单位可直接申请办理调沪手续，符合规定标准的，未成年子女可调入、迁移
2003年		上海市留学人才集聚工程	2—3年内吸纳万名高层次专业技术和管理人才
2005年7月14日	原上海市人事局、上海市科委	《上海市浦江人才计划管理办法》	对近期回国来沪工作和创业的海外留学人员及团队给予专项资金资助
2005年11月24日	上海市人民政府	《鼓励留学人员来上海工作和创业的若干规定》	包括入外籍以及从港澳台地区出国留学的留学人员相关待遇安排，入外籍的留学人员可申请办理《上海市居住证》B证
2010年9月	上海市委办公厅、市政府办公厅	《上海市实施海外高层次人才引进计划的意见》（"千人计划"）和《关于海外高层次引进人才享受特定生活待遇的若干规定》	用5—10年时间，围绕国家重大战略和上海重点发展战略目标的人才需求，引进1000—2000名紧缺急需的海外高层次人才。引进人才分为创新和创业两大类，创业人才一般应在海外获得学位

(二) 人才流动政策

针对各种类型人才，上海市制定和实施了开放性的人才落户政策。1993年，上海市人民政府颁布了《上海市蓝印户口管理暂行办法》，对符合条件的外来人员实行蓝印户口管理。1997年，为引进海外高层次人才，上海市开始实行《上海市人才流动条例》，条例从概念上提出鼓励人才向重点科研项目流动。即引导海外人才向重点领域和重点项目流动，提高人才引进的针对性。1998年，适逢全球金融危机，为鼓励吸纳市外投资，上海市人民政府出台了《关于〈上海市蓝印户口管理暂行规定〉的决定》，对申办蓝印户口的条件作了规定。

2004年，国家人事部印发了《关于加快发展人才市场的意见》的通知，为加快发展人才市场提出了一些有针对性的意见。上海市也制定了相关的促进人才流动、消除体制性障碍的政策。在这一意见指导下，为推进海外留学人才集聚工程实施，同年8月30日，上海市人民政府出台了《上海市居住证暂行规定》，来沪人员应当根据国家有关规定办理居住登记，符合相关规定要求的可以申领居住证，持有居住证的居民在办理或者查询卫生防疫、人口和计划生育、接受教育、就业和社会保险等方面享有政策规定的相关待遇。上海市居住证制度为人才引进开辟了"绿色通道"。2009年上海市政府又在《持有〈上海市居住证〉人员申办本市常住户口试行办法》中，提出对于专业特殊人才可以优先申办本市常住户口。2010年上海市人民政府根据《关于进一步优化上海人才发展环境的若干意见》的规定，制定了《上海市引进人才申办本市常住户口试行办法》，用人单位引进符合11项条件之一、在沪工作稳定的人才，可以申办本市常住户口。该办法为上海市引进紧缺急需国内优秀人才提供了福利保障。上海市人才户籍制度相关规定如表7-2所示。

二 实施成效

总体来看，上海市科技人才引进政策取得了显著成效，如图7-2所示。户籍引进人才较少，居住证引进人才较多，构成人才引进的主体。2004年以来，上海市引进人才数量不断提高，2008年引进人才数量最多，达到154939人。

表7-2　　　　　　　　上海市人才户籍制度相关规定

时间	发文单位	文件名	主要规定
1993年	上海市人民政府	《上海市蓝印户口管理暂行办法》	对在本市投资、购买商品住宅或者被本市单位聘用的外省市来沪人员,具备规定的条件,经公安机关批准登记后加盖蓝色印章表示户籍关系的户口凭证
1998年10月26日	上海市人民政府	《关于〈上海市蓝印户口管理暂行规定〉的决定》	严格了一些申请蓝印户口的条件
2002年4月23日	上海市人民政府	《引进人才实行〈上海市居住证〉制度暂行规定》	具有本科以上学历或者特殊才能的国内外人员,以不改变其户籍或者国籍的形式来本市工作或创业的,可以依据规定申领《上海市居住证》
2004年8月30日	上海市人民政府	《上海市居住证暂行规定》	对居住证制度进行了完善
2009年2月	上海市人民政府	《持有〈上海市居住证〉人员申办本市常住户口试行办法》	对已持有《上海市居住证》满七年且满足一定条件的人才或做出某些特殊贡献的人才允许申请上海市常住户口
2010年8月6日	上海市人民政府	《上海市引进人才申办本市常住户口试行办法》	用人单位引进符合11项条件之一、在沪工作稳定的人才,专业(业绩)与岗位相符,可以申办本市常住户口

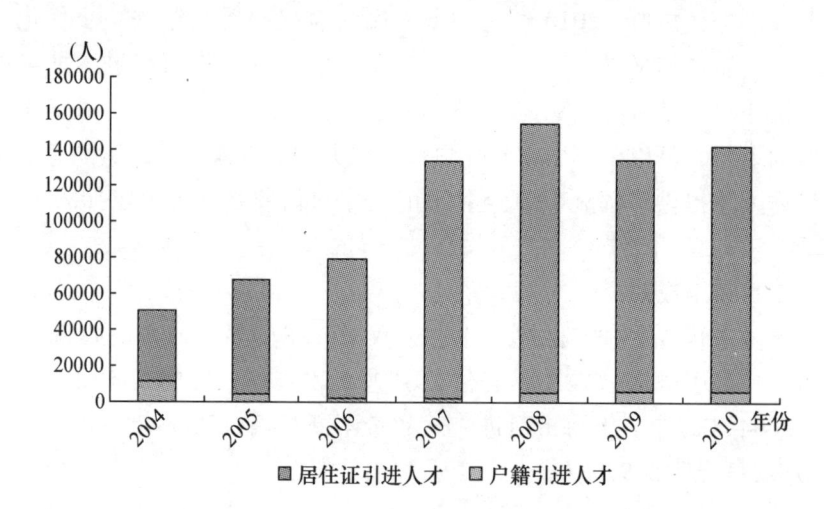

图7-2　上海市人才引进数量

资料来源:2010年上海市人才资源状况报告。

不但人才引进数量增加，引进人才质量也在提高。如表7-3所示。从2004—2012年，上海市自然科学研究与技术研发机构高级职称的科技人才数量从8647人增加到11149人，增加了2502人。其中，自然科学增加了807人，农业科学增加了175人，医学科学增加了146人，工程科学与技术增加了1374人。从博士学位看，2004—2012年，博士学位科技人才增加了3337人，其中，自然科学、农业科学、医学科学和工程科学与技术分别增加了1289人、198人、440人和1410人，其中自然科学人才增加数量最多。科技人才数量增加是人才引进和人才培养的结果，培养的人才能够留在上海市工作，也是人才引进政策的作用结果。从自然科学研究与技术研发机构人才数量和增量看，自然科学和工程技术人才存量和增量都较多，这符合上海市科技人才政策重视重点领域和重点项目的政策导向，但农业科学领域无论存量还是增量，科技人才数量都最少。农业科技人才是上海市科技发展的"瓶颈"。

表7-3　上海市自然科学研究与技术开发机构的科技人才数量　　单位：人

年份	学科领域	人才数量（高级职称）	人才数量（博士学位）
2012	自然科学	2049	1937
	农业科学	452	255
	医学科学	709	565
	工程科学与技术	7939	1825
2004	自然科学	1242	648
	农业科学	277	57
	医学科学	563	125
	工程科学与技术	6565	415
8年增加	自然科学	807	1289
	农业科学	175	198
	医学科学	146	440
	工程科学与技术	1374	1410

资料来源：根据相关年份的《上海科技统计年鉴》整理。

三　总体评价

上海市科技人才引进政策是在国家科技人才政策框架下制定的地方

性政策，上海市根据经济社会发展战略目标创造性地制定了具有地方特色的人才政策，如构筑人才高地、居住证政策、海外留学人才集聚工程等。政策主要从提供基金资助、户籍政策、职称制度改革、科技成果奖励、解决子女和家属相关问题等方面吸纳科技人才。政策对象主要是海外留学人才、海外高层次人才、港澳台人才和国内优秀人才等。科技人才政策在注重吸纳海内外高层次人才时，有重点地向微电子紧缺产业、软件产业和集成电路产业等紧缺人才倾斜。总体上看，上海市科技人才政策体系完备，达到了政策预定目标。但作为国际化大都市，上海市政策制定初衷应该放眼国际，充分吸纳国际人才，将人才配置范围从国内转向国外。如制定开放性的移民政策，吸纳国际科技人才来上海长期稳定工作和生活；修改留学生政策，留住来中国留学的别国人才；以引进外资和项目合作为契机引进别国高层次科技人才；构建适合外国工作生活的科研环境，吸纳和留住人才。需要指出的是，上海市优先吸纳紧缺人才无可厚非，但应放眼到未来战略性新兴产业所需要的科技人才，科技人才不能简单地适应产业，高层次科技人才应通过科技成果转化能够创造一个新的产业。

第四节 科技人才培养政策

一 政策演进和标志性政策

上海市科技人才培养政策作用对象主要是海外留学人才、领军人才及创新团队、青年人才、产业科技人才等。

第一，海外留学人员资助政策。主要包括浦江计划、优秀学术技术带头人计划、上海"千人计划"、国家"千人计划"、科学家工作室培育计划五个层次。2005年7月14日，上海市人事局、市科委制定了《上海市浦江人才计划管理办法》，对近期回国来沪工作和创业的海外留学人员及团队给予专项资金资助。

第二，领军人才计划，即资助培养领军人才及其创新团队。2006年7月18日，上海市委组织部和市人事局发布了《上海领军人才队伍建设实施办法》和《上海领军人才队伍建设专项资金资助暂行办法》，到2010年，选拔和资助培养一支由500名"国家队"、1000名"地方队"、5000 名"后备队"组成的领军人才队伍及创新团队。重点资助地方队和后备队。

第三，青年科技人才培养政策。青年科技人才是培养政策的重点对象之一。青年科技人才培养工程分博士后科研资助计划、晨光拓展计划、启明星计划、启明星跟踪计划、杰出青年基金配套计划五个层次。2003 年 4 月 1 日，上海市科委制定了《上海市青年科技启明星计划管理办法（包括 B 计划）》，选拔培养优秀青年科技人员。

第四，战略性新兴产业科技人才开发政策。1997 年 11 月 21 日，上海市人民政府颁布了《上海市关于加强高科技产业人才队伍建设的若干规定》，大力培养引进的本科以上专业技术和管理人员。2001 年 10 月 1 日，上海市科委制定了《白玉兰科技人才基金管理办法》，资助境内外优秀人才来沪合作开展长期或短期的科学研究、技术开发、成果孵化和转化、科学知识普及教育以及科技管理等活动期间所需的部分交通、生活费用。2005 年 6 月 22 日，上海市制定了首批《上海市重点领域人才开发目录》，大力推进人才集聚工程。为鼓励知识产权项目开发和科技成果转化，2007 年 1 月 18 日，上海市人力资源与社会保障制定了《上海市人才发展资金管理办法》，资助科技研发和成果转化的优秀专业技术人才。上海市科技人才培养标志性政策如表 7-4 所示。

表 7-4 上海市科技人才培养的标志性政策

时间	发文单位	文件名	主要规定
1993 年 4 月 14 日	上海市人民政府	《上海市专业技术人员继续教育暂行规定》	继续教育原则上以业余为主，但脱产学习不得少于规定的学时。高、中级专业技术人员每年脱产学习时间累计不少于 72 学时，初级专业技术人员每年脱产学习时间累计不少于 42 学时
1993 年 7 月 7 日	原上海市人事局	《上海市人事局关于印发〈上海市博士后管理工作实施办法〉的通知》	博士后流动站的机构设置、申请和计划、进站管理、出站工作分配、经费管理、工作生活条件等

续表

时间	发文单位	文件名	主要规定
1997年11月21日	上海市人民政府	《上海市加强高科技产业人才队伍建设的若干规定的通知》	鼓励高科技企业从海外和外省市引进大学本科以上学历且紧缺、急需的专业技术人员、管理人员特别是海外高层次留学人员。引进人员的配偶及未成年子女可随调随迁来沪。高科技企业可以率先试行经营者年薪制,可以为专业技术人员和管理人员建立补充养老保险
2001年10月1日	上海市科委	《白玉兰科技人才基金管理办法》	资助境内外优秀人才来沪合作开展长期或短期的科学研究、技术开发、成果孵化和转化、科学知识普及教育以及科技管理等活动期间所需的部分交通、生活费用,一般每年审批资助一次
2002年5月30日	上海市人事局	《上海市海外留学人员来沪创办软件和集成电路设计企业创业资助专项资金管理暂行办法》	资助符合条件的海外留学人员在上海从事软件和集成电路设计的科技创业活动
2003年4月1日	上海市科委	《上海市青年科技启明星计划管理办法(包括B类计划)》	选拔和培养优秀青年科技人员,以项目扶持的方式,为青年科技人员起步,领衔开展科学技术研究、应用开发、成果转化等工作提供经费资助
2005年7月14日	上海市人事局、上海市科委	《上海市浦江人才计划管理办法》	对近期回国来沪工作和创业的海外留学人员及团队给予专项资金资助。包括科研开发(A类)、科技创业(B类)、社会科学(C类)以及特殊急需人才(D类)
2006年7月8日	上海市委组织部、人事局	《上海领军人才队伍建设实施办法》《上海领军人才队伍建设专项资金资助暂行办法》	到2010年,选拔和资助培养一支由500名"国家队"、1000名"地方队"、5000名"后备队"组成的领军人才队伍及创新团队。重点资助地方队和后备队
2007年1月18日	上海市人力资源与社会保障局	《上海市人才发展资金管理办法》	主要资助来沪工作和创业的国内优秀人才,从事自主知识产权项目研究、高新技术成果转化或其他本市特殊紧缺急需的优秀专业技术人才

二　实施成效

（一）从培养经费看

第一，从财政拨款看，地方财政科技拨款是本地科技人才培养政策资金的来源（见图7-3）。上海市地方财政科技拨款额逐年增加，尤其2009年之后，财政科技拨款数额有较大提升，2012年达到245.43亿元。科技拨款占财政支出的比例呈上升趋势，尤其是2003—2005年，财政科技拨款占比有较大幅度提升。2009年一度达到7.2%。说明，上海市科技人才培养政策的财政支持力度逐年加大，预期的政策效果也将逐年提高。

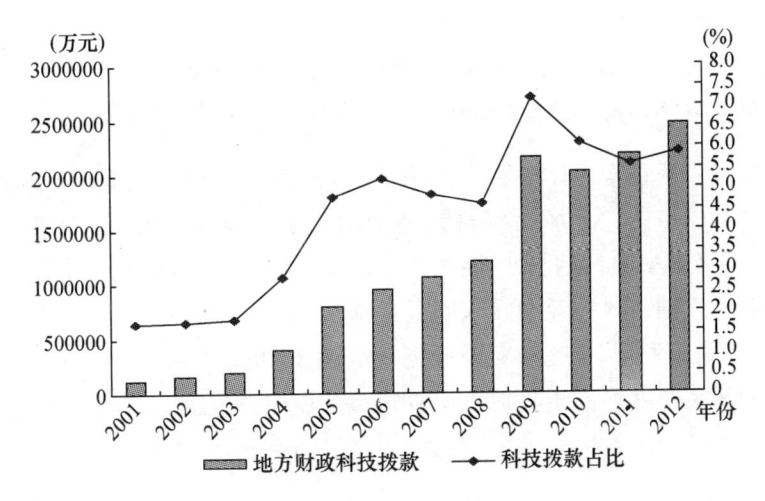

图7-3　上海市地方财政科技拨款变化趋势

资料来源：根据历年《上海科技统计年鉴》计算得出。

第二，从科技发展基金看，科技人才培养政策落实到人才选拔和资助培养方面。科学研究和技术开发项目是科技人才培养的主要方式之一。资助科技项目的科技发展基金经费变化度量了科技人才培养政策作用力度。科技发展基金计划涵盖科技攻关计划、基础研究、人才培养、国内外科技合作项目、企业技术创新工程和研发公共服务平台建设等。2001年以来，上海市科技发展基金计划经费变化如图7-4所示。2001年以来，上海市科技发展基金计划经费逐年增长，2012年达到25.5亿元。其中人才培养专项经费占经费总额比例虽有波动，总体上呈上升趋势。说明人才培养资助力度逐年加大，科技人才培养政策得到有效的贯彻落实。

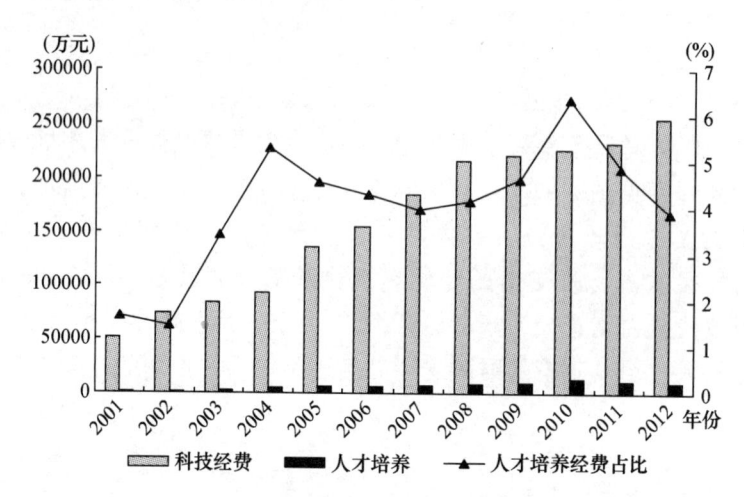

图 7-4　上海市科技发展基金计划经费变化

资料来源：根据历年《上海科技统计年鉴》计算得出。

第三，从直辖市比较看，如图 7-5 所示。北京、上海、天津和重庆四个直辖市中，上海历年科技经费均高于其他三个城市。尤其 2006 年之后，《国家中长期科学和技术发展规划纲要（2006—2020 年）》出台，四个直辖市科技经费投入明显提高。尤其是上海市。上海市制定了《上海中长期科学和技术发展规划纲要（2006—2020 年）》，科技经费投入和增长幅度均高于其他三个直辖市。说明总体上上海市科技人才培养政策资助力度最大。

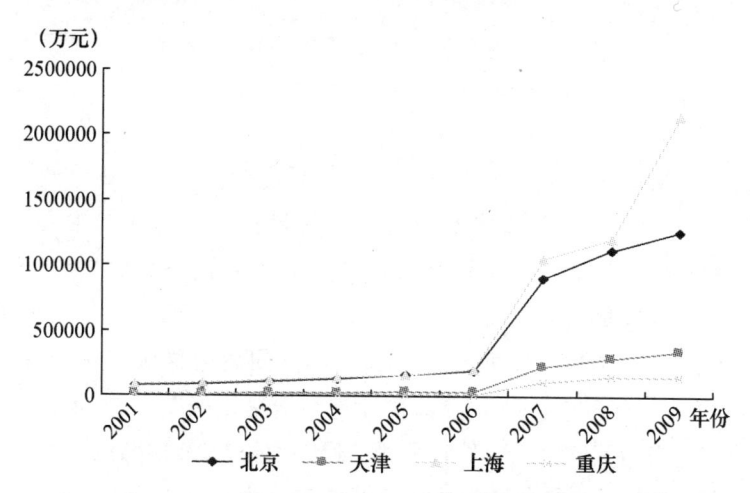

图 7-5　2001—2009 年四个直辖市科技经费比较

资料来源：根据历年《上海科技统计年鉴》计算得出。

(二) 从具体政策效果看

海外留学人员资助政策。海外留学人员资助大多与海外人才引进捆绑在一起，也与领军人才政策一脉相承。目的是吸纳海外留学人才尤其高层次人才来沪科技研发和科技创业，促进创新团队建设和科技成果转化。如浦江人才计划实施五年来，以项目形式资助了831个海外人才与团队承担的项目，其中69人是"千人计划"、国家"973"计划等的首席科学家。2010年，浦江计划资助金额达到4030万元。自2005年开始启动至今，该计划累计资助1333人次（含团队），其中，A类711人（含团队）、B类120人（含团队）。[①]

青年科技启明星计划，如图7-6所示。上海市启明星计划资助人数从1991年的36位到2010年的134位，资助人数逐年增加。资助强度从5万—20万元，支持规模和强度20年来翻了近两番。B类启明星（针对企业）比重逐年攀升，2010年B类启明星已经占到当年启明星总数的35%。据统计，近三年来，受资助启明星每人每年平均产生技术革新效益达到88.7万元。

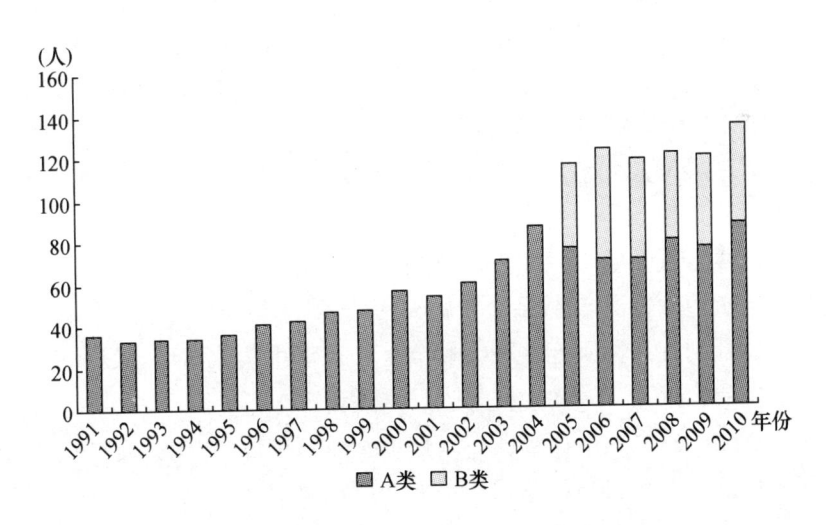

图7-6 上海市青年科技启明星计划资助人数变化

[①] 杨小玲等：《上海科技人才引进政策综述》，《上海有色金属》2012年第1期。

领军人才计划目标是选拔资助领军人才及团队,发挥领军人才科技创新创业的引领作用。上海市领军人才中不乏诺贝尔得主,领军人才计划集聚和培养了一批科技创新创业领头人。上海市领军人才选拔和资助情况如表7-5所示。

表7-5　　　　　　上海市历年领军人才选拔培养数量

年份	2006	2007	2008	2009	2010	2011	2012
人数（人）	108	113	128	126	105	127	128

2005—2011年,上海已累计选拔培养领军人才707人。据统计,在2011年127名领军人才中,属于科技领域人选有89人,占总人数的70%。

三　总体评价

上海市科技人才培养政策与人才引进政策相辅相成。人才培养政策实施较早,类别齐全,覆盖了海外留学人才、高层次创新创业人才、领军人才、青年人才和企事业单位人才。如青年科技启明星计划,从20世纪八九十年代就开始实施,分为A类、B类和跟踪类;领军人才分为"国家队""地方队"和"后备队"。

上海市科技人才培养政策实现了诸多创新。如1997率先推出引进和培养海外人才政策,抢占人才高地,同年高科技产业人才队伍建设中首次提出高科技企业可以率先试行经营者年薪制,可以为专业技术人员和管理人员建立补充养老保险和补充医疗保险等。这在全国尚属首次;浦江人才计划在海内外产生较大影响,为上海市人才高地建设和高新技术产业发展集聚和培养大批海外人才和团队。

科技经费投入和增长幅度在直辖市中名列首位。财政科技拨款以及财政拨款占比逐年提高,政策的资助力度逐年加大。但是,从科技发展基金计划经费结构看,上海市科研项目资助力度较大,人才专项资助力度较小,且不稳定。项目研发资助和人才培养资助应并驾齐驱,人才培养专项资助除具有人才培养功能外,还因其声誉而具有较高的激励作用。

第五节 科技人才激励政策

一 政策演进和标志性政策

从广义上说，科技人才引进中的落户或居住证政策、家属安置和子女教育、薪酬福利等，人才培养中的项目资助、荣誉政策，奖励和股权分配激励政策等都属于科技人才激励政策。无论什么类型政策，只要满足了人才需求就会产生激励效果。科技人才引进和培养政策前面已有论述，这里不再赘述。单就科技人才荣誉、奖励和股权分配政策而言，上海市构建了较为完备的科技人才激励政策体系。

（一）荣誉激励

荣誉激励主要来源于各种人才计划。1991年5月15日，上海市科委颁布《上海市青年科技启明星计划暂行管理办法》，试行青年科技人才选拔和培养。2003年4月1日，上海市科委颁布了《上海市青年科技启明星计划管理办法（包括B类计划）》。2005年增加了B计划。青年科技启明星计划实施23年来，近年来每年都有上百人获此殊荣。入选科技人才不但得到资助培养，而且被看成一种荣誉。为促进学科前沿研究，2003年10月28日，上海市科委颁布了《上海市优秀学科带头人计划管理办法（包括B类）》，不管资助力度多大，入选学科带头人同样是一种荣誉象征。为进一步吸纳海外高层次人才，2005年7月14日，上海市人事局、市科委联合颁布了《上海市浦江人才计划管理办法》，对不同类型的海外归国留学人才给予专项资助，激发海外人才回国工作和创业的动力。为促进创新团队建设，2006年7月8日，上海市组织部和人事局颁布了《上海领军人才队伍建设实施办法》，虽然资助力度有限，但对领军人才及创新团队入选者而言是一种荣耀。另外，放宽职称评审条件同样会产生较高的激励效果。《关于实施〈上海中长期科学和技术发展规划纲要（2006—2020年）〉若干人才配套政策的操作办法》规定，符合条件的优秀中青年专业技术人员，可以开辟"绿色通道"，破格申报高一级专业技术职务。

（二）奖励政策

上海市单纯的科技奖励政策有两个：一是1985年12月25日上海市人民政府颁布的《上海市科学技术进步奖励规定》，另一个是2001

年 3 月 22 日颁布、2012 年 12 月 7 日修改的《上海市科学技术奖励规定》，修订后的规定包括科技功臣奖、青年科技杰出贡献奖、自然科学奖、技术发明奖、科技进步奖、国际科技合作奖六个类别。奖励属于事后激励，是对以往科技工作的肯定和认可。

(三) 股权激励政策

上海市股权激励政策较多，涉及高校、科研机构、高技术企业等多种组织。激励事项涵盖职务和非职务发明创造激励，高新技术企业核心员工激励，科技成果转化时知识产权入股、奖股和企业分红激励等。

1998 年 8 月 3 日，原上海市人事局颁布《上海市鼓励专业技术人员和管理人员从事高新技术成果转化实施办法》，鼓励将专业技术人员拥有的非职务发明专利和专有技术，经评估后，按价值量转为个人拥有的股份。1999 年 3 月 23 日，科技部等部门联合下发了《关于促进科技成果转化的若干规定》，根据这一规定，上海市人民政府 1999 年 11 月 13 日颁布《关于进一步做好本市高新技术成果转化中人才工作的实施意见》，意见指出，高新技术成果作为股权投资的，成果完成人和成果转化的主要实施者，根据其贡献大小，可获得与之相当的股权份额。2006 年 10 月 25 日，财政部、国家发改委、科技部和劳动部联合下发了《关于企业实行自主创新激励分配制度的若干意见》，根据这一精神，2007 年 4 月 29 日上海市知识产权局颁布《上海市发明创造的权利归属与职务奖酬实施办法》。办法明确界定被授予专利权的单位在专利权有效期限内，自行实施职务发明创造的或被授予专利权的单位在专利权有效期限内，转让、许可他人实施其职务发明创造的情况下，发明人或设计人应得的报酬收入。上海市科技人才激励的标志性政策如表 7-6 所示。

二 实施成效总体评价

上海市科技人才激励政策贯穿人才引进、人才流动、人才培养和人才激励等多个环节，形成较为完备的人才激励政策体系。尤其人才引进时落户、家属安置和子女教育方面，科技成果转化方面，上海市政策具有较高吸引力和激励效果。科技人才激励政策效果与人才能力共同决定产出水平。在人才能力既定的前提下，科技产出水平高低一定程度上衡量科技人才政策激励效果，如图 7-7 所示。上海市 2008 年申请专利数居四个直辖市之首，申请发明专利和发明专利授权数仅次于北京市，一定程度上表明上海市科技人才政策激励效果较好。

表 7-6　　　　　　　　上海市科技人才激励的标志性政策

时间	发文单位	文件名	主要规定
1985年12月25日	上海市人民政府	《上海市科学技术进步奖励规定》	奖励的范围包括：应用于社会主义现代化建设的新的科学技术成果，推广、应用已有的先进科学技术成果，军用技术转民用，科学技术管理、标准、计量、科学技术情报以及自然科学理论成果等
1997年11月21日	上海市人民政府	《上海市加强高科技产业人才队伍建设的若干规定的通知》	引进人员的配偶及未成年子女可随调随迁来沪。高科技企业可以率先试行经营者年薪制，可以为专业技术人员和管理人员建立补充养老保险
1998年8月3日	原上海市人事局	《上海市鼓励专业技术人员和管理人员从事高新技术成果转化实施办法》	鼓励将专业技术人员拥有的非职务发明专利和专有技术，经评估后，按价值量转为个人拥有的股份
1999年11月13日	上海市人民政府	《关于进一步做好本市高新技术成果转化中人才工作的实施意见》	高新技术企业在实行公司制改造时，其业务骨干可以作为公司发起人，也可以参股。从事高新技术成果转化的企业者，可以以"干股"、"期股"等形式参与分配
2003年10月28日	上海市科委	《上海市优秀学科带头人计划管理办法（包括B类）》	主要资助上海市优秀学科带头人以自由选题形式开展的学科前沿探索和多学科交叉研究项目，尤其是与国内外知名科研机构开展的此类合作交流项目
2001年3月22日、2012年12月7日	上海市人民政府	《上海市科学技术奖励规定》	包括六个类别：科技功臣奖、青年科技杰出贡献奖、自然科学奖、技术发明奖、科技进步奖、国际科技合作奖

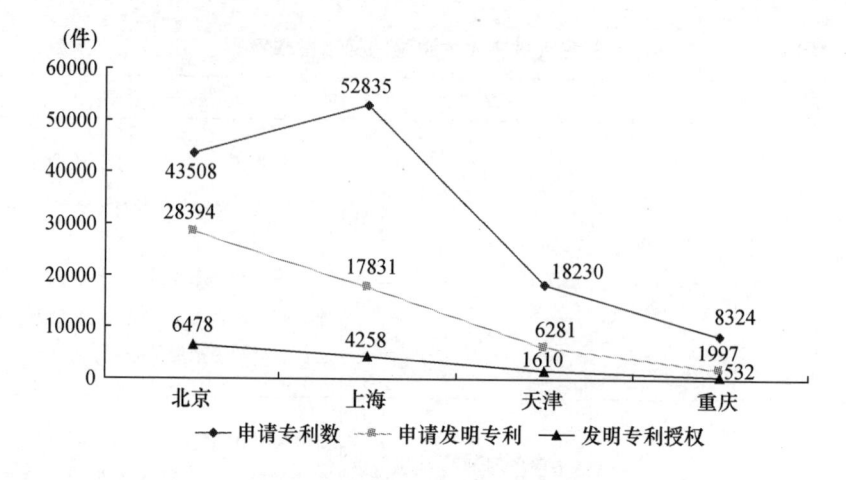

图 7-7　2008 年四个直辖市专利数量情况比较

在科技人才能力既定的条件下，以三种专利授权数、SCI 收录我国科技论文篇数和高技术产业增加值三类指标综合计算的科技人才效能可以衡量科技人才激励政策的整体作用效果。根据人才资源课题组计算的 2005—2007 年全国各省市科技效能指数，上海市 2005—2007 年科技效能指数分别为 0.3003、0.3258 和 0.3397[①]，科技效能指数逐年提升，说明上海市科技人才激励政策效果逐步显现。从全国来看，上海市科技效能指数位列第三，仅次于北京市和广东省。

但是，上海市科技人才激励政策尚存在诸多不足之处。一是科技人才激励政策偏重于两头，忽视中间。即重视人才引进流动中户籍或居住证、家属安置、子女教育等激励和科技成果转化激励，而科技人才成长过程激励不足。科技研发过程面临无数失败，科技成果取得具有不确定性。科技人才在逆境中更需要得到激励，以激发奋斗进取的动力。二是重视高层次人才激励，轻视中等层次人才激励，如成长激励、薪酬激励等。高层次人才激励无可厚非，但能够进入高层次人才系列的寥寥无几，高层次人才来源于中等层次人才，作为分母的中等层次人才经过激励会蜕变成高层次人才。三是人才发展环境激励有待加强。上海市仅于 2009 年出台了《关于进一步优化上海人才发展环境的若干意见》的政

---

① 潘晨光主编：《中国人才发展报告》（2011），社会科学文献出版社 2011 年版，第 23—74 页。

策法规，提出了进一步优化人才引进、人才安居、人才资助、人才奖励、人才医疗和人才服务等综合环境的若干意见。但是，科技人才的科研环境还有待进一步改善，尤其高等院校和科研院所[①]。高层次人才创新创业的动力还不足，创业环境还有待优化。

第六节 研究结论

上海市根据经济社会发展战略目标创造性地制定了一系列科技人才政策，这些政策既有国家科技人才政策的地方化，也有地方性科技人才政策。总体上看，上海市制定了广覆盖、多层次、立体化的科技人才政策，一些政策在全国具有首创性。如直辖市人才引进流动的户籍政策、海外留学人才引进政策、海外高层次人才引进的浦江计划、青年人才培养的启明星计划等，这些政策在全国具有示范带动作用。

上海市科技人才政策实施后产生了较高的成效。如居住证引进人才与户籍引进人才增量不断提高，仅2008年就引进15.5万人。单就自然科学研究与技术研发机构看，2004—2012年，高级职称科技人才数量增加了2502人，博士学位科技人才增加了3337人。

上海市财政对科技活动支持力度较大。地方财政科技拨款额逐年增加，2012年达到245.43亿元，科技拨款占财政支出的比例呈逐年上升趋势，2009年一度达到7.2%。科技发展基金计划经费逐年增长，2012年达到25.5亿元。2001年以来，在四个直辖市中，上海市科技经费始终居于首位。

科技人才激励政策产生了明显效果。上海市2005—2007年科技效能指数分别为0.3003、0.3258和0.3397，科技效能指数逐年提升，并位于全国第三位。

但是，上海市科技人才政策尚存在一些不足之处。

第一，科技人才引进政策的国际视野有待拓宽。上海市是国际大都市，科技人才政策应面向世界、面向未来，从国际人才市场选拔人才。

---

① 王振：《上海海归科技工作者状况调研报告》，载潘晨光主编《中国人才发展报告》(2010)，社会科学文献出版社2010年版。

当前上海科技人才政策调整对象主要是海外留学人才、港澳台地区人才、国内优秀人才和海外高层次人才，也就是说，主要是海内外中国人，外国高层次人才不多。户籍制度和居住证制度也是为中国籍公民设计的，尚未推行适合外籍人才的绿卡政策。上海市应尝试建立移民政策，从西方发达国家吸纳战略新兴产业急需的高层次人才。如吸纳留住外国来中国的留学生，借助引进外资引进国外人才，借助国际合作交流吸纳高、精、尖技术人才等。

第二，科技人才培养政策重项目资助轻人才培养。当前，科技人才培养政策侧重于项目资助，而轻视人才资助。与项目资助经费相比，人才培养经费寥寥无几。项目经费虽然也具有人才培养作用，但更侧重于科技产出。而人才培养资助除具有人才成长作用外，还具有声誉激励作用。入选人才培养计划不但能获得科研资助，而且还是一种社会认可和荣誉。当前，上海市各类科技人才培养计划资助范围有限，资助力度较小，需要随着经济社会发展水平及时调整科技人才培养政策，扩展政策作用规模，增强政策作用力度。

第三，科技人才激励政策轻视一般人才成长和发展激励。目前，科技人才激励政策对高层次人才激励作用较大，而中等层次和一般人才从政策中获益较少。政策设计的出发点偏重事后激励，激励效果有限。与事后的物质激励相比，人才成长和发展激励的政策成效更高。科技活动具有结果的不确定性，挫折和失败是常态，科技人才在取得成果之前需要锲而不舍的努力，如果在科学研究和实验开发过程中及时得到有效激励，科技人才取得成果的可能性会大大提高。如增加青年科技人才的薪酬，帮助青年科技人才解决住房、家属安置和子女教育等问题，为职业发展提供便利条件等，都会激发青年科技人才工作动力。

第四，科技人才政策应从城市向城市群区域延伸。随着区域经济一体化发展，科技人才政策应适时向城市群区域延伸。随着科技人才流动门槛的降低，科技人才配置不可能再局限于某一省市，而正在向区域化配置转变。上海市应与长三角地区联合制定科技人才引进、流动、培养和激励政策，消除各省市间的政策壁垒，构建科技人才合作开发、共享机制和区域内政策目标合理分工和协作机制，克服区域人才同构现象，实现科技人才区域内科学配置、有序流动和高效使用。

第八章 我国科技人才政策成效的结构性差异

第一节 研究背景

我国经济社会发展出现诸多不平衡现象,制约全面协调和可持续发展。如四化同步发展中农业现代化的滞后约束、新一轮市场化改革中促进国有企业和民营企业协同发展问题、西部大开发战略等。这些不平衡现象产生短板效应,亟待政策引导和调整。贯彻人才强国战略,改进科技人才政策,提高政策作用成效,是根本选择。不平衡发展现象既是政策作用的结果,也是政策改进的原因。经济社会不平衡发展与科技人才政策成效结构性差异互为因果关系。科技人才政策修正需要分析人才政策成效的结构性差异,发现政策修正的着力点,有的放矢地提出改进措施。当前学者对科技人才政策成效差异化研究较少,结构性差异研究更需要深入推进。本书从结构性差异最突出的所有制差异、学科差异和区域差异入手,研究科技人才政策成效,为政策制定和修改提出决策咨询建议。

第二节 我国科技人才政策成效的所有制差异

我国组织类型按照所有制不同可分为体制内和体制外单位。体制内单位即党政机关和国有企事业单位,其余的为体制外单位,主要指个体民营企业和"三资"企业等。计划经济时期大部分是体制内单位,市场化改革后涌现了大批体制外单位。我国政策名义上是针对所有单位,而实际上主要调整的是体制内单位,科技人才政策也是如此。如科技人才引进、培养、流动和激励政策多是针对体制内单位，体制外单位寥寥无几。党的十八届三中全会公报指出："公有制经济和非公有制经济都是社会主义市场经济的重要组成部分，都是我国经济社会发展的重要基础。"体制外单位与体制内单位具有平等的法律地位和市场经济主体地位。由于调整对象的侧重点不同，我国科技人才政策作用成效在体制内单位和体制外单位之间存在差异。

一 科技人才政策获取存在差异

体制内单位具有明确的行政隶属单位和对应的人事组织管理，具有明晰的信息传递渠道，各种政策法规由相关部门通过正规行政渠道在组织内部传达和扩散，如职称评审。单位人事部门每年组织本单位人才职称评审工作并给予指导和把关，而体制外单位正好相反。传统上，政策调整对象主要是体制内单位，而体制外单位与政策关联度不高，政策在体制外单位传递失去动力。即使党的方针明确界定了体制外单位的市场主体地位，政策惯性也难以明确将非公有制单位纳入作用对象。在市场化改革进程中，政府对体制外单位的干预行为存在越位和缺位现象。体制外单位完全按照市场方式运行，对政府政策依赖性差。当市场正常运行情况下不需要政府的干预，而市场失灵的情况下需要政府的参与和引导。当前，政府对体制外单位的干预主要表现为缺位。如体制外单位党组织不健全，发挥作用不够；隶属单位不明确，隶属关系不强；缺乏人事档案管理权限，缺乏完善的人才培养和评价体系等。这些问题会导致科技人才政策传递在体制内单位和体制外单位出现冰火两重天，如各类人才培养计划政策等。

二 科技人才政策执行状况存在差异

2005年2月，国务院颁布了《关于鼓励支持和引导个体私营等非公有制经济发展的若干意见》，意见表明，非公有制经济与公有制经济具有同等的法律和社会地位。我国目前国家层面没有一部专门针对非公有制经济组织的科技人才政策，但《国家中长期人才发展规划纲要（2010—2020年）》要求把非公有制经济组织人才开发纳入各级政府人才发展规划。各省市纷纷出台了关于加强非公有制经济组织人才队伍建设的意见。应该说，从大政方针和政策看，科技人才政策覆盖了体制内和体制外科技人才，非公有制组织与公有制组织的人才资源都是科技人才政策调整的对象。但政策执行过程中却产生了玻璃门效应。由于政策惯性和歧视存在，非公有制组织及其人才常常被视为二等公民，许多看起来不错的政策，执行过程中却变了味。这些政策看得见，但够不着，进去就撞门。体制外单位科技人才很难从政策中获益，久而久之也就淡化了对政策的关注。这样，科技人才政策执行在体制内和体制外单位出现冰火两重天。

三 科技人才政策实施成效存在差异

（一）引进和流动政策成效差异

传统上，国家培养的人才优先供给体制内单位，如按照政策要求，国家计划拨款的高校研究生毕业后，主要应输往体制内单位。研究生超出服务范围就业，需由用人单位向培养单位补办委托培养手续，缴纳培养费和就业导向金，否则不能获得派遣证。鼓励促进非公有制经济发展的相关政策制定和实施后，名义上，非公有制经济与国有经济单位具有同等的人才使用权，但政策执行中还具有体制内单位倾向。高新区企业和高技术企业吸纳人才的政策相对宽松，人才吸纳力较强，但个体企业和规模以下民营企业获取人才仍存在一定难度，如图8-1所示。2008年的相关调查显示，民营企业除解决人事档案问题诉求外，急需解除各类人才引进的政策限制，急需人事人才政策指导。可见，即使非公有经济组织具有与体制内组织同等的发展权利，具体的政策包括科技人才政策安排尚与政策需求存在较大差距。

项目	数值
户籍制度限制企业人才引进	405
人事人才政策指导	767
为我们组织专场招聘会	214
解决人才档案、劳动关系、社会保障等问题	1382
解决企业对各类人才引进的政策限制	1086
解决企业员工两地分居	315
外地人才引进	763

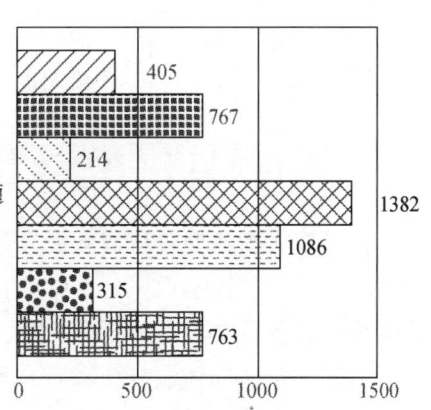

图8-1 制定民营企业人才政策时急需要解决的问题

资料来源：林泽炎：《科学认识并有效管理体制外人才队伍》，《第一资源》2007年第9期。

体制内与体制外单位科技人才政策制定和实施情况的差异导致政策成效出现差异。科技人才引进政策成效在体制内单位表现突出，如图8-2所示。体制内单位科技人员数量与占从业人员比重逐年提高，2011年达到10941276人，2009年科技人才占比一度达到58.5%。但对体制外单位而言，科技人才引进政策成效较低。2011年我国非公有制经济占国民生产总值的比重达到53%，但广东和浙江等民营经济发达的地区，个体私营经济占GDP比重已超过70%。浙江省非公有制企业科技人才比重应该高于全国水平。但调查显示，2010年，浙江省非公企业专业技术人员占从业人员比重仅为13.9%，全国非公有制企业专业技术人员比重可能还低于这个数值，这与公有制企业56.7%的科技人员比重形成鲜明对比。

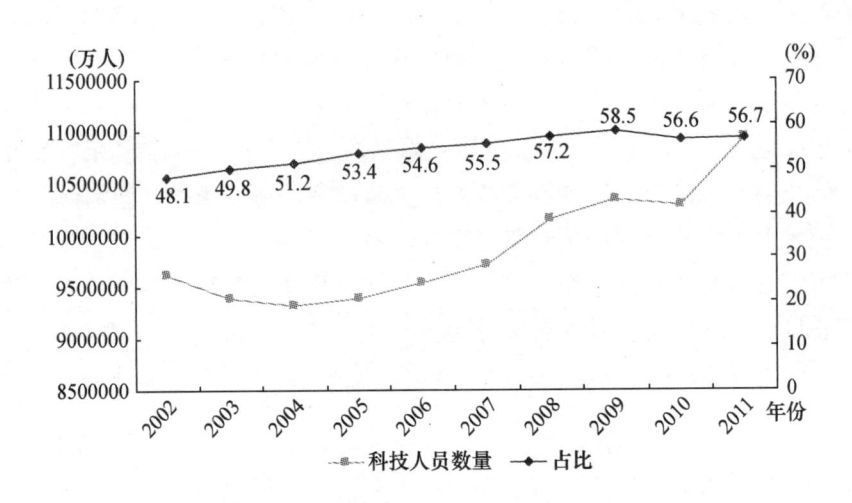

图8-2 国有经济企事业单位科技人员数量变化

就科技人才流动政策成效而言，目前全国除户籍制度外，几乎没有专门的科技人才流动政策。与体制内单位相比，体制外单位社会地位和社会评价较低，体制内单位科技人才受到社会尊重较低。除个人创业外，体制内单位向体制外流动存在较大障碍。而体制内单位之间和体制外单位之间人才流动障碍较小。只要政策允许，通过相关考试选拔，体制外单位科技人才可以向体制内流动。而除高薪酬外，体制外单位几乎没有什么吸引力。体制内外单位之间流动的最大障碍是工作稳定性和与人事关系相关的社会声誉问题。组织人事部门对体制内人才建立了详细的人事档案，而非公有制单位没有人事档案管辖权，人才从公有制单位流出时，只能办理人事关系代理，委托当地的人才交流中心托管人事档案关系。这样，在职称晋升和单位服务福利方面，从体制内单位流出的人才需要承担更多的收益损失。除此之外，非公有制单位的不稳定性和低保障性使年龄较大的科技人才心存忧虑，求稳心理产生逆向流动，加重体制外单位人才的流失。这样，除"三资"企业等薪酬较高的非公有制企业外，从公有制组织流向个体私营企业的科技人才寥寥无几。个体私营企业科技人才多是不能进入体制内单位而不得已的选择。

（二）培养政策成效差异

教育培训具有正外部性，以利润最大化为经营目标的非公有制企业没有动力进行人才资源开发。科技人才自发参与的继续教育项目，也难以得到企业的补贴。非公有制组织人才开发离不开政府的投入或补贴。而政府的人才培养项目多数面向公有制组织，近年来，一些地方出台政策，要求人事人才公共服务项目向非公组织延伸，人才资助、基金和培训项目等向社会平等开放，如2004年上海市人事局制定出台的《非公经济组织人才人事服务工作试行办法》，将公共人事人才服务向社会开放。即使这样，非公有制组织人才实际得到的资助培养和培训机会也寥寥无几。某日化产品研发人员周某曾申请过政府的有关项目，但几次都被拒之门外。一些公共资源如科学数据和信息等仍没有向社会开放，非公组织人才难以获得信息资源支持。

（三）激励政策成效差异

激励政策主要从晋升、荣誉、奖励和股权分配等方面产生成效。激励政策成效在体制内与体制外单位之间同样存在差异。从晋升看，官本位思想仍根深蒂固，职务晋升激励大于职称晋升，尤其公有制单位的行政职务。公有制单位本身具有自激励功能，体制内单位掌控的用于认可人才的资源绝对优于体制外单位，体制内单位的职务和职称社会评价较高。虽然2012年人社局专门出台了《关于加强非公有制经济组织职称工作的意见》，公有制单位与非公单位在职称评审资格和通道方面已无大的差异，但同样的职称对体制外单位科技人才的激励效果较差。

从荣誉和奖励看，表彰奖励是政府行为，政府自然会倾向于体制内单位，即使有些地方出台了相关政策，将体制外单位人才纳入表彰奖励和人才信息库，个体企业和规模以下民营企业科技人才获得表彰和奖励的机会仍微乎其微。

从股权激励政策看，由于非职务发明专利权主要是针对个人的，无论是体制内单位还是体制外单位，股权激励政策成效差异不大。股权分配激励政策成效差异主要体现在不同地区之间。

第三节　我国科技人才政策成效的学科差异

我国科技人才政策大都覆盖到理工农医类科技人才，很少针对某一学科制定具体的科技人才政策。但由于学科设置、专业兴趣、就业前景和市场状况等的不同，科技人才政策成效表现出学科差异。

从研究与开发机构 R&D 人员看，如表 8-1 所示。2011 年，我国自然科学、农业科学、医药科学、工程与技术科学 R&D 人员总数分别为 67743 人、47641 人、23029 人和 209456 人。工程技术科学科技人员最多，其次是自然科学，医学科学和农业科学科技人员较少。其中，农业科学基础研究人员最少，这是制约农业现代化发展的主要因素之一。

表 8-1　　　　2011 年我国研究与开发机构 R&D 人员

学科	R&D 人员（人）	R&D 人员全时当量（人年）	其中研究人员（人）	基础研究（人）	应用研究（人）	实验发展（人）
自然科学	67743	53156	32994	23738	21501	7917
农业科学	47641	41451	22445	2972	9352	29127
医药科学	23029	19068	10724	3318	9516	6234
工程与技术科学	209456	189649	124090	16672	66784	106193

资料来源：《中国科技统计年鉴》（2012）。

从研究与开发机构 R&D 经费支出看，如表 8-2 所示。2011 年，内部支出与外部支出合计医药科学支出最少。但是，从人均水平看，如表 8-3 所示。农业科学人均支出最少，人均支出尚不到 20 万元。

表 8-2　　　2011 年我国研究与开发机构 R&D 经费支出　　单位：万元

学科	内部支出	外部支出	支出合计	人均支出
自然科学	2235268	48787	2284055	33.71647
农业科学	909109	22967	932075	19.56456
医药科学	468343	21141	489485	21.25513
工程与技术科学	9202014	359322	9561336	45.64842

资料来源：《中国科技统计年鉴》(2012)。

从研究与开发机构科技产出水平看，如表 8-3 所示。2011 年，医药科学人均科技专利申请数和人均有效发明专利数最低，仅分别为 0.040 件和 0.048 件。工程技术科学人均专利所有权转让及许可收入最高但人均发表科技论文篇数最低。农业科学人均专利转让及许可收入最低，表明农业科技成果的转化效率还有待提高。

表 8-3　　　2011 年我国研究与开发机构科技产出水平

学科	人均发表科技论文（篇/人）	人均专利申请数（件/人）	人均有效发明专利（件/人）	人均专利所有权转让及许可收入（万元/人）
自然科学	0.459	0.075	0.145	0.140
农业科学	0.672	0.055	0.066	0.058
医药科学	0.769	0.040	0.048	0.107
工程与技术科学	0.220	0.073	0.072	0.248

资料来源：根据《中国科技统计年鉴》(2012) 计算得出。

第四节　新时期我国科技人才政策成效的区域差异

一　科技人才政策成效区域差异的形成

中央出台科技人才政策后，一般情况下，地方出台配套性的人才政策措施。地方科技人才政策成效是中央科技人才政策与地方科技人才政策共同作用的结果。科技人才政策本身多是宏观政策，而政策调整对象是微观主体，如何使宏观政策通过微观主体发挥作用需要科学把握政策思想并将政策条文分解成可操作的措施。政策措施在实施过程中会受到多种因素影响。由于我国地区之间在地域文化、区位特征、经济基础和地方性政策措施等方面的差异，科技人才政策措施实施成效在各地区之间存在差异。如江南和江北文化、东中西部地域文化差异，人们对政策的理解把握和分解落实就会存在差别，政策成效也会出现差异。

除此之外，人才流动障碍的减小，区域间人才流动加快，一定程度上削弱了人才政策成效差异。区域间竞争首要的是科技人才的竞争，吸纳和留住人才是政策制定和实施的出发点。人才流动格局是动态变化的，不是一成不变的。相应地，政策成效也是动态的，要保持政策的高成效，国家和地方就要建立科技人才政策动态管理机制，及时制定、改进和废除相关政策。由于各地科技人才政策动态管理水平不一，吸纳和留住科技人才的能力存在差别，人才流动态势不断影响科技人才政策成效，使科技人才政策成效差异化水平呈动态变化趋势。

二 评价指标体系设计及解释

根据我国科技人才政策在引进、流动、培养和激励等方面的标的对象不同，本书建立区域科技人才政策成效评价指标体系，如表8-4所示。

表8-4 区域科技人才政策成效评价指标体系

政策类别	政策效果	总量指标	密度指标	计算方法
人才引进、培养政策	科技人才研发能力（Y_1）	科学研究与实验发展（R&D）人员数量（X_1）	千人就业人员中R&D人员数量（X_2） R&D经费支出占GDP比例（X_3）	$Y_1 = X_1 \times X_2 \times X_3$，各指标需无量纲化
人才激励政策	科技人才产出效能（Y_2）	国内三种专利授权数（X_1） 国外主要检索工具收录我国科技论文数（X_3） 高技术产业利税（X_5）	人均国内三种权力授权数（X_2） 人均收录我国科技论文数（X_4） 人均高技术产业利税（X_6）	$Y_2 = (X_1 \times X_2 + X_3 \times X_4 + X_5 \times X_6) \div 3$，各指标需无量纲化

资料来源：娄峰、潘晨光：《人才资源综合竞争力指标体系的构建及实证分析》，社会科学文献出版社2010年版。

(一) 指标选择

科技人才的主体是科学研究与实验发展即 R&D 人员，本研究选择 R&D 人员相关数据来分析科技人才政策部分成效。指标分为总量指标和密度指标。[①] 总量指标是一个绝对值，度量了规模水平，代表数量概念；密度指标是一个相对值，衡量了平均水平，表示质量含义。科技人才政策成效应从规模和质量两个维度衡量。

科技人才引进、培养政策的作用目标是科技人才研发能力的提升。总量指标选择 R&D 人员数量或折合全时当量，密度指标选择千人就业人员中 R&D 人员数量和 R&D 经费支出占当地 GDP 的比例。前者用 R&D 人员数量与千人就业人员比值来表示，而不用千人人口数量，度量了就业人员的科技素质；后者度量了科技研发投入力度，反映了科技工作的物力支持水平。科技人才研发能力用一个总量指标与两个密度指标的指数化乘积来表示。指数化即无量纲化处理。由于未作无量纲化处理的指标不便于指标间的运算，但指标经过无量纲化处理后，自身不能按时间维度进行比较。因此，只有在指标间进行数学运算时才作无量纲化处理。

科技人才激励政策的作用目标是激发科技人才的工作积极性，用科技人才产出效能表示。在科技研发能力一定的情况下，科技人才积极性越高，科技产出效能就越大。总量指标选择国内三种专利授权数、国外主要检索工具收录我国科技论文数、高技术产业利税三个指标。由于相关统计年鉴 2007 年之后不再统计高技术产业增加值一项，数据之间不能连贯，本研究用高技术产业利税近似地代表高技术产业对经济社会的贡献。密度指标选择以上三个总量指标的人均值，即总量指标与就业人数的比值：人均国内三种专利授权数、国外主要检索工具人均收录我国科技论文数、人均高技术产业利税。科技人才产出效能用三个总量指标指数分别与对应的密度指标指数相乘后加总的平均数来表示。即科技人才产出效能=(国内三种专利授权数指数×人均国内三种专利授权数指数+国外主要检索工具收录我国科技论文数×人均收录我国科技论文数+高技术产业利税×人均高技术产业利税)÷3。

[①] 人才资源课题组：《中国各省人才资源实力分析及比较》，载潘晨光《中国人才发展报告》(2011)，社会科学文献出版社 2011 年版。

（二）地区划分

东部地区：包括北京、天津、河北、辽宁、上海、江苏、浙江、福建、山东、广东和海南11个省市。

中部地区：包括山西、吉林、黑龙江、安徽、江西、河南、湖北和湖南8个省市。

西部地区：包括内蒙古、广西、重庆、四川、贵州、云南、西藏、陕西、甘肃、青海、宁夏和新疆12个省区市。

（三）数据来源

数据采用2002年数据与2011年数据。由于2002年之后，党和国家的人才政策进入一个新的时期。新时期我国科技人才政策成效评估主要评价新世纪尤其是2002年之后的科技人才政策成效。数据主要来源于2003年和2012年的相关统计年鉴，如《中国统计年鉴》《中国劳动统计年鉴》《中国科技统计年鉴》《中国农村统计年鉴》《中国高技术产业统计年鉴》等。

（四）特殊说明

源于统计数据的连续性和可获得性，本研究中"国外主要检索工具收录我国科技论文数"用2003年数据代替2002年数据；"乡村就业人员数"用2010年数据代替2011年数据。该项数据两个相近年份差别不大，不影响分析结果。R&D经费支出数据只考虑内部支出部分。

三 计算结果分析

（一）千人就业人员中R&D人员数

表8-5显示，从东部、中部、西部地区看，2002—2011年，我国东部地区R&D人员占比平均水平和增长率均最大，中部地区次之，西部最小。这与东部地区科技人才政策与全国人才流动方向息息相关。2011年东部地区千人就业人员中R&D人员达到5.84人，是西部地区的3.6倍。这是东部地区人才培养、人才引进和人才流动政策的作用结果。

从全国各省（市、区）看，平均水平看，2011年，北京市、上海市和天津市R&D人员占比超过10人，分别达到15.81人、14.09人和12.61人，江苏、广东、浙江超过5人。从增长率看，2002—2011年，R&D人员占比增长最快的是海南省，年均增长18.83%，其次是浙江和广东。北京增长最慢，年均增长1.05%。表明，浙江和广东等新时期科技人才引进和培养政策成效显著。北京科技人才引进培养政策成效不高。

表 8-5　全国各地区千人就业人员中 R&D 人员全时当量变化

地区	2002 年	2011 年	增长率（%）	排名
东部地区	2.55	5.84	9.66	1
中部地区	1.17	2.40	8.33	2
西部地区	1.01	1.62	5.35	3
海南	0.25	1.17	18.83	1
浙江	1.41	6.04	17.55	2
广东	2.19	6.82	13.44	3
福建	1.31	3.97	13.10	4
安徽	0.70	2.08	12.87	5
广西	0.47	1.33	12.29	6
江苏	2.58	7.04	11.77	7
内蒙古	0.86	2.23	11.20	8
山东	1.53	3.93	11.06	9
河南	0.75	1.90	10.88	10
湖南	0.84	2.06	10.42	11
山西	1.21	2.80	9.76	12
新疆	0.76	1.73	9.60	13
青海	0.82	1.65	8.05	14
宁夏	1.06	2.11	7.97	15
江西	0.78	1.54	7.76	16
吉林	1.79	3.47	7.65	17
天津	6.50	12.61	7.63	18
河北	0.97	1.88	7.62	19
上海	7.37	14.09	7.47	20
重庆	1.07	1.96	6.97	21
黑龙江	2.10	3.75	6.64	22
湖北	2.25	3.45	4.88	23
贵州	0.43	0.65	4.72	24
云南	0.60	0.87	4.27	25
西藏	0.43	0.59	3.46	26
甘肃	1.17	1.47	2.58	27
四川	1.39	1.64	1.86	28
北京	14.38	15.81	1.05	29
陕西	3.23	3.48	0.83	30
辽宁	3.51	3.45	-0.21	31

(二) R&D 经费占比

表 8-6 显示，从东部、中部、西部地区看，2011 年，虽然东部地区 R&D 经费占比平均水平最高，但中部地区增长率超过东部地区。2002—2011 年，中部地区 R&D 经费支出年均增长 5.79%。表明，科技人才培养政策对中部地区产生了较大影响，政策成效正在中部地区释放。西部地区增长最缓慢。

表 8-6　　　　全国各地区 R&D 经费占 GDP 比重变化

地区	2002 年（%）	2011 年（%）	增长率（%）	排名
中部地区	0.69	1.15	5.79	1
东部地区	1.33	2.11	5.24	2
西部地区	0.92	1.04	1.40	3
浙江	0.7	1.85	11.47	1
福建	0.52	1.26	10.32	2
新疆	0.22	0.5	9.59	3
山东	0.84	1.86	9.3	4
内蒙古	0.28	0.59	8.84	5
海南	0.2	0.41	8.42	6
河南	0.48	0.98	8.41	7
重庆	0.64	1.28	8.04	8
江苏	1.1	2.17	7.8	9
湖南	0.6	1.19	7.79	10
安徽	0.72	1.4	7.69	11
广西	0.37	0.69	7.31	12
江西	0.48	0.83	6.29	13
天津	1.52	2.63	6.29	14
湖北	0.96	1.65	6.14	15
黑龙江	0.6	1.02	6.11	16
上海	2.04	3.11	4.81	17
河北	0.55	0.82	4.58	18
广东	1.33	1.96	4.44	19
云南	0.44	0.63	4.11	20
山西	0.71	1.01	3.92	21

续表

地区	2002年（%）	2011年（%）	增长率（%）	排名
辽宁	1.31	1.64	2.49	22
贵州	0.51	0.64	2.39	23
青海	0.62	0.75	2.26	24
宁夏	0.61	0.73	2.04	25
四川	1.27	1.4	1.08	26
甘肃	0.95	0.97	0.23	27
北京	6.83	5.76	-1.87	28
吉林	1.18	0.84	-3.62	29
陕西	2.98	1.99	-4.38	30
西藏	0.31	0.19	-5.27	31

从全国各省（市、区）看，平均水平看，北京、上海、天津和江苏R&D经费占GDP比例超过2%。其中，北京市2011年达到5.76%。但是，从增长率看，2002—2011年，浙江和福建R&D经费占比年均增长率超过10%。说明，科技人才培养政策在这两个省成效显著，科技财力支持力度较大。而北京R&D经费占比没有增长反而下降，新时期北京科技人才培养和科技投入政策成效有限。

（三）科技能力指数

表8-7显示，从东部、中部、西部地区看，东部地区科技能力最强，西部地区科技能力最弱。而且，东部地区与中西部地区差距较大。说明科技人才引进、培养和流动政策在东部地区产生了较大成效。不但如此，从2002年与2011年比较看，中部、西部地区与东部地区科技能力指数差距有所扩大，说明新时期我国科技人才引进、培养和流动政策对东部地区影响大于中部、西部地区。其中，中西部地区人才向东部地区流动可能是造成东部、中部、西部科技能力指数发散的原因之一。

从全国各省（市、区）看，2002—2011年，北京和上海科技能力稳居第一和第二，陕西和辽宁有所退步，分别从第3和第4降到第9名和第11名。广东、江苏和浙江有所进步，分别从第7名、第6名和第13名升到第3名、第4名和第5名。西部各省（市、区）位次变化不明显。再次表明，新时期科技人才引进、培养和流动政策在东部省市产生了较大成效。

表 8-7　　全国各地区科技能力指数变化

地区	2002 年	排名	2011 年	排名
东部地区	1.0000	1	1.0000	1
中部地区	0.0943	2	0.0689	2
西部地区	0.0832	3	0.0252	3
北京	1.0000	1	0.5289	1
上海	0.0729	2	0.1741	2
陕西	0.0516	3	0.0136	9
辽宁	0.0264	4	0.0122	11
天津	0.0230	5	0.0659	6
江苏	0.0229	6	0.1398	4
广东	0.0224	7	0.1470	3
湖北	0.0106	8	0.0173	8
四川	0.0096	9	0.0051	16
山东	0.0082	10	0.0447	7
黑龙江	0.0038	11	0.0068	12
吉林	0.0036	12	0.0035	18
浙江	0.0035	13	0.0758	5
河北	0.0016	14	0.0030	19
甘肃	0.0014	15	0.0008	24
福建	0.0014	16	0.0130	10
山西	0.0013	17	0.0036	17
湖南	0.0013	18	0.0056	15
河南	0.0013	19	0.0059	14
重庆	0.0011	20	0.0027	20
安徽	0.0011	21	0.0063	13
江西	0.0005	22	0.0013	21
云南	0.0003	23	0.0004	25
广西	0.0002	24	0.0010	22
内蒙古	0.0002	25	0.0010	23
贵州	0.0002	26	0.0002	28
宁夏	0.0002	27	0.0003	27
青海	0.0001	28	0.0002	29
新疆	0.0001	29	0.0004	26
西藏	0.0000	30	0.0000	31
海南	0.0000	31	0.0001	30

（四）人均国内三种专利授权数

表 8-8 显示，从东部、中部、西部地区看，平均来看，东部地区三种专利授权数最高，2011 年达到 20.356 件/万人。中西部地区较少且差距不大。从增长率看，东部、中部、西部地区差异不大，均超过 20%，说明全国三种专利授权数年均增长均较大，其中，中部地区增长略快，年均增长 23.29%。

表 8-8　全国各地区人均国内三种专利授权数变化

地 区	2002 年（件/万人）	2011 年（件/万人）	增长率（%）	排名
中部地区	0.674	4.631	23.87	1
东部地区	3.092	20.356	23.29	2
西部地区	0.620	3.470	21.09	3
安徽	0.417	8.363	39.54	1
江苏	2.167	41.015	38.65	2
西藏	0.054	0.774	34.34	3
浙江	3.697	31.007	26.66	4
四川	0.772	5.660	24.78	5
重庆	1.074	7.493	24.10	6
陕西	0.814	5.525	23.72	7
河南	0.469	3.105	23.37	8
山东	1.535	10.117	23.31	9
湖北	0.895	5.773	23.01	10
湖南	0.677	3.852	21.32	11
黑龙江	1.281	6.891	20.56	12
天津	4.532	23.732	20.20	13
甘肃	0.316	1.644	20.10	14
青海	0.344	1.777	20.03	15
上海	9.013	45.521	19.71	16
贵州	0.295	1.389	18.77	17
山西	0.659	2.944	18.10	18
江西	0.534	2.274	17.47	19
福建	2.338	8.964	16.10	20
北京	7.942	29.751	15.81	21

续表

地区	2002年（件/万人）	2011年（件/万人）	增长率（%）	排名
广东	5.738	21.307	15.69	22
广西	0.410	1.463	15.18	23
新疆	0.894	2.957	14.22	24
辽宁	2.471	8.161	14.20	25
云南	0.482	1.452	13.04	26
河北	0.990	2.864	12.52	27
海南	0.582	1.661	12.35	28
吉林	1.376	3.810	11.98	29
内蒙古	0.672	1.830	11.77	30
宁夏	0.767	1.756	9.64	31

从全国各地区看，上海、江苏、浙江、北京和天津平均水平较高，2011年三种专利授权数超过20件/万人。从增长率看，安徽和江苏增长最快，2002—2011年三种专利授权数年均增长接近40%。

（五）人均收录我国科技论文数

如表8-9所示，从东部、中部、西部地区看，东部地区水平较高，2011年达到6.1篇/万人。中西部地区比较接近。从增长率看，中西部地区增长最快，年均增长率在17%左右。

表8-9　国外主要检索工具人均收录我国各地区科技论文数变化

地区	2002年（篇/万人）	2011年（篇/万人）	增长率（%）	排名
西部地区	0.520	2.203	17.40	1
中部地区	0.721	2.837	16.43	2
东部地区	2.297	6.101	11.46	3
江西	0.091	1.373	35.19	1
河南	0.106	1.146	30.21	2
海南	0.067	0.671	29.11	3
广西	0.065	0.614	28.26	4
宁夏	0.064	0.444	24.03	5
内蒙古	0.095	0.592	22.54	6

续表

地区	2002年（篇/万人）	2011年（篇/万人）	增长率（%）	排名
重庆	0.499	3.020	22.14	7
西藏	0.008	0.044	21.14	8
青海	0.093	0.489	20.25	9
黑龙江	1.463	6.810	18.64	10
新疆	0.214	0.968	18.27	11
四川	0.565	2.530	18.11	12
河北	0.380	1.680	17.94	13
湖南	0.640	2.786	17.76	14
山东	0.567	2.468	17.75	15
陕西	2.025	8.503	17.28	16
贵州	0.085	0.328	16.25	17
江苏	1.583	5.897	15.73	18
云南	0.247	0.906	15.52	19
广东	0.718	2.452	14.63	20
辽宁	1.921	6.541	14.58	21
安徽	0.600	1.959	14.05	22
湖北	1.740	5.363	13.32	23
吉林	2.178	6.422	12.76	24
甘肃	1.055	2.951	12.11	25
浙江	1.430	3.891	11.77	26
天津	6.663	15.736	10.02	27
上海	13.253	28.083	8.70	28
山西	0.726	1.465	8.11	29
福建	1.092	2.109	7.59	30
北京	26.778	44.604	5.83	31

从全国各省（市、区）平均水平看，北京和上海遥遥领先，2011年国外主要检索工具人均收录我国科技论文数分别为44.6篇/万人和28.1篇/万人。从增长率看，北京和上海增长率较低。而江西、河南、海南和广西等中部地区省（市、区）增长最快，在30%左右。

(六) 人均高技术产业利税

如表 8-10 所示，从东部、中部、西部地区看，2011 年东部地区平均水平最高，与中西部地区差距较大，中西部地区较低且比较接近。从增长率看，中西部地区增长最快，年均增长超过 20%。

表 8-10　　全国各地区人均高技术产业利税变化

地区	2002 年（万元/人）	2011 年（万元/人）	增长率（%）	排名
中部地区	0.006	0.047	24.76	1
西部地区	0.005	0.031	21.46	2
东部地区	0.038	0.181	18.78	3
河南	0.003	0.038	34.47	1
安徽	0.002	0.035	34.25	2
湖南	0.004	0.051	33.98	3
山东	0.011	0.114	29.87	4
四川	0.008	0.073	27.94	5
广西	0.004	0.034	27.54	6
江苏	0.034	0.303	27.47	7
江西	0.006	0.055	27.29	8
新疆	0.001	0.006	26.37	9
山西	0.003	0.023	24.75	10
吉林	0.017	0.101	22.18	11
辽宁	0.015	0.085	21.07	12
宁夏	0.005	0.025	20.93	13
青海	0.002	0.012	19.31	14
广东	0.064	0.307	18.96	15
贵州	0.004	0.018	18.01	16
重庆	0.008	0.035	17.94	17
甘肃	0.003	0.011	16.86	18
云南	0.003	0.014	16.81	19
湖北	0.013	0.051	16.57	20

续表

地区	2002年（万元/人）	2011年（万元/人）	增长率（%）	排名
河北	0.008	0.030	15.28	21
内蒙古	0.011	0.038	15.15	22
浙江	0.034	0.113	14.43	23
陕西	0.017	0.052	13.41	24
黑龙江	0.014	0.038	12.10	25
福建	0.035	0.091	11.27	26
天津	0.176	0.434	10.53	27
西藏	0.006	0.014	9.48	28
上海	0.121	0.265	9.06	29
海南	0.020	0.043	9.05	30
北京	0.146	0.227	5.02	31

从全国各省（市、区）平均水平看，2011年，天津、广东、江苏、上海和北京人均高技术产业利税较高，超过0.2万元/人。其中，天津达到0.434万元/人。说明这些省高技术产业对经济贡献率较高。从增长率看，河南、安徽和湖南等中部地区省增长率最高，2002—2011年，年均增长超过30%。表明新时期科技人才政策对中部地区这些省科技产出影响较大，政策成效较高。

（七）科技产出效能指数

如表8-11所示，从东部、中部、西地区看，东部地区科技产出效能最高，中西部地区较低。东部地区与中西部地区差距较大。但从2002年到2011年变化情况看，东部地区与中西部地区科技产出效能差距有所缩小，说明中西部地区科技产出水平年均增长率高于东部地区，也表明西部开发战略发挥了作用。综合起来看，东部地区与中西部地区政策成效差距有所收敛，新时期我国科技人才政策对中西部地区产生了更大的影响。从前述分析看，2002—2011年，中西部地区与东部地区科技能力指数差距有所扩大，而科技产出效能差距有所缩小，这说明中西部地区科技人才工作积极性较高，也表明新时期我国科技人才激励政策在中西部地区产生了显著成效。

表 8-11　　　　　　　全国各地区科技产出效能指数变化

地　区	2002 年	排名	2011 年	排名
东部地区	1.115	1	1.000	1
中部地区	0.055	2	0.084	2
西部地区	0.032	3	0.042	3
北京	0.541	1	0.407	2
广东	0.335	2	0.341	3
上海	0.255	3	0.212	4
天津	0.117	4	0.076	6
浙江	0.090	5	0.178	5
江苏	0.062	6	0.506	1
福建	0.032	7	0.017	12
辽宁	0.025	8	0.025	8
山东	0.023	9	0.057	7
湖北	0.011	10	0.019	11
陕西	0.010	11	0.023	9
吉林	0.009	12	0.013	15
黑龙江	0.009	13	0.014	13
河北	0.007	14	0.004	20
四川	0.007	15	0.021	10
重庆	0.004	16	0.008	17
湖南	0.004	17	0.011	16
河南	0.002	18	0.007	18
安徽	0.002	19	0.014	14
内蒙古	0.002	20	0.001	24
山西	0.002	21	0.001	23
江西	0.001	22	0.004	19
海南	0.001	23	0.000	27
云南	0.001	24	0.001	25
甘肃	0.001	25	0.002	22
广西	0.001	26	0.002	21
新疆	0.001	27	0.000	28
贵州	0.001	28	0.001	26
宁夏	0.000	29	0.000	29
青海	0.000	30	0.000	30
西藏	0.000	31	0.000	31

从全国各省（市、区）看，东部地区省（市、区）科技产出效能位次变化不大，只有江苏省科技产出效能位次从 2002 年的第 6 名跃升到 2011 年第 1 名。表明国家和江苏省科技人才政策产生了较高的成效。中西部地区部分省（市、区）位次变化明显，如四川由 2002 年第 15 名上升到 2011 年的第 10 名，广西由 2002 年的第 26 名上升到 2011 年的第 21 名，内蒙古由 2002 年的第 20 名下降到 2011 年的第 24 名。

第五节　研究结论

科技人才政策成效产生需要经过政策传播、政策反应和政策示范等几个环节的连锁反应。由于政策传播媒介和政策对象的利益选择行为，政策成效存在不均衡现象。这种不均衡现象突出表现在所有制差异、学科差异和区域差异等方面。

在所有制方面，即使非公有制经济拥有与公有制经济同等的法律地位和发展权利，体制内和体制外单位之间科技人才政策成效仍存在较大差异。体制内组织科技人才政策成效明显高于体制外。如体制外专业技术人员比重大大低于体制内，政府的人才培养项目多数面向公有制组织，非公有制科技人才得到的资助培养和培训机会寥寥无几。个体企业和规模以下民营企业科技人才获得的表彰、奖励和社会声誉微乎其微。但体制内外单位股权激励政策成效差异不大。

在学科方面，在理工农医中，农业科学和医药科学科技人才政策成效较低。农业科技人才和科技投入力度较少。如农业科学基础研究人员最少，农业科学人均经费支出最少，尚不到 20 万元。农业人均专利收入最低，表明农业科技成果的转化效率还有待提高。医药科学 R&D 人员数量最少，人均科技专利申请数和人均有效发明专利数最低。科技人才政策应适当向农业和医药科学领域倾斜。

在区域方面，新时期（2002 年以后）科技人才引进、培养和流动政策成效主要体现在科技能力方面。从东部、中部、西部地区看，东部地区科技能力指数远远领先于中西部地区。从 2002 年与 2011 年比较看，中西部地区与东部地区科技能力指数差距有所发散，显示新时期我国科技人才引进、培养和流动政策对东部地区影响大于中西部地区。

新时期科技人才激励政策主要体现在科技产生效能方面。从东部、中部、西地区看，东部地区科技产出效能远远领先于中西部地区。但从2002—2011年变化情况看，东部地区与中西部地区科技产出效能差距有所收敛，表明新时期我国科技人才综合政策对中西部地区产生了较大的影响。中西部地区与东部地区科技能力指数差距有所发散而科技产出效能差距有所收敛，表明新时期我国科技人才激励政策在中西部地区产生了显著成效。从全国各省（市、区）看，2002—2011年，北京和上海科技能力指数分别稳居第1名和第2名。2011年，江苏科技产出效能指数跃居第1名，表明国家和江苏科技人才政策产生了较高的成效。

第九章 海外高层次人才引进政策实施成效、存在问题与解决对策
——以"千人计划"为例

第一节 研究背景

2008年12月,中共中央办公厅转发《中央人才工作协调小组关于实施海外高层次人才引进计划的意见》,简称"千人计划"。2010年12月,第六批"千人计划"启动申报,项目由原来的一项扩展成为创新人才长期项目、创业人才项目、青年"千人计划"项目和创新人才短期项目四项。2011年8月,中央启动"千人计划"高层次外国专家项目,重点引进长期项目非华裔外国专家。这样,"千人计划"涵盖创新人才长期项目、创业人才项目、青年"千人计划"项目、创新人才短期项目和外专"千人计划"项目五类项目。有别于以往的"百人计划""长江学者"计划及"杰出青年基金"计划,这是一项由中央政治局常委会议审议通过的政治级别最高的人才计划。部分学者对海外高层次人才引进政策效果进行了研究。余海光定性分析了无锡市吸引海外人才的"530"计划[1];张小蕾比较研究了各省(市、区)海外人才引进政策[2];吴江调查了海归满意度,发现引进人才的满意度居中上等水平[3];王辉耀等对中央和地方引才计划研究认为,"千人计划"取得了积极成效。[4] 中央组织部人才工作局对"千人计划"的实施情况作了问卷调查

---

[1] 余海光:《地方政府吸引海外人才政策研究》,硕士学位论文,复旦大学,2011年。
[2] 张小蕾:《天津市高层次创新型科技人才队伍建设问题研究》,《社会工作》2012年第4期。
[3] 吴江:《"千人计划"实施情况问卷调查综述》,《中国人才》2011年第10期。
[4] 王辉耀、路江涌:《中国海归创业发展报告》,社会科学文献出版社2012年版。

显示,"千人计划"必要性和成效得到了肯定,被调查者对"千人计划"的预期效果充满信心。① 杨河清等从政策投入—产出角度通过构建三级指标体系对"千人计划"实施效果进行了定量分析得出,国家"千人计划"实施效果净值为0.73。② 上述研究从不同视角分析了我国高层次人才引进政策实施状况、存在的问题和改进对策,诠释了"千人计划"的实施成效。但是,随着"千人计划"政策的实施,海归人才在事业发展、绩效评价和长期激励等方面出现了新的问题。本书在汲取以往研究成果的基础上,通过总体评估海外高层次人才引进政策成效,发现人才引进、留住和使用中出现的新问题,以此作为政策改进的依据。

第二节 各地区海外高层次人才引进政策实施与比较

中组部要求各省(市、区)结合经济社会发展和产业结构调整需要,制订适合本地区特色的海外高层次人才引进计划。目前,中国大陆除新疆、西藏外,其他29个省(市、区)均制订实施了各具特色的海外人才引进计划,部分中心城市、东部沿海部分市县也制订实施了类似的引才计划。

2006年,江苏省无锡市启动实施了引进海外归国创业领军人才计划即"530"计划(即"十一五"期间引进30个创业团队)。之后,无锡市提出了《关于以更大力度实施无锡海外高层次人才引进计划的意见》,同时实施"后530"计划、"泛530"计划等人才工程,扩大海外高层次人才引进的范围领域,实现海外人才引进活动持久化、常态化。

2009年,武汉市东湖新技术开发区制订实施了"3551人才引进和培养计划",即从2009—2012年3年内,在光电子信息产业、生物产业、清洁技术产业、现代装备制造业和研发及信息服务业五大重点领域引进和培养50名左右掌握国际领先技术、引领产业发展的领军人才、

---

① 中央组织部人才工作局:《"千人计划"实施状况问卷调查综述》,《中国人才》2011年第10期。

② 杨河清、陈怡安:《海外高层次人才引进政策实施效果评价——以中央"千人计划"为例》,《科技进步与对策》2013年第16期。

1000 名左右新兴产业领域高层次人才。针对引进的不同层次人才，东湖高新区给予数额不等的资金支持、风险投资和贷款贴息。

北京、上海、天津、广州、杭州、武汉、成都、南京、深圳、无锡、苏州、厦门、青岛等城市都制定实施了本地海外高层次人才引进的政策措施，在创业资助、天使投资、住房、医疗、子女入学、配偶安置等方面给予相应安排，解除海外人才及其创新团队的后顾之忧。

但是，各地引进海外高层次人才的政策大同小异，没有根本性区别，本地特色体现不足。从北京、上海和广州三个城市的情况看，从高层次人才资格要求看（见表9－1），三个城市根据本地高新技术产业和战略性新兴产业发展需求制定高层次人才标准。上海对海外高层次人才资格要求较宽松，北京较严格，广州次之。三个城市重点发展产业有许多交叉之处，无形中海外人才引进在城市之间形成竞争。

表9－1　　　　　　　　　　海外高层次人才资格要求比较

城市	海外高层次人才标准不同点	重点发展产业
上海市"上海千人计划"	1. 无年龄限制 2. 无工作时间限制 3. 实现"四个率先"、建设"四个中心"和社会主义现代化国际大都市紧缺急需的人才	新能源、民用航空制造、先进重大装备、生物医药、电子信息制造、新能源汽车、海洋工程装备、新材料、软件和信息服务
北京市"海外人才聚集工程"	1. 主持过国际大型科研或工程项目，具有丰富的科研、工程技术经验的专家、学者和工程技术人员 2. 首都文化创意产业发展需要的优秀人才 3. 发展潜力大、专业水平高的优秀出站博士后 4. 对紧缺急需的人才采取个案研究的办法引进	文化创意产业、电子信息、生物医药、汽车、现代农业等
广州市"广州千人计划"	1. 工作时间限制上调至九个月 2. 业内普遍认可的专家、学者 3. 具有特殊专长并为本市急需的特殊人才	电子信息、生物医药、新材料、数控装备、汽车、重大成套和技术装备制造、现代物流等

资料来源：根据《北京市鼓励海外高层次人才来京创业和工作暂行办法》（京政发〔2009〕14 号）、《关于鼓励海外高层次人才来穗创业和工作的办法》（穗字〔2008〕18 号）、《上海市实施海外高层次人才引进计划的意见》等政策文件整理；祝瑞：《地方政府引进海外高层次人才政策比较与建议——以杭、沪、京、穗为例》，《经营与管理》2013 年第 3 期。以下各表相同。

从人才待遇看（见表9-2和表9-3），三个城市对引进的海外高层次人才待遇大同小异，只是力度略有差异。三个城市的住房政策主要是提供住房、购房资助和租房补贴等。北京和上海房价升值潜力大，政策支持海外引进人才购买自用住房。广州采取用人单位和市财政双重提供安家费补贴的方式。三个城市科研资助和激励政策重点略有差异。北京和上海鼓励申请政府科技项目资助，广州采取用人单位和市财政双重科研经费资助。人才发展激励上，北京和上海引进的海外高层次人才可担任中层以上领导职务或高级专业技术职务，广州市引进的海外人才可担任高级专业技术职务或高级管理职务。

表9-2　　　　　　　海外高层次人才住房政策比较

城市	安家费	住房补贴
上海	可参照本市居民购房政策，购买自用商品住房一套，用人单位可给予一定的资金资助	用人单位要依照就近、方便的原则，为其提供一套建筑面积不低于150平方米的住房。引进人才自己租房的，由用人单位为其提供相应租房补贴
北京	100万元一次性奖励，可参照本市居民购房政策，购买一套自用商品住房	用人单位要为其租用便于其生活、工作的住房或提供相应的租房补贴
广州	在我市创办符合我市重点发展领域的高新技术企业的，一次性给予30万—100万元不等的安家费。用人单位提供安家补贴的，由市财政按用人单位提供的同样数额给予安家补贴，其中市财政的补贴额最多不超过50万元。海外高层次人才在本市创业和工作期间的住房，由聘用单位或本人自行解决	

表9-3　　　　　　海外高层次人才资助待遇等政策比较

城市	科研启动费	职务职称待遇
上海	对承担重大项目而需引进海外高层次人才的用人单位，可按有关规定帮助引进人才申请政府部门的科技资金、产业发展扶持资金等	用人单位可采用岗位招聘方式，直接聘任引进人才担任中层以上领导职务或高级专业技术职务，所需编制、职数和专业技术职务计划可单列，还可设置专业技术特设岗位

续表

城市	科研启动费	职务职称待遇
北京	由人才引进牵头组织单位会同财政等有关部门，通过财政资金，对引进的人才提供稳定的科研经费支持	可担任市属高等院校、科研院所、国有企业和国有金融机构中级以上领导职务或高级专业技术职务
广州	由市财政按用人单位提供的科研经费资助的同样数额给予支持，其中市财政资助金额最多的不超过50万元	在市属的高等院校、科研院所、企业、医疗机构、文化艺术院团等单位，受聘担任专业技术职务或高级管理职务

第三节　海外高层次人才引进政策实施效果

在《国家中长期人才发展规划纲要（2010—2020年）》指导和"千人计划"政策作用下，我国海外高层次人才引进政策取得了显著成效。

"千人计划"实施成效如图9-1所示。65%的被调查者认为引进人才工作表现较好及以上，56.7%的认为引进人才发挥了较好或很好的带头作用，51.8%的认为"千人计划"产生了较好或很好的社会反响。总体来看，"千人计划"取得了较好的成效。

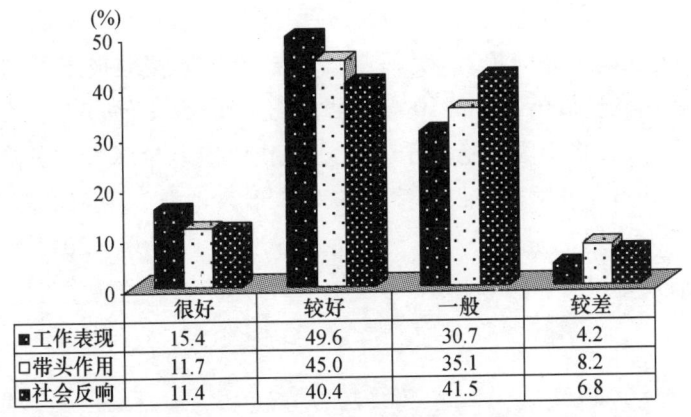

	很好	较好	一般	较差
■工作表现	15.4	49.6	30.7	4.2
□带头作用	11.7	45.0	35.1	8.2
■社会反响	11.4	40.4	41.5	6.8

注：由于四舍五入，百分比之和不等于100%。

图9-1　"千人计划"实施效果

从工作表现的分组情况看，河南被调查者引进人才工作表现好评的比例较低，仅为8.3%。国有企业的被调查者给予引进人才工作表现好评的比例略低，为49.2%；工科背景的被调查者认同引进人才工作表现的比例较低，为56.6%。

从带头作用的分组情况看，收入水平越高的被调查者对引进人才带头作用评价越高，工科背景的被调查者对引进人才带头作用评价较低。

从社会反响的分组情况看，来自企业的被调查者对"千人计划"社会反响好评的比例较低，为45%左右；农学背景的被调查者对"千人计划"社会反响好评的比例较高，达到64.1%。

一 海外高层次人才引进政策日趋完善并获好评

海外高层次人才引进政策在实践中不断完善。2008年12月，中央人才工作协调小组制订"千人计划"时将引进对象笼统地界定为创新人才和创业人才。经过前两年的实践，中组部决定启动实施青年"千人计划"项目，并与"千人计划"第六批同步实施。这样，2010年12月第六批"千人计划"启动申报时，项目扩展为四项：创新人才长期项目、创业人才项目、青年"千人计划"项目和创新人才短期项目。2011年8月，中央启动"千人计划"高层次外国专家项目，重点引进非华裔外国专家。同时，"千人计划"从第六批开始，增设人文社会科学项目。[①] 当前，中央人才工作协调小组已批准建立了112家海外高层次人才创新创业基地，在北京、天津、浙江、湖北四地建设"未来科技城"，以此集聚一批海外高层次创新创业人才和团队。

"千人计划"实施以来，在海内外引起了强烈反响。美国《华尔街日报》、英国《金融时报》、美国《科学》等媒体相继报道了"千人计划"的实施和进展情况。2010年度世界经济论坛发布的"应对全球人才风险报告"，将中国实施"千人计划"作为应对全球人才风险的重要经验。诺贝尔经济学奖获得者蒙代尔对"千人计划"给予了高度评价，认为"千人计划"是一个培养创新企业家的良好计划。2011年，中组部调查结果显示，"千人计划"实施成效受到被访者的高度肯定。

---

① 中组部：《关于完善我国"千人计划"的提案》，《中国科技产业》2013年第3期。

二 "千人计划"人才引进效果显著

据相关资料显示,截至 2011 年年底,"千人计划"引进的正教授级别(或相当于)的海外高层次人才数量已超过此前 30 年的总和。① 截至 2012 年 7 月,"全国除西藏外,有 31 个省(市、区)和 35 个行业系统结合自身实际,启动了 2778 项人才工程;各省地级以上城市引进海外高层次人才超过 2 万名"。② 实施三年来,共分八批引进海外高层次人才 2793 名,其中,创新人才 2266 人,创业人才 527 人。创新人才中,经济、金融与管理人才 103 人。

三 引进的海外高层次人才科技活动活跃

《国际人才蓝皮书》(2012)研判认为,我国引进的"千人计划"专家群体取得了一大批标志性的原始创新成果,攻克了一批制约产业发展的重大关键技术,推动了一批高新技术产业的发展壮大,推进了科研、教育和人才工作机制的改革创新。按照中组部数据,据不完全统计,从事科研创新的"千人计划"专家共承担实施项目 2886 项,经费总额 152.9 亿元。2012 年国家重大科研计划 70 个立项中,"千人计划"专家担任项目首席科学家的有 18 个,占 25.7%,并已有"千人计划"专家申报的 392 个项目入选进入国家"十二五"科技计划 2012 年项目库。③

四 "千人计划"产生连锁反应

我国海外人才引进政策尤其是"千人计划"产生了连锁反应。政策调整对象不但包括高层次人才,还有创新团队。海外高层次人才具有较高的国际社会影响力,高层次人才及其团队归国及其在国内的发展状况产生示范效应和扩散效应,带动其他各层次海外人才回国发展。在"千人计划""百人计划""长江学者"和"杰出青年科学基金"等政策影响下,近年来留学回国人数连创新高。据统计,2008 年海外留学人员回国 6.93 万人,2009 年就突破 10 万人,2010 年这一数字飙升至 13.48 万人。

---

① 刘贤:《中国"千人计划"已引进 1510 位海外高层次人才》,http://www.chinanews.com/gn/2012/01-09/3590244.shtml,2012 年 1 月 9 日。
② 吴思凡、张璇等:《"千人计划"好厉害》,《人民日报》(海外版)2012 年 8 月 9 日。
③ 中组部:《关于完善我国"千人计划"的提案》,《中国科技产业》2013 年第 3 期。

第四节 海外高层次人才引进政策存在的问题

科技人才引进政策存在的主要问题。图9-2显示，科技人才引进政策存在的主要问题是缺乏配套性政策和政策缺乏可操作性，分别达到29.1%和24.4%。其次是拟引进科技人才评价不科学和政策引起内部人不公平，均为18.2%。从单位类型分组来看，民营企业或"三资"企业的被调查者认为人才引进政策的主要问题是政策引起内部人才不公平，达到36.4%，而缺乏配套性政策问题仅占9.1%。

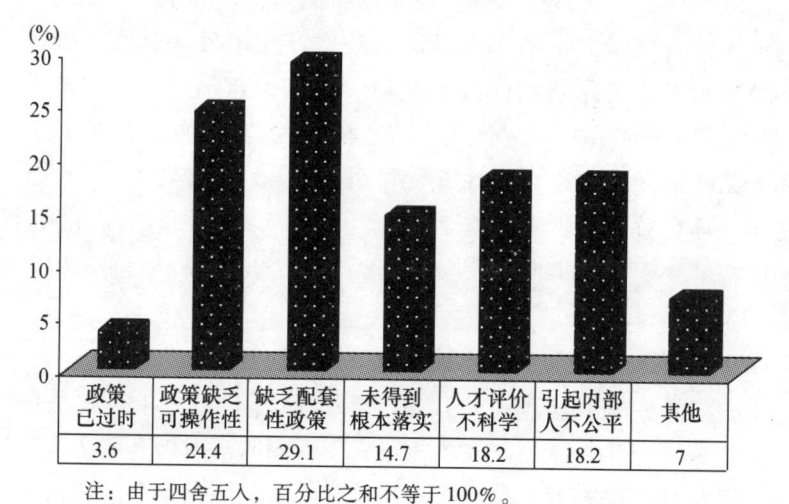

	政策已过时	政策缺乏可操作性	缺乏配套性政策	未得到根本落实	人才评价不科学	引起内部人不公平	其他
	3.6	24.4	29.1	14.7	18.2	18.2	7

注：由于四舍五入，百分比之和不等于100%。

图9-2 科技人才引进政策存在的主要问题（基于有效问卷比例）

一 海外高层次人才资格评定体系不够完善

高层次人才资格认定是海外人才引进的关键一步，事关人才引进的成败和成效。但我国海外高层次人才资格评审体系尚不够完善，其主要表现在：

一是高层次人才评定标准不够科学，影响对人才的客观识别和判断，这样会产生人才引进风险。要么用丰厚待遇引进虚假人才，要么优柔寡断，错失人才。目前，创新型人才评定主要依据其学术成就，包括发表论文数量和质量、国际国内获奖情况、申请到的国家级项目等。创业型人才评定主要根据所拥有的固定资产、产值、技术产权等，这些仅仅是关于业绩的评价。人才绩效评价应该从态度、行为、业绩和能力四个维度入手，科学构建人才评价指标体系。态度指科研态度、科研品质，这些信息可以从海外大学学院的师生评价获得。行为是指科研过程中的行为表现，如从事科研时间、科研方法和应对挫败的行为等，这些信息可以从学习或工作单位的同事中获取。能力指科研能力、社会影响力和团队管理能力。这些信息可以从所在学科领域的社会评价中获得。业绩是指单位时间内取得的科研成果。因此，人才资格评定标准不是单一的而是一个体系。获取这些信息需要建立海外人才信息库。可以依托国家各类驻外机构，发现和推荐海外杰出人才。也可以由政府引导，通过海外华侨华人专业人士社团、商会、留学生协会等相关组织提供相关信息，建立海外高层次人才信息数据库，并定期进行更新完善。①

二是海外人才评定行为不够科学。目前，拟引进人才的评定主要由相关权威专家实施。权威专家仅在某一领域有所成就，而不能面面俱到，且其取得的成就仅是过去的业绩。高层次人才往往掌握某一领域的国际尖端技术，如果由"普适性"专家评定，可能会出现外行评内行现象。面对一些新技术、新学科方面的高端人才，应由行业内一流专家组成国家级评审委员会，下辖多门类专家组，对拟引进人才严格把关。②

二 政策实施结果出现结构性失衡

政策实施过程中由于政策自身及其他因素的影响，政策作用结果出现结构性失衡。

一是引进人才层次不够高。政策目标是引进海外一流人才。但是，"目前归国人员中，一流人才少，二三流人才多，并非所有的先进人才都回来了。大量的理工科高端人才和高端管理类人才还是没有回来。"③

二是全职性创新人才较少。"千人计划"目前分为能够全职回国的长期项目A类及连续三年每年能在国内工作2个月以上、非全职回国的短期项目B类。《科学时报》相关报道，"千人计划"的初衷是引进全

---

① 任勤：《海外高层次人才引进需建立长效机制》，《中国人才》2013年第5期。
② 同上。
③ 郭芳、姚冬琴：《回国的诱惑：揭秘中国最高级别的人才计划》，http://money.163.com/11/1122/08/7JEV60Q300253G87.html, 2011年11月22日。

职高级人才，但是，绝大多数"千人计划"人选由于各种原因暂时无法全职回国工作。①

三是学科专业分布失衡。"千人计划"应重视学科专业布局。②"千人计划"引进的主体是理工农医类的自然科学人才，第六批开始增设人文社会科学项目。但目前尚处于试点阶段，仅引进人文社科领域专家15人。③ 海外引才引智计划不仅针对国家当前急需领域的人才，还应涵盖国内外新兴领域或国内尚未涉足领域的人才。

四是引进人才地区分布失衡。从"千人计划"前三批引才情况看，绝大多数引进海归落地在北京、上海、江苏、浙江、广东等东部沿海发达地区，广西、贵州、西藏、青海、宁夏、新疆6个省（区）仍无人问津。④

五是非华裔人才比例太低。从"千人计划"政策看，华裔与非华裔都是政策调整对象。其中，引进非华裔人才更是题中应有之义。但实践中，非华裔引进人才寥寥无几。从清华大学等10所高校2008年及2009年"千人计划"实施情况调研看，非华裔者只有2人，占4%。2008年、2009年两个批次"千人计划"全国共计引进海外高层次人才326人，非华裔仅占1.53%⑤。

三 政策引致海外人才与本土人才之间的不公平性

科技人才引才政策公平性问题如图9-3所示。21%的被调查者认为人才引进政策较公平，而认为不公平的占22%，而57%的认为人才引进政策公平性一般。可见，调查者对科技人才引进政策公平性问题评价尚好，多数认为，公平性在一般以上。从年龄分组数据看，41—45岁的被调查者对人才引进政策公平性较好的评价比例较低，仅15%。这部分群体已具有一定资历和工作成就，引进人才较高的待遇可能会产生不公平感。从单位类型分组看，企业和政府部门的被调查者对人才引进政策公平性评价较差，尤其政府部门，只有21%的被调查者认为引才政策较公平，而18%的认为引才政策不公平。

---

① 阎光才：《海外高层次学术人才引进的方略与对策》，《复旦教育论坛》2011年第5期。
② 张杰等：《建议优化"千人计划"》，《科技导报》2010年第3期。
③ 中组部：《关于完善我国"千人计划"的提案》，《中国科技产业》2013年第3期。
④ 王辉耀、路江涌：《中国海归创业发展报告》，社会科学文献出版社2012年版。
⑤ 陆道坤等：《海外高层次人才引进问题与对策研究——基于10所高校"千人计划"入选者的分析》，《国家教育行政学院学报》2010年第3期。

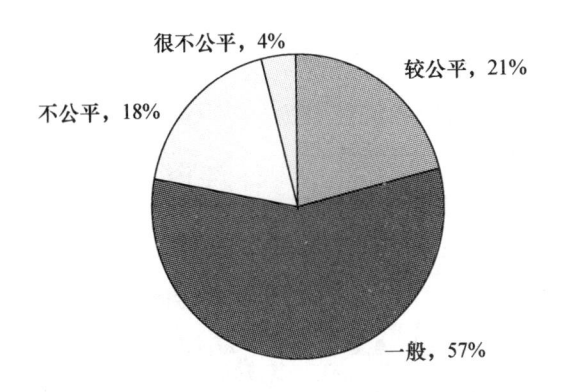

图 9-3　科技人才引进政策公平性

但公平性问题仍然存在。从事同样的工作，海外人才并没有创造特别的绩效而享受优厚的待遇，这可能会引起本土人才的不公平感。政策倾斜产生机会不平等。如宁波人才政策规定，海外高层次创新人才可优先推荐申报国家和省级各类科技计划项目。这种项目申报中的"内外有别"会打击本土人才的积极性。政策的不公平主要源于海外人才评定标准的不科学。如果只因为有海外学历和工作经历而被列入海外人才引进计划，享受比同样能力甚至更高能力的本土人才更高的待遇和权限，势必会引起本土人才的不公平。为此，国家2012年8月出台了专门针对本土人才的《国家高层次人才特殊支持计划》，又称"万人计划"，但计划的成效尚不明朗。

四　尚未建立科学有效的引进人才绩效评价体系

与预期相比，引进人才工作业绩状况如图9-4所示。引进人才工作业绩与预期相符或高于预期的选择比例为50.4%，低于预期的比例为49.6%，两者大体相当。表明引进人才工作业绩喜忧参半。从单位类型分组看，政府部门的被调查者对引进人才工作绩效评价较差，64.3%的认为引进人才工作绩效低于预期。

引进人才实际工作绩效需要经过考核才能确定。各地海外高层次人才引进中将"千人计划"当成政绩工程。人才引进的初衷是完成任务，提高形象，而不是提高组织的创新创业水平，也就出现了"重引进轻考核"，"重引进轻使用"现象。目前，各地普遍没有建立起海外引进人才的绩效考核体系，没有明确的考核指标和考核周期，没有科学制定

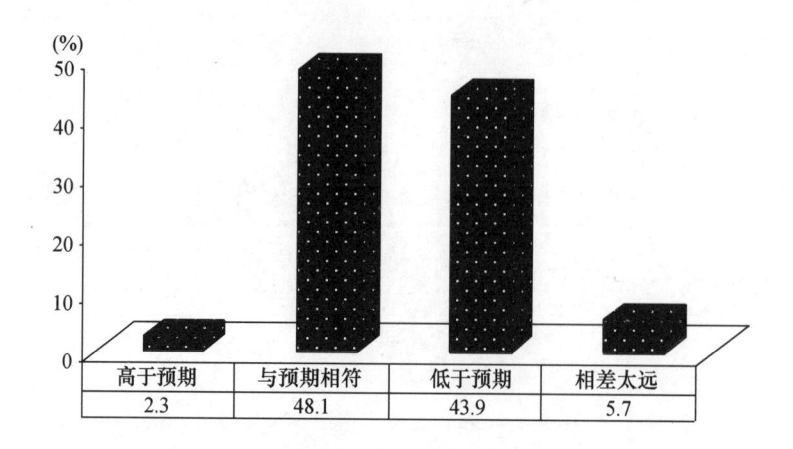

高于预期	与预期相符	低于预期	相差太远
2.3	48.1	43.9	5.7

图9-4 与预期相比，引进人才工作业绩状况

分类考核标准，导致出现基础研究考核周期太短，考核方法不科学等弊端。绩效考核不但是决定引进人才薪酬的依据，也是检验人才检验活动成败的标准，更是内外人才公平与否的评判基础。人才引进单位只有建立起科学有效的人才绩效分类评价体系，才能客观地评价人才科研业绩，决定下一聘期的聘任与薪酬。

五 相关配套性政策有待完善

中央的政策仅仅规定了意见思想、政策方向和总体要求，政策实施中会遇到各种各样的具体问题，需要各地根据中央政策精神制定可操作性强的配套性政策。即使有配套性政策，政策执行者还需要根据政策思想灵活处理具体问题，而不能僵化教条。海外人才引进政策同样如此。根据海外人才的文化特征和工作特点，制定与国际接轨的相关配套性政策，如海外人才居留签证和出入境政策等。"绿卡"制度是欧美发达国家吸纳全球人才的一项重要制度。为贯彻实施"千人计划"，2012年9月，中央组织部、人力资源和社会保障部等五部门发布了《关于为外籍高层次人才来华提供签证及居留便利有关问题的通知》，通知规定，未进入重点人才引进计划的高层次人才及其家属子女办理签证和居留手续，仍按《关于海外高层次留学人才回国工作绿色通道有关入出境及居留便利问题的通知》（人社部发〔2009〕113号）等有关规定执行。建议该通知向所有引进的海外高层次人才倾斜，进一步推行移民"绿卡"制度，简化海外人才签证、通关等手续，如项目管理制度。目前，国内项目经费构成欠合理，使用限制颇多，预算调整困难。可考虑授予引进人才相关权限，如科研经费自主支配权限，项目内容或技术路线自行调整权限，团队成员聘用权限，学术管理自主权限等，再如职称评审制度。职称评审是海外高层次人才较为关心的问题。由于单位性质差异，我国专业技术职称制度没有在所有单位贯彻实施，而职称是专业技术人才的社会声誉。政策应打破常规，给予所有海外引进人才相应的职称待遇。如温州市规定，引进人才可不受职称结构限制，直接聘用到相关岗位。引进人才因不同制度没有职称的，可设立特聘岗位予以解决，享受同等岗位人员待遇。

六 地方海外高层次人才引进出现无序竞争

中央政策要求各地根据经济社会发展和产业结构调整要求制定适合本地特色的海外人才引进政策。但实践中，经济社会发展水平相当的地方，产业结构也趋于雷同。各地政府制定的引才引智政策也没有实质性差别。同样的海归人才同时被多地争抢，让其无所适从。例如，在江苏无锡、苏州和常州市引才政策差别仅在优惠力度略有不同，人才引进中的竞争大于合作。

高层次科技人才回国与否受许多因素影响，如表9-4所示。事业发展机会、政策吸引力、民族感情、文化认同、受人尊重和团队吸引力等都是主导因素，这些作用要素大都属于非物质因素。如果没有高新技术产业依托，没有适宜的人才发展环境，单凭优惠政策和优厚待遇也难以吸纳人才。除此之外，海外归国人才落地选择还受一些不可控的个性化因素影响，如家乡、亲朋、个人偏好等。区域合作性政策可能会产生更好的引才效果。

表9-4　　　　吸引海外高层次科技人才回国的主要因素

主要因素	选择比例（%）
事业发展机会	89.9
高层次人才政策和计划的吸引力	84.7
民族感情因素	84.7
文化认同/适宜	83.8

续表

主要因素	选择比例（%）
个人能力的承认/受尊重/社会地位	82.6
研究团队或小环境的吸引力	82.3
实现个人社会价值的机会	81.3
职位升迁机会	80.1

资料来源：祝昊泉、唐裕华：《制定有效的海外科技人才引进政策》，《中国人力资源开发》2012 年第 12 期。

七 缺乏海外人才引进后政策

目前，几乎所有海外高层次人才引进政策都局限于"引得来"方面，而鲜有关注引进后"留得住"和"用得好"政策，海外高层次人才引进后相关政策缺失。如海外引进人才工作合同是三年，三年后该怎么办。许多海外归国人才打算在中国长期发展，而不是权宜之计。海外回国人才在国内发展状况又反过来影响新一轮的引才成效。因此，相关部门应及时制定海外高层次人才引进后政策，或在类似政策中加入相关条款，鼓励海外回国人才在国内扎根发展。

第五节 完善海外高层次人才引进政策的对策建议

吸纳和留住科技人才的关键因素，如图 9-5 所示。调查结果显示，吸纳和留住科技人才的三个关键因素分别为发展机会、科研平台和工资待遇，选择比例分别为 42.7%、42.5% 和 35.8%。从学位分组和职称分组看，无学位、无职称的被调查者更需要发展机会。学位分组中，62.5% 的无学位被调查者选择发展机会；职称分组中，这一选项的选择比例为 32.7%。单位类型分组中，学校教师、科研院所的研发人员更偏爱科研平台，选择比例接近 30%。民营企业或"三资"企业的被调查者更偏爱发展机会，该项的选择比例为 40.9%。据此提出如下对策建议：

第九章 海外高层次人才引进政策实施成效、存在问题与解决对策 219

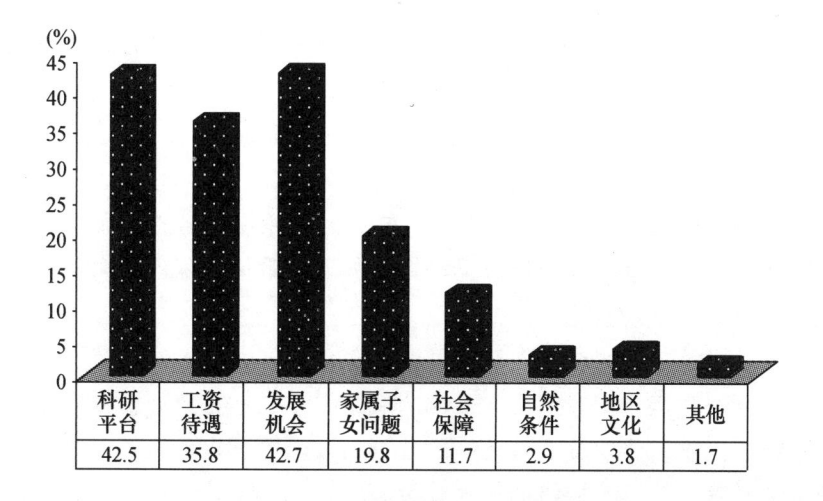

科研平台	工资待遇	发展机会	家属子女问题	社会保障	自然条件	地区文化	其他
42.5	35.8	42.7	19.8	11.7	2.9	3.8	1.7

图 9-5 吸纳和留住科技人才的关键因素

一 建立科技人才政策"立改废"动态管理制度

任何政策制定和实施都具有现实背景和条件，但是，政策环境是在不断变化的，政策制定和实施不能一劳永逸，而应建立政策"立改废"动态管理制度，否则就会犯"刻舟求剑"的错误。当前，科技人才政策管理尚未建立"立改废"制度。一些政策实施背景和存在意义已发生改变，需要及时作出政策调整。

一是中央和地方组织人事部门应建立科技人才政策"立改废"动态管理制度。政策出台前应预先调研，确立政策制定和实施的必要性和可行性；政策制定中应咨询专家建议和科技人才管理者的意见，保障科技人才政策的前瞻性和可操作性；政策制定后根据情况选择试点地区或单位，根据试点经验修正政策内容；政策实施后要建立政策跟踪和实施效果评估制度，根据实施中存在的问题和实施成效及时修订政策；党的指导方针作出调整之后，要重新审核相关政策，废除不合时宜的政策或内容条款。

二是政府组织人事部门要指导、监督、检查基层单位科技人才政策的制定实施，保障单位科技人才政策精神符合国家人才战略方针。

三是基层单位组织人事部门对本单位科技人才政策措施进行动态管理。根据本单位发展战略目标和科技人才供求关系制定实施和修正科技人才引进、培养、流动和激励政策。

二 建立完善"自上而下"和"自下而上"相结合的人才政策制定机制

科技人才政策制定需要建立和完善"自上而下"和"自下而上"相结合机制。

一是中央组织人事等部门制定科技人才政策后，各省市要结合本地实际在中央政策框架内制定可操作性强的人才政策，保证国家科技人才政策在地方的贯彻实施。

二是成效较好的地方创新性科技人才政策可以扩大试点范围，甚至升级为国家政策。国家组织人事部门应组织开展地方典型科技人才政策成效评价工作，将实施成效较好的政策列入全国试点政策，并根据试点效果考虑确立为国家层级的人才政策。

三是中央组织人事部门科技人才政策要汲取已在地方取得较好成效的条款，政策制定后要选择典型地区先行试点。

三 根据政策层级区分普适性和可操作性，实现科技人才政策弹性和刚性统一

调查中发现，政策实施过程中常常犯教条主义错误，僵化地执行政策规定条款，而没有把握政策精神和宗旨。这就要求政策既要具有可操作性，又要具有一定的普适性。一般而言，政策层级越高，政策的普适性就越强。

一是中央组织人事部门制定国家科技人才政策时要充分考虑政策普适性。政策共性应既能够贯彻国家中长期发展战略方针，又能适应全国各类各层次科技人才。地方科技人才政策则要求适应本区域普适性前提下具有较高的可操作性。

二是地方科技人才政策制定时根据情况增设解释条款，或增加选择性条款，增强政策的可操作性。

三是拓宽科技人才政策适应对象。中央和地方科技人才政策对象不但是本地和国内人才，而且要适应其他地方和国外人才，提高政策的普适性。

四 构建区域性科技人才政策

国家城市群建设对按照省（市、区）划分的行政管理体制提出了挑战，各省（市、区）划地而治的政策模式需要根据国家区域发展战略作出调整。科技人才政策亦是如此。当前，各省（市、区）应打破

制度壁垒，构建区域性政策，尤其是人才政策。人才的流动性使各省市人才政策难以独善其身，协同制定区域普适性的科技人才政策成为必然选择。

一是各城市群内省（市、区）根据国家经济社会发展战略和城市群内产业结构分布共同制定适合本城市群需求特征的科技人才引进、培养、流动和激励政策，避免科技人才政策同构性和人才引进吸纳的无序竞争。

二是各城市群内省（市、区）要按照国家战略部署调整产业结构，避免产业结构同构性，增强城市群内部产业互补合作，科技人才合作和共享。

五　完善科技人才引进政策配套体系

没有配套政策，科技人才引进政策就孤掌难鸣。人才引进工作牵一发而动全身。完善科技人才引进配套政策：

一是需要改革完善户籍制度。中小城市户籍壁垒已破冰，特大城市如上海市户籍改革目标是建立居住证制度。上海市准予部分紧缺人才和海外高层次人才落户，而其他引进人才实行居住证管理。特大城市应根据承载力和人才需求特征对引进的科技人才进一步放开户籍门槛，让更多科技人才家属和子女得以落户或者缩短居住证转为户籍的时间。

二是家属工作和子女教育政策。人才引进单位和所在城市政府要制定措施办法，协助解决科技人才就业困难家属的工作问题和子女教育问题。

三是完善海外人才居留签证和出入境政策。建议制定中国"绿卡"制度，给予那些愿意在中国长期工作生活的外国专家发放绿卡。进一步简化外专人才出入境手续，缩短通关手续和时间。

四是改革项目管理制度。授予项目负责人更多的项目自我管理权限。

五是改革职称评审政策。目前体制外单位职称评审政策已普遍建立和实施，但设置了传统职称晋升的英语门槛，将一些高技能专家拒于职称门外。国家应建立分类别职称制度，提高职称政策的普适性，让具备一定专业技术技能的专业人才获得相应的技术职务称号。

六　拓宽引才引智政策的国际化视野

目前，科技人才引进政策主要引进华裔科技人才，轻视非华裔人才的引进。虽然引进难度较大，但非华裔海外人才会带来国外的科技文化思想和观念，这将对我国传统科技创新文化产生影响。

一是科技人才引进政策应向非华裔海外人才（如外国来华留学生、国外土生土长的海外高层次人才等）倾斜，增加非华裔科技人才引进的比例。

二是引才政策指导和规范人文社科领域海外高层次人才（如熟悉国际规则的管理人才和人文艺术人才等）的引进。

三是海外引才引智计划还应涵盖国内外新兴领域或国内尚未涉足领域的人才，包括高层次科技人才和经营管理类人才。

七 建立和完善海外高层次人才资格评定体系

一是建立和完善海外高层次人才信息数据库。可以依托国家各类驻外机构，发现和推荐海外杰出人才，也可以由政府引导，通过海外华侨华人专业人士社团、商会、留学生协会等相关组织提供相关信息，建立海外高层次人才信息数据库，并定期进行更新完善。

二是完善拟引进海外人才评价体系。人才评价应该从态度、行为、业绩和能力四个维度入手。态度指科研态度、科研品质，此信息可以从海外大学学院的师生评价获得；行为指科研过程中的行为表现，该信息可以从海外学习或工作单位的同事中获取；能力指科研能力、社会影响力和团队管理能力，该信息可以从所在学科领域的社会评价中获得；业绩指单位时间内取得的科研成果。

三是完善海外人才评审专家数据库。建立评审专家遴选和动态调整机制，及时将脱颖而出的尖端人才纳入专家库。从专家库中挑选业内一流专家组成国家级评审委员会，下辖多门类专家组，分类评定新技术、新学科方面的高端人才。

八 构建海外科技人才引进后政策

一是构建"保生活、宽授权和严考核"的引进人才管理体制。"保生活"即保障海外人才的国内生活。如解决引进人才安家落户、工资收入、家属工作、子女教育等生活基本问题，让海外人才安心工作。"宽授权"即通过授权营造宽松的工作环境，提高引进人才工作的自主性，减少科研工作过程行政干预。如授予引进人才科研经费自主支配权限，项目内容或技术路线自行调整权限，团队成员聘用权限，学术管理自主权限等。"严考核"即建立科学严格的绩效评价体系。可采用目标管理法考核引进人才的任务目标达成情况。

二是建立和完善引进人才动态调控机制。第一，建立资助经费动态管理制度。分期拨付政府补助经费，当期考核合格后方能拨付下期经费。第二，建立海外高层次人才资格动态管理制度。将三年合同期满后考核合格作为保留"千人计划"人才资格并获得持续资助的必要条件。

三是制定海外高层次人才中长期契约管理政策。许多海外归国人才打算在中国长期发展，其国内发展状况又反过来影响新一轮人才引进成效。建议与考核优秀的全职型引进人才签订中长期合同，持续资助其国内后续的科研工作。同时加强海外引进人才的国际交流，及时获取和传播国外科技前沿动态和以才引才。

第十章 新时期我国科技人才培养政策成效约束与提升对策

第一节 新时期我国标志性科技人才培养政策

新时期我国标志性科技人才培养政策如表 10-1 所示。

表 10-1 新时期我国标志性科技人才培养政策

颁布时间	颁发部门和政策编号	政策名称	政策文件
1995 年 11 月 2002 年 5 月 2013 年 1 月	人力资源与社会保障部等	"百千万人才工程"	1995 年 4 月,《关于培养跨世纪学术和技术带头人意见的通知》；1995 年 11 月,《"百千万人才工程"实施方案》；2002 年,《新世纪"百千万人才工程"实施方案》；2013 年,《国家"百千万人才工程"实施方案》
2012 年 8 月	中组发〔2012〕12 号	"万人计划"、国家高层次人才特殊支持计划	将"百千万人才工程"纳入此计划。与"千人计划"相互衔接,包括杰出人才、领军人才和青年拔尖人才计划
2004 年 6 月	教育部	高校高层次创造性人才计划	《"长江学者和创新团队发展计划"创新团队支持办法》《新世纪优秀人才支持计划》《青年骨干教师培养计划实施办法》
2007 年 8 月	教育部等(教高〔2007〕16 号)	国家重点领域紧缺人才培养政策	《关于进一步加强国家重点领域紧缺人才培养工作的意见》

第十章　新时期我国科技人才培养政策成效约束与提升对策　225

续表

颁布时间	颁发部门和政策编号	政策名称	政策文件
1986 年 3 月	科技部	国家高技术研究发展计划（"863"计划）	"863"计划于 1986 年 11 月启动（国科发计字〔2001〕632 号），《国家高技术研究发展计划（"863"计划）管理办法》
1997 年 6 月	科技部	国家重点基础研究发展计划（"973"计划）	"973"计划由科技部负责，会同国家自然科学基金委员会及各有关主管部门共同组织实施
1994 年	国家自然科学基金委	国家杰出青年科学基金	1994 年陈章良向李鹏总理提议成立基金，以吸引海外华人和中国留学者回国效力，振兴中国的科学研究，其中基金也资助国内的优秀人才。基金每年受理一次
1985 年 1986 年 1992 年 1994 年 1996 年 1999 年 2006 年 2011 年	国家科委、教育部、人事部、全国博管会等	博士后工作政策	1985 年，《关于试办博士后科研流动站的报告》；1986 年《国家科委、公安部关于博士后研究人员及其配偶、子女落户等问题的通知》《国家科委、国家教委关于博士后研究人员子女上学问题的通知》；1992 年，《人事部、国家教委关于进一步争取优秀留学博士回国做博士后的通知》；1994 年，《人事部、劳动部、公安部关于解决博士后研究人员配偶流动期间工作安置等问题的通知》；1996 年，《人事部、全国博管会关于进一步加强博士后管理工作的通知》；1999 年，人事部、全国博士后管委会《中国优秀博士后奖励规定》；2006 年，人事部、全国博士后管委会《关于印发〈博士后管理工作规定〉的通知》；2011 年，《全国博士后管委会办公室与香港学者协会联合培养博士后研究人员计划（简称"香江学者计划"）协议书》；同年，《中国博士后基金会和京港学术交流中心"香江学者计划"实施细则（暂行）》

续表

颁布时间	颁发部门和政策编号	政策名称	政策文件
2002年 2005年 2007年 2011年	人事部、教育部、科技部、财政部等	专业技术人员继续教育政策	2002年，人事部《2003—2005年全国专业技术人员继续教育规划纲要》；2005年，人力资源和社会保障部《专业技术人才知识更新工程（"653"工程）实施方案》；2007年《关于加强专业技术人员继续教育工作的意见》；2011年《专业技术人才知识更新工程实施方案》
2011年10月	中共中央组织部、宣传部、教育部、科技部、财政部、人力资源和社会保障部、中国科学院、中国工程院	青年英才开发计划实施方案	包括"青年拔尖人才支持计划""基础学科拔尖学生培养试验计划""未来管理英才培养计划"

资料来源：根据收集到的科技人才政策整理。

大体看来，我国科技人才培养政策实施方式主要分为科技人才培养专项计划和科研计划。前者是以科技人才为对象，通过对科技人才提供专项支持提高其科学研究和技术开发能力，后者是以项目（课题）为载体，通过对项目提供经费支持达到科技研发和人才培养的双重目标。"十五"期间，《中共中央国务院关于加强技术创新，发展高科技，实现产业化的决定》明确提出了"国家科研计划实行课题制管理"。北京市和上海市科技人才培养专项计划如表10-2所示。

表10-2　　北京市和上海市科技人才培养专项计划或工程

时间	北京市		时间	上海市	
	发文单位	计划名称		发文单位	计划名称
1993年	科委	北京市科技启明星计划	1995年	上海市教育发展基金会、市教委	高校优秀青年骨干教师"曙光计划"

续表

时间	北京市 发文单位	北京市 计划名称	时间	上海市 发文单位	上海市 计划名称
1996年	科协	北京青少年科技后备人才早期培养计划	2001年	科委	白玉兰科技人才计划
2004年	人力资源与社会保障局	北京市新世纪"百千万人才工程"	2003年	科委	上海市优秀学科带头人培养计划
2002年 2006年 2011年	人力资源与社会保障局	北京市博士后培养计划	2003年	科委、教委	青少年学生科技后备人才培养计划
2005年	组织部	北京市优秀人才计划	2003年	科委	上海市青年科技启明星计划（包括B类和跟踪类）
2005年	教委	北京市属高等学校人才强教计划、拔尖创新人才计划	2005年	人事局、科委	上海市浦江人才计划
2008年	组织部、共青团	北京青年英才培养计划	2006年	组织部、人力资源与社会保障局	上海市领军人才培养计划（国家队、地方队和后备队）
2011年	中关村管委会	中关村高端领军人才聚集工程	1993年 2008年	人力资源与社会保障局	上海市博士后培养计划
2011年	科委	科技北京百名领军人才培养工程	2014年	科委	青年科技英才"扬帆计划"

第二节 标志性政策演进

一 青年人才培养计划

主要包括中科研百人计划、国家杰出青年科学基金项目和"百千万人才工程"。1994年，中国科学院制订实施了百人计划，百人计划青年人才界定为 45 岁以下（海外引进人才 40 岁以下）。同年，陈章良向李鹏总理提议成立基金，以吸引海外华人和中国留学者回国效力，由此启动了国家杰出青年（45 岁以下）科学基金项目。1995 年 4 月，国务院办公厅《转发〈人事部等部门关于培养跨世纪学术和技术带头人意见〉的通知》。1995 年 11 月，人事部、国家科委、国家教委、财政部、国家计委、中国科协和国家自然科学基金委联合制订了《"百千万人才工程"实施方案》。2002 年，按照人才强国战略，人事部等修改制订了《新世纪"百千万人才工程"实施方案》。该方案实施 10 年后，根据《国家中长期科学和技术发展规划纲要（2010—2020 年）》，2013 年人力资源社会保障部会同科技部、教育部、财政部、发展改革委、自然科学基金会、中国科协联合制订《国家"百千万人才工程"实施方案》，将"百千万人才工程"纳入"万人计划"。2007 年，国家自然科学基金项目从面上项目分出青年科学基金项目，规定申请者为男 35 岁，女 40 岁以下。我国青年人才培养政策已形成一个体系。

二 高校高层次创造性人才计划

为贯彻实施人才强国战略，建设创新型国家。2004 年 6 月，教育部制定实施《高校高层次创造性人才计划》。该计划包括《长江学者和创新团队发展计划》《新世纪优秀人才支持计划》和《青年骨干教师培养计划实施办法》。重点培养创新性强的高校青年教师。

三 博士后人才培养政策

1983 年，华裔物理学家李政道建议中国实行博士后制度。1984 年 5 月，邓小平听取李政道博士后制度实施意见后表示："这是一个新的方法，是培养使用科技人才的制度。"1985 年 7 月，国务院批准了国家科委、教育部等《关于试办博士后科研流动站的报告》，试行博士后制度——中国博士后制度正式确立。1986 年，国家科委、公安部制定了《关于博士后研究人员及其配偶、子女落户等问题的通知》和《关于博士后研究人员子女上学问题的通知》，1992 年，人事部、国家教委出台了《关于进一步争取优秀留学博士回国做博士后的通知》，1994 年，人事部、劳动部、公安部制定了《关于解决博士后研究人员配偶流动期间工作安置等问题的通知》，为了加强博士后工作管理，1996 年和 2006 年，人事部和全国博士后管委会制定《关于进一步加强博士后管理工作的通知》和《博士后管理工作规定的通知》。为激励博士后人员，1999 年，人事部和全国博管会制定了《中国优秀博士后奖励规定》。2011 年，全国博士后管委会办公室与香港学者协会签订了联合培养博士后研究人员计划（简称"香江学者计划"）协议书；同年，中国博士后基金会和京港学术交流中心制定了《"香江学者计划"实施细则（暂行）》。

四 专业技术人员继续教育政策

我国一直重视专业技术人员继续教育工作。2002 年人事部制订了《全国专业技术人员继续教育规划纲要（2003—2005 年）》。针对专业技术人才继续教育问题，2005 年人力资源和社会保障部制订了《专业技术人才知识更新工程（"653 工程"）实施方案》。2007 年人事部、教育部、科学技术部、财政部根据"十一五"经济社会发展规划出台了《关于加强专业技术人员继续教育工作的意见》。根据《专业技术人才队伍建设中长期规划（2010—2020 年）》，2011 年人力资源和社会保障部、财政部、科学技术部、教育部、中国科学院制订了作为中长期十二项重大人才工程之一的《专业技术人才知识更新工程实施方案》，计划每年培训 100 万名高层次、急需紧缺和骨干专业技术人才。

五 国家主体性科技计划项目

"973"计划，国家基础研究计划项目。1997 年 3 月，国家科技领导小组第三次会议决定，制定和实施《国家重点基础研究发展规划》，包括国家自然科学基金计划项目和国家重点基础研究发展计划项目。

国家科技支撑计划。为贯彻落实《国家中长期科学和技术发展规划纲要（2006—2020 年）》，在原国家科技攻关计划基础上设立国家科技支撑计划（以下简称"支撑计划"）。国家科技支撑计划是面向国民经济和社会发展需求，重点解决经济社会发展中的重大科技问题的国家科技计划项目。为贯彻落实《国家中长期科学和技术发展规划纲要（2006—2020 年）》，2006 年，科技部制定了《国家科技支撑计划管理暂行办法》；2011 年，科技部制定了《国家科技支撑计划管理办法》。

"863"计划项目。又称高技术研究发展计划项目，是解决事关国家长远发展和国家安全的战略性、前沿性和前瞻性高技术问题，发展具有自主知识产权的高技术，统筹高技术的集成和应用，引领未来新兴产业发展的计划项目。进入 20 世纪 80 年代，王大珩、王淦昌等四位老科学家以学部委员名义给中央写信，呼吁发展我国的高科技。经中央批准,《高技术研究发展计划纲要》产生了。主要研究生物技术、航天技术、信息技术、激光技术、自动化技术、能源技术、新材料领域以及1996年新加的海洋高技术。

科技基础条件平台建设。它是继"863"计划、"973"计划、科技支撑计划之后,由科技部、国家发展和改革委员会、财政部和教育部联合推出的又一重大国家科技计划。

政策引导类计划项目。国家政策引导类科技计划是国家科技部在对原有产业化环境建设计划进行调整归并的基础上提出的,包括国家星火计划、农业科技成果转化资金、火炬计划、科技型中小企业技术创新基金、国家重点新产品计划、国际科技合作计划、国家软科学研究计划、科技兴贸行动专项等。

第三节 新时期科技人才培养政策实施效果

一 人才培养专项计划实施成效

第一,人才培养专项计划总体成效显著。截至2009年,我国已有百千万人才工程国家级人选4100多人,有突出贡献中青年专家5200多人。博士后科研工作站总数达到2129个,博士后科研流动站总数达到2703个,博士后研究人员8万余人。截至2012年年底,享受国务院政府特殊津贴专家累计评选出16.7万人,其中高技能人才1286人。

第二,人才资源总量稳步增长。截至2010年年底,全国人才资源总量达到1.2亿人,比2008年增加780万人。人才资源总量占人力资源总量的比重达到11.1%。其中,企业经营管理人才资源2979.8万人,专业技术人才资源5550.4万人,高技能人才资源2863.3万人,农村实用人才资源1048.6万人。

第三,留学人才创业园建设有序开展。2012年,全年留学回国人员总数为27.29万人,比上年增长46.56%。1978—2012年,各类留学回国人员总数累计达104.62万人。2012年年末,全国共建成各级各类留学人员创业园260余家,其中人力资源和社会保障部与地方政府共建创业园41家,入园企业超过1.7万家。

二 专业技术人才继续教育政策成效

截至2012年，全年全国专业技术人员参加继续教育达3700多万人次。2012年，新确定20个国家级专业技术人员继续教育基地，累计培养1万多名高层次专业技术人才，各地各部门累计培训约109万名急需紧缺人才和骨干专业技术人才。但是，从实际操作来看，科技人才参加单位培训状况和培训效果有待改观。

科技人才参加单位组织的业务或专业培训情况如图10-1所示。都参加和经常参加单位培训的被调查者仅为34%，大部分被调查者（56%）偶尔参加单位组织的培训活动。没有参加培训可能源于所在单位没有开展相关培训活动，也可能是培训活动管理欠缺。从职称分组看，副高级职称的被调查者参加单位培训较少，都参加和经常参加的选择比例为28.9%；从单位和职业类型分组看，学校教师参加本单位培训活动较少，都参加和经常参加的比例低于30%；从学科分组看，从事农学的被调查者参加单位培训较少，都参加和经常参加的比例为26.8%；相反，医学较多，达到44.6%。

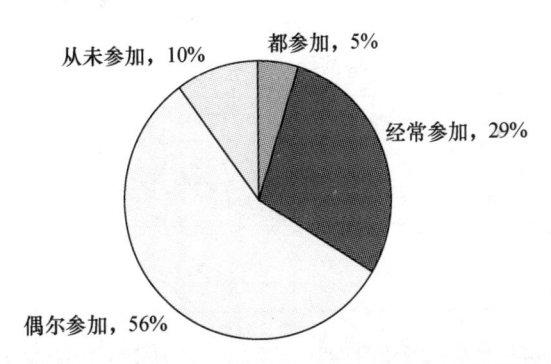

图10-1 科技人才参加单位业务或专业培训状况

科技人才在职学习培训效果如图10-2所示。只有33%的被调查者认为，通过在职学习培训，科学研究和技术开发能力提高较多；而54%的认为学校培训效果一般，科技人才在职学习培训效果有待提高。从职称分组来看，高级政策的被调查者在职学习培训效果较好，科研和技术能力提高较多以上的比例为49.6%；从单位类型分组看，民营企业或"三资"企业、政府部门在职学习培训效果较差，培训后能力没有得到提高的比例分别为13.6%和14.3%。

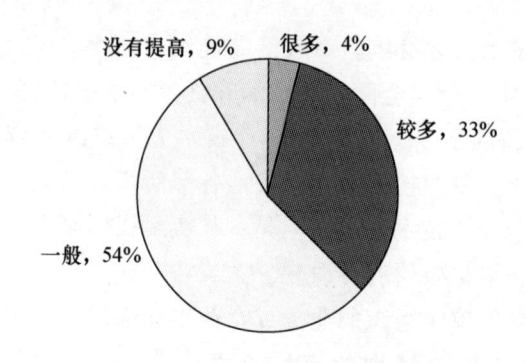

图 10-2　科技人才在职学习培训效果

三　国家主体性科技计划人才培养成效

2002年以来，在人才强国战略的指引下，国家主体性科技计划培养博士、硕士研究生人数基本呈上升趋势（个别年份出现逆向波动）。国家三个主体性科技计划历年培养研究生人数如表10-3所示。2001—2012年，三大科技计划累计培养了369471名博士、硕士人才。

表10-3　三大主体性科技计划历年培养研究生人数　　单位：人

年份	2001	2002	2003	2004	2005	2006	2007	2008	2009	2010	2011	2012
"863"计划	—	3702	11159	12561	17037	2795	8099	18737	21894	23263	11388	10219
"973"计划	2982	4876	6142	6589	6220	6500	11822	14861	15855	19398	14725	13932
科技支撑计划	165	2558	6045	5856	7584	3533	6431	14703	18943	23316	9334	9394

资料来源：有关年份《中国科技统计年鉴》。

第四节　科技人才培养政策成效约束

我国科技人才培养政策取得了一定的成效，但政策自身或其他因素对科技人才培养政策充分释放形成约束。

科技人才培养政策突出的问题如图10-3所示。排在前三位的主要问题是项目立项难资助有限、人才培养专项计划太少、缺乏中小企业人才培养政策，选择比例分别为34.2%、23.6%、20.3%。其次是科技人才培养的地方性政策法规太少、引领基层单位作用不强，分别为15.4%、14%。从单位类型分组看，企业（国有企业、民营企业或"三资"企业）的被调查者认为科技人才培养政策主要问题是缺乏中小企业科技人才培养政策和人才培养专项计划太少。

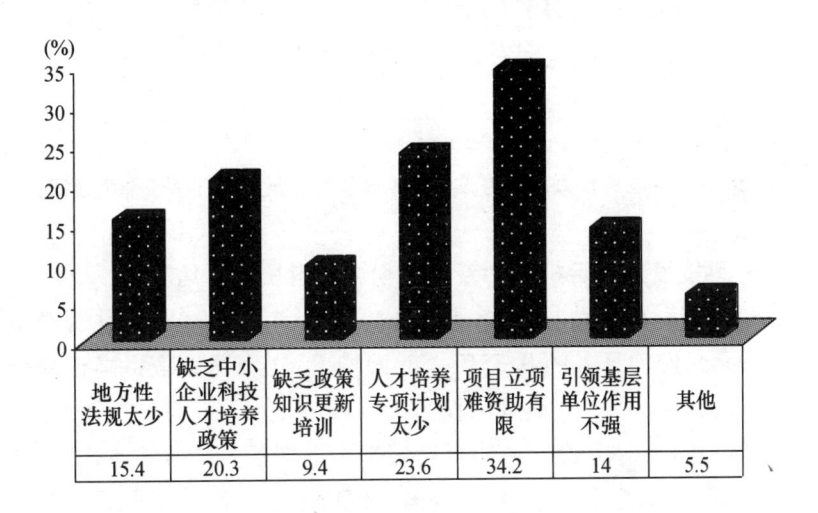

地方性法规太少	缺乏中小企业科技人才培养政策	缺乏政策知识更新培训	人才培养专项计划太少	项目立项难资助有限	引领基层单位作用不强	其他
15.4	20.3	9.4	23.6	34.2	14	5.5

图10-3 科技人才培养政策存在的主要问题（基于个案数据）

抑制科技人才培养政策成效释放的主要原因如图10-4所示。阻碍科技人才培养政策发挥作用的两个主要原因：一是培养经费短缺，占35.7%，二是培训转化效果不高，占30.7%。其次是培训内容不能应用、领导不重视，分别占17.2%和13.6%。从单位类型分组来看，国有企业的被调查者认为，主要原因是培训转化效果不高和领导不重视，政府部门的被调查者认为，主要源于培训内容不能应用和培训转化效果不高；从职业类型分组来看，科技管理人员认为，主要原因是培训效果转化不高和领导不重视。从调查结果分析可以看出，科技人才培养政策成效主要约束表现在六个方面。

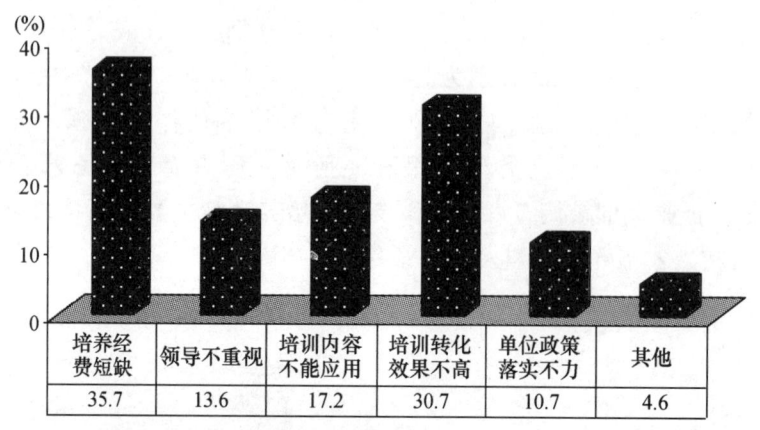

培养经费短缺	领导不重视	培训内容不能应用	培训转化效果不高	单位政策落实不力	其他
35.7	13.6	17.2	30.7	10.7	4.6

注：多选项，百分比之和不等于100%。

图10-4 抑制科技人才培养政策成效释放的主要原因（基于个案数据）

一 科技投入不足抑制创新力量积淀和科技人才培养

一是我国科研经费投入严重不足。2008年，我国人均科研经费为18.37万元，仅为日本的0.55%。就人均R&D经费而言，高创新国家普遍在10万美元以上，而我国仅为2.2万美元。

二是我国的R&D经费一直保持着增长，但研发投入占GDP比重仍然偏低。据初步统计，2010年全国R&D经费比上年增长了20.3%，R&D经费投入占GDP的比重由1.70%提高到1.75%，与世界500强企业5%—10%的投入水平相比还存在较大差距。

三是企业R&D经费占主营业务收入比重较低。国际上企业研发经费支出占主营业务收入比重若低于2%，企业创新将难以维持。2012年，我国规模以上工业企业研究开发经费内部支出占主营业务收入比重仅为0.77%，研发投入不足削弱了企业持续创新力量积累和科技人才培养。

二 科技人才培养专项计划入选人才的领军作用不强，资助力度不够

人才培养专项计划存在的问题如图10-5所示。34.1%的被调查者认为，人才培养专项计划主要问题是入选人才带动作用不强；33.4%的被调查者认为，主要问题是没有充分调动单位人才培养积极性。从单位类型分组看，医疗机构的被调查者认为，人才培养专项计划主要问题排

第十章 新时期我国科技人才培养政策成效约束与提升对策 235

在前两位的是入选人才带动作用不强和入选人数太少，说明这两个问题在医疗机构更加突出。

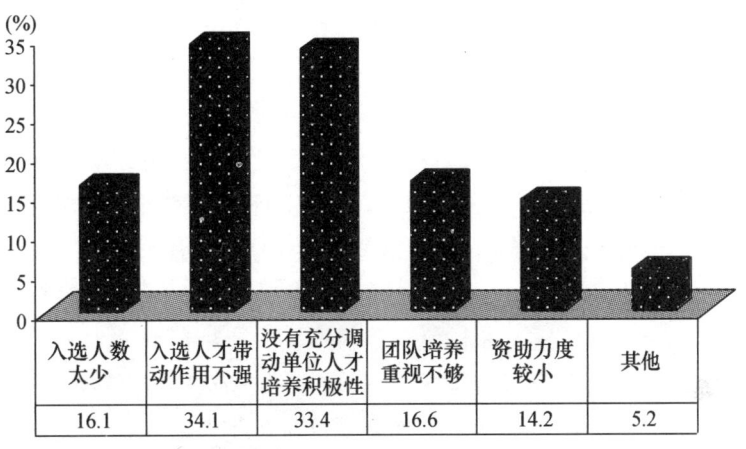

入选人数太少	入选人才带动作用不强	没有充分调动单位人才培养积极性	团队培养重视不够	资助力度较小	其他
16.1	34.1	33.4	16.6	14.2	5.2

注：多选项，百分比之和不等于100%。

图 10-5 科技人才培养专项计划存在的主要问题（基于个案数据）

入选人才领军作用不强成为科技人才培养专项计划的首要问题。人才培养专项计划的目的是通过对入选人才的培养带动团队建设。也就是让分子带动分母，促进有创新潜能的人才脱颖而出。但专项计划实施过程中没有充分发挥领军人才的带动作用。主要源于：一是入选的领军人才不能较好地融入单位文化，人才的凝聚力和向心力不强。二是领军人才年龄偏大，创新能力下降。领军人才的遴选主要依据过去的科技成果推演未来预期的业绩，但随着年龄增长，人才的创新能力和创新动力也在下降，出现心有余而力不足的现象。三是领军人才所在单位科研条件较差，难以为创新团队提供有效的科研支持。团队科技能力需要在科技活动中不断提升，简陋的实验仪器和设备制约高精深技术的实验开发。

科技人才培养专项计划资助对象是科技人才本身，入选人才以自主选题形式从事研究。与团队项目培养不同，人才专项计划资助力度有限，除政府资助外，还要求所在单位同比例配套科研经费。如《新世纪优秀人才支持计划》，计划资助期限为3年，政府共资助10万元，所在单位配套支持10万元。由于财力的差异，所在单位配套支持力度不一，甚至没有配套。这样看来，人才专项计划资助力度有限，人才培养效果倒不如激励效果。

三　青年科技人才培养力度加大，但人才成长仍步履维艰

青年阶段是创新能力释放的最佳时期。人才学理论研究表明，自然科学创新的"最佳年龄区"在25—45岁，峰值在37岁左右。而创新人才最佳培育期需设定在峰值期之前，也就是说，37岁之前要完成科技人才的基本开发，37岁以下的青年人才应是科技人才政策调整的重点。目前，我国各类科技人才培养专项计划和科研项目大都设有青年人才项目或对入选年龄给予严格界定，加大对青年科技人才培养。但青年人才获批项目立项的机会仍然不多。以2008年国家主体性科技计划为例，项目主持人中35岁以下所占比例仅为7.6%。主持项目和参与项目对青年人才培养大相径庭。在科研起步阶段，主持项目研究大大促进了青年人才成长。李晓轩等（2002）的调查显示，78%的青年科技将帅人才认为，主持国家自然科学基金青年项目对青年人才成长意义重大，而参与项目研究的培养效果大打折扣。

四　科研计划培养中人才劳动价值没有得到充分体现

科研计划在人才培养的同时创造了科技成果，但科研经费分配中人才的劳动价值没有得到充分体现。发达国家科技活动劳务成本占比为45%左右，而我国研发经费支出中人力成本仅占23.5%。科技活动是复杂的脑力劳动，人才在科学研究和技术开发中付出了艰辛的劳动，理应获得劳动补偿。科技人才科技研发过程中主要获得工资收入，如果科技成果得到转化还能获得一笔收入，但科技创新是具有一定风险的活动，能否取得科技成果，科技成果能否转化都具有不确定性。目前科技人才参与科技活动主要原动力在于职称评定，一旦评上目标职称，在没有劳动补偿的情况下，科技人才就失去持续科研的动力。

五　博士后培养政策出现"刻舟求剑"现象

博士后政策在科技人才培养方面曾经发挥重大作用。实践表明，博士后工作显著提高了博士毕业生的科研能力。但随着供求关系变化，博士毕业生就业也出现困难，博士后社会评价走低。与博士毕业生相比，博士后出站后因年龄增大，没有明显就业优势。这样，博士生脱产从事博士后研究的动力下降。受所在工作单位和设站单位人事制度的双重约束，在职博士后研究意愿有时难以实现。博士后培养政策应及时调整，将博士后研究工作与就业结合起来，引入竞争机制，使优秀博士后脱颖

而出并走上合适的科研岗位。

六 科技人才培养政策没有充分调动基层单位科技人才培养的积极性

科技人才培养政策的引领带动作用如图10-6所示。国家科技人才培养政策对单位的引领作用较大或很大的比例仅为34.2%，一般的比例为60.7%。可见，国家政策没有充分调动单位的人才培养积极性。从年龄分组来看，36—40岁的被调查者国家政策引领作用较大以上的选择比例较低，为27.6%，说明这个年龄段没有成为单位人才培养政策调整的主要对象；从单位类型分组看，国有企业和政府部门的被调查者国家政策引领作用评价向好的比例较低，分别为18.6%和14.3%，这两类部门人才培养政策措施不多。相反，教师和研发人员选择比例较高，分别为38%和33.6%，说明国家科技人才政策对学校和科研院所的引领带动作用较大。

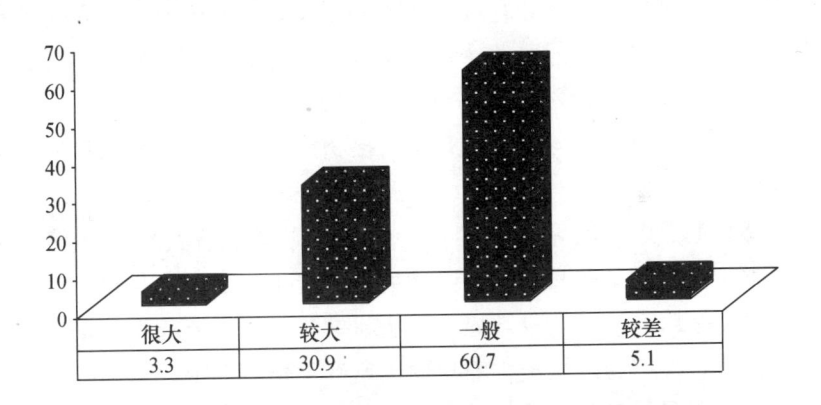

	很大	较大	一般	较差
	3.3	30.9	60.7	5.1

图10-6 科技人才培养政策对基层单位的引领带动作用

企业是科技创新的主体。科技人才政策不但应该调整高校和科研机构等事业单位，而且应覆盖国有企业以及体制外企业单位。上海市政协委员廖侃发现，上海市人才资助计划明显青睐事业单位和科研院所，而企业尤其是民营企业从政策中获益较少。企业是技术开发和技术创新的主体，与事业单位相比，企业更需要技术开发与应用人才。科技人才政策应适时向企业倾斜，增加科技人才培养专项计划中企业科技人才入选人数，以此调动企业科技人才培养的积极性。

第五节　提升科技人才培养政策成效的对策

一　建立科技研发投入动态增长机制，完善科技人才培养政策体系

一是中长期内我国R&D投入占GDP比重达到并超过2%的水平。发达国家R&D投入占GDP比重一般在2%以上，我国人均GDP已超过5000美元，进入发展中国家向发达国家迈进的阶段，有必要、有条件依靠科技进步推进经济社会又好又快发展。

二是将企业R&D投入占主营业务收入的比重达到2%，只有这样才能形成持续创新能力。

三是国家科技研发投入适时向企业尤其体制外企业倾斜，增加企业科技人才培养和技术创新能力。

四是国家科技人才培养政策应无差别地覆盖民营企业。民营企业是技术创新的活跃主体，但民营企业吸纳和培养科技人才的能力不强，国家科技人才培养专项计划应无差别地覆盖民营企业科技人才。

二　建立学校教育与干中学有机衔接机制，使人才培养政策对象向大学延展

一是教育部应及时调整高校博士生培养政策，提高博士生培养质量。硕士生尚不具备较高现实科研能力，博士生应是未来科技活动的主力军。研究生培养政策应科学界定硕士研究生和博士研究生的培养目标和培养方案，参照国外做法，缩短硕士研究生培养期限，适当延长博士研究生培养年限。教育部监督检查博士生培养质量，要求培养质量下降的博士点限期整改并缩减招生规模。

二是改革博士生招生制度。建立以"申请—评审制"为主导的多元化博士生招生方案，减少考试录用博士生比例。如推荐、评审和定期考核制等。

三是改革博士后培养制度。建立培养与就业相结合的博士后培养政策。中国海洋大学等实行师资博士后制度。即以师资引进、培养为目标，按照师资选拔程序招收博士后研究人员。博士后研究期满，由学院和流动站共同组织考核，符合相应教师岗位要求的，经学校批准，办理教师聘任手续；不聘用的，按照博士后管理办法办理出站手续。

四是政策鼓励在校研究生申报科技项目。国家各类科技计划和科技项目为培养青年科技人才提供了重要载体，求学过程中主持参与国家科技项目将起到事半功倍的效果。

三 加强青少年科技后备人才培养，使人才培养政策对象向中小学延伸

目前，我国科技人才培养政策调整对象主要是科技工作者，较少顾及在校学生。青少年科技后备人才应纳入科技人才培养政策的视野。后备人才培养在一些省市早有探索。如1996年，北京市科协实施《北京青少年科技后备人才早期培养计划》，2003年，上海市科委和教委启动了《青少年学生科技后备人才培养计划》，这些政策取得了较好成效。2011年中组部、中宣部、教育部等部门联合颁布了《青年英才开发计划实施方案》，其中包括"基础学科拔尖学生培养试验计划"，重点选拔培养在校大学生和研究生。下一步，科技人才培养政策应覆盖更多的中小学、大学在校学生，推动具有科技爱好和科技潜能的青少年学生脱颖而出。

四 充分尊重科技劳动价值，激励青年人才参与科技活动

科技人才培养政策应做出调整。

一是提高科研经费中人力资本的收益，激励青年人才参与科技活动。除在校研究生科研补助和专家咨询费外，青年项目经费预算中增加科研补偿项目，明确项目负责人从科学研究中获得的收益补偿。

二是降低科技人才培养专项计划中青年科技人才入选门槛，让更多青年人才从专项计划中获益。科技人才培养专项计划兼具培养与激励双重功能，入选人才在政府资助中获得激励。

五 科技人才培养专项计划对象应从个体向团队延伸，提高领军人才的带动效应

目前，科技人才培养专项计划调整对象以个体为主，个人前期业绩和年龄是申报和立项的主要依据，而较少考虑入选人才的团队建设效果和带动效应。这样，人才培养专项计划的成效大打折扣。国家科技人才培养专项计划应从个体向团体延伸，以个体及其引领的团队共同作为计划申报对象。计划实施成效统筹考核入选个体及其团队建设两个方面。

第十一章　我国科技人才流动政策成效约束与提升对策

第一节　研究背景

在知识经济的时代,科技实力成为一国核心竞争力的集中体现,它渗透于国民经济发展的各个方面,并对生产生活产生越来越深刻的影响。而科技人才作为科学技术的承载体和科学技术创造的主体无疑成为地区之间乃至国与国之间的竞争核心。拥有更多的科技人才,更好地发挥科技人才的潜力,就拥有了更多的优势和主动权,吸引更多优秀的科技人才就成为落后地区培养和孕育后发优势以提高综合竞争力的有效手段,因此要优化人才资源的配置就需要加快人才尤其是科技人才的流动,才能实现人才的效用最大化。

改革开放以来,为了适应我国社会主义市场经济体制建设的需要,我国开始允许、鼓励科技人才在一定条件下和一定范围内合理流动,并逐步建立健全规范有序的人才市场体系。科技人才的流动经历了四个阶段[①]:

第一个阶段是科技人才流动的破冰期,时间从20世纪80年代中期至80年代末期。这个时期正是刚刚改革开放初期,计划经济影响依然根深蒂固,尽管政策已经开始允许科技人才流动,但是对于流动的方向依然有比较严格的限制,即"从国有企业流向集体企业、从大城市流向中小城市、从内地流向边疆"。在此期间,诞生了全国第一家人才服务机构,出现了放弃档案关系告别"体制"的现象,尽管数量和规模有限,但毕竟标志着我国市场配置人才的机制开始建立和启动。

---

① 《我国改革开放后的四次人才流动》,《成都人才》(网络版)2009年第11期。

第二个阶段是科技人才流动规模迅速扩大的时期，时间从20世纪80年代末期至1992年邓小平南方谈话。从开始的允许和试探性政策的出台，到鼓励科技人才流动，可以看出这个时期我国人才流动政策的引导倾向更加突出和明显。市场经济体制初步建立并开始显示其巨大的活力，资源配置的市场化对人才流动的规模和范围提出了更高的要求。科技人才从机关、高校、研究所流向企业，从全国各地涌向广东、江浙等沿海地区。"下海"一词正是在这个时期出现的。由于大量的企业并不具备人才档案管理权限，因此，这个阶段对人才档案的统一市场化管理提出新的要求。

第三个阶段是人才流动政策的规范化以及统一的人才市场建立健全时期。这个时期是从邓小平南方谈话后至20世纪90年代末期。这个时期人才流动空前活跃，由于当时人才的稀缺性，不少单位愿意花重金招聘人才，并且招聘的人才已经不再局限于当地。此时统一的人才市场管理机构在资源配置方面开始发挥越来越重要的作用。中组部和人事部下发的《关于培育与发展人才市场的意见》正是在这一时期出台的。

第四个阶段是科技人才流动进一步调整深化阶段。这个时期是从21世纪初至今。这个时期市场经济体制已经基本建立健全，经济在经过迅速发展的阶段后开始进入结构调整期，一些传统固守的制度政策正在面临深刻的变革。单位对科技人才的需求已不再像早些时候那样盲目和来者不拒了，科技人才的流动也更加趋于理性和常规化。在这一阶段还有一个比较突出的特点就是人才流动的国际化，科技人才不仅流向海外，还出现大量的海外科技人才回流的现象。

在这一背景下，我国出台了一系列鼓励和促进科技人才流动的相关政策。学者们也对科技人才流动的相关问题展开探讨。周桂荣等认为，科技人才的绝对优势不仅促进了东部地区经济的飞速发展，成为全国经济发展的引擎，同时也进一步拉大了与中西部经济发展的差距。[1] 而传统的人事管理制度，工资分配不合理现象，包括户籍在内的社会管理制度，不完善的人才市场体系等都是影响人才流动的主要障碍。[2] 因此，努力缩小经济差距就需要制定吸引科技人才的政策措施，包括较好的待

---

[1] 周桂荣、刘文江：《我国科技人才布局中存在的问题及对策》，《科学学与科学技术管理》2006年第1期。

[2] 陈力、张璐琴：《我国人才资源流动与配置现状分析》，《第一资源》2009年第1期。

遇政策、良好的科研环境和生活环境、加大对科研的投入。①通过对科技人才的吸引，促进当地经济的发展。

第二节 科技人才流动政策实施效果

虽然各地建立了科技人才市场，但科技人才流动的保障和激励机制不完善，人才流动的政策法规少之又少，地方性政策操作性和配套性不强，科技人才流动政策成效较低，科技人才流动未常态化。中西部地方政府应完善市场化跨区域流动政策，消除流动障碍，构建劳动收入市场化主导的人才吸纳集聚政策，鼓励科技人才兼职性流动。

一 科技人才流动政策实施效果较差

第一，科技人才流动政策较少。我国科技人才流动政策多散落在党的文件决定以及科技或人才发展规划中，而正式颁布的可操作性政策规定较少。

第二，科技人才流动政策执行不到位。调查显示，科技人才流动政策执行不到位甚至没有执行的选择比例为82.0%。

第三，科技人才流动政策实施效果欠佳。48.2%的被调查者认为，科技人才流动政策实施效果在一般以下。从单位类型分组看，22.7%的民营企业和"三资"企业的被调查者认为，科技人才流动政策实施效果较差；从引进人才绩效评价看，49.6%的被调查者认为，本单位引进人才的工作绩效低于预期水平。

二 人才引进的地方配套性政策可操作性不强

第一，科技人才引进的配套性政策不健全。调查显示，43%的被调查者认为科技人才引进政策的地方配套性政策不齐全。

第二，人才引进的配套性政策可操作性不强。70.5%的被调查者认为地方配套性政策可操作性不强。海外背景和高职称的科技人才是政策的重点调整对象，人才对政策可操作性问题的感触也较深。从海外背景分组看，一年以上海外经历的被调查者选择比例最高，为75.6%；从

---

① 纪建悦、朱彦滨：《基于面板数据的我国科技人才流动动因研究》，《人口与经济》2008年第5期。

职称分组看，正高级职称被调查者选择比例最高，为 82.4%；从单位类型分组看，来自国有企业的被调查者选择比例最高，为 81.4%。

三 科技人才跨地区跨所有制流动仍未常态化

第一，"孔雀东南飞"趋势没有发生逆转。利用统计数据计算的 2002—2011 年全国各地区科技人才能力指数和科技产出效能指数显示，中西部与东部地区科技人才能力差距趋于发散，而科技产出效能差距有所收敛，表明新时期我国科技人才引进流动政策对东部地区影响效应大于中西部地区，科技人才引进流动趋势没有发生逆转。

第二，科技人才体制内外流动仍未常态化。受流动政策约束，科技人才从体制内向体制外流动仍顾虑较多，流动的积极性不高。

第三节 科技人才流动政策成效约束主要问题

一 宏观政策的引导性不足

总体来看，国家科技人才流动政策更侧重于打破人才流动的藩篱，而没有突出人才的导向作用。制约人才流动的政策被逐一打破，尤其是相关户籍、档案等政策的逐渐放开，流动的体制性障碍变得越来越小，科技人才作为地区和行业的重要竞争目标，任意跳槽、离职的现象越来越多。在这种情况下，一线城市和发达地区反而凭借自身在自然环境、经济基础、文化氛围和科学技术等综合条件的优势，吸引更多的优秀人才流入。作为在各个方面都输于发达地区的中西部地区，在人才吸引方面本来就缺乏优势，当人才流动的限制条件逐步被打破后，直接面临着人才流失的严重问题。在利润率高低不等的各个行业之间，人才流动的方向也是遵循着由低收益行业向垄断等高收益行业集中的趋势。

人才流动政策促进了人才的合理流动，提高市场机制对人才的配置作用。但是，正是由于市场配置资源的缺陷和不足，人才流动政策在一定程度上更加剧我国科技人才相对过剩（沿海发达地区/高利润行业）和科技人才相对短缺（西部落后地区/低收益行业）的矛盾，科技人才并没有流向最需要的地区和行业，由此加剧了地区和行业发展不平衡的矛盾。

二 相关配套性政策不健全使流动政策出现天花板效应

中央的政策仅仅规定了意见思想、政策方向和总体要求，政策实施中会遇到各种各样的具体问题，需要各地根据中央政策精神制定可操作性强的配套性政策。即使有配套性政策，政策执行者还需要根据政策思想灵活处理具体问题，而不能僵化教条。科技人才引进流动政策同样如此。调查发现，国家政策在地方遭遇执行难，地方性特色政策没有充分解决各类流动人才的随迁家属落户工作、子女教育等问题，使看起来很好的政策成为水中花镜中月。

三　保障和激励机制不完善约束科技人才合理有序流动

第一，保障机制不完善约束科技人才体制内外流动。体制内科技人才竞争压力不大，没有产生较强的人才流出推力。而体制外单位托底保障机制不完善，高市场风险削弱人才的流入引力。

第二，激励机制目标不相容限制科技人才地区间流动。科技人才尤其是中青年科技人才更加关注子女教育问题，而激励政策目标侧重科技人才本身，不能满足科技人才的多样化需求，两者目标不兼容使大城市科技人才不愿意携家带口到中小城市工作，东部地区科技人才不愿意到中西部地区安家落户。

四　人才流动的市场化建设有待提高

第一，地区间自由流动仍存在制度性约束。根据东北财经大学杜两省教授等的研究，目前科技人才政策导向是鼓励科技人才向中西部流动，而限制人才从中西部流出。政策后果是由于顾虑未来流出限制，科技人才不敢到中西部地区工作。

第二，地方人才交流组织没有充分发挥市场服务功能。中组部和人事部于1994年和2004年制定实施了《培育和发展我国人才市场的意见》，各地人事部门纷纷成立了人才交流中心，但人才交流中心逐渐演变成流动人员人事档案托管、职称评定等组织结构，没有充分发挥信息收集发布等人才市场中介服务功能。

第四节　完善科技人才流动政策的对策

一　消除流动障碍，政策鼓励科技人才兼职性流动

第一，中央组织人事部门改革人事管理制度，鼓励科技人才兼职从业。即人才与依托单位建立稳定的劳动人事关系，同时可以与其他单位

结成劳务合作关系,实现科技人才的流动和共享。

第二,教育部门制定政策鼓励高校教师社会兼职,提高科技人才社会化服务效率。目前高校教师社会兼职处于默许状态,但传统人事制度将教师圈禁在一个学校。继高校教师不坐班制度后,教育部门可以规定教师合同期内为依托高校年度最低工作时间如9个月,剩余时间可以为其他单位服务。

第三,中西部地方树立"不为所有,但求所用"的人才理念,从全国各地吸纳集聚非全日制工作的科技人才。地方性政策是影响人才流动的主要因素之一。调查显示,46.4%的被调查者认为影响科技人才地区间流动的最大因素是地方性政策吸引力。中西部可以只约定拟引进人才年度科研任务,而不必限定全日制工作时间。科技人才可以知识功能型流动,即人才为中西部地区提供专业化科技服务而不必到那里安家落户,人事关系和家属仍留在原单位和原地。

二 建立完善市场化跨区域流动政策

贯彻党十八届三中全会精神,发挥市场在科技人才流动中的决定性作用,建立完善市场化跨区域流动政策。

第一,建立公平、竞争、统一的人才区域流动政策。完善中西部科技生态,吸纳科技人才向中西部地区流动集聚,但又不限制其流出。政策规定一个工作任务量或基本服务年限如三年,完成约定工作任务或达到基本服务年限,政府就兑现劳务收入和流动许可。

第二,完善人才流动的市场机制。发挥工资机制对人才跨地区跨所有制流动的调节作用。深化市场化改革就要充分尊重劳动的价值,提高科技劳动的收入分配能力。调查显示,吸引人才体制内向体制外单位流动的首要因素是工资待遇,选择比例为34.8%。中西部地区体制外单位要大幅度提高拟引进人才的薪酬福利水平,提高科技劳动的市场价值和社会认可度。

三 完善科技人才引进流动的配套性政策

第一,建立完善海外高层次人才信息数据库。可以依托国家各类驻外机构,发现和推荐海外杰出人才,也可以由政府引导,通过海外华侨华人专业人士社团、商会、留学生协会等相关组织提供相关信息,建立海外高层次人才信息数据库,并定期进行更新完善。

第二,完善拟引进科技人才评价体系。人才评价应该从态度、行为、业绩和能力四个维度入手。态度指科研态度、科研品质，此信息可以从海外大学学院的师生评价获得；行为指科研过程中的行为表现，该信息可以从海外学习或工作单位的同事中获取；能力指科研能力、社会影响力和团队管理能力，该信息可以从所在学科领域的社会评价中获得；业绩指单位时间内取得的科研成果。

第三，完善海外人才居留签证和出入境政策。建议实施中国"绿卡"制度，给予那些愿意在中国长期工作生活的外国专家发放绿卡。

第十二章 新时期我国科技人才激励政策成效约束和破解对策

第一节 研究背景

科学研究和技术开发是一项艰辛的探索性工作，充满了未知风险和失败。科技人才成长和科技工作离不开科技人才政策的保障和激励。改革开放以来，我国出台了诸多科技人才激励政策，这些政策对科技人才的激励效果如何有待深入调查研究。学者对科技人才激励政策进行了探索研究。一是关于科技人才激励机制的研究。科技人才激励必须统筹政府部门宏观调控与用人单位的微观作用，建立国际化、市场化、多样化、菜单式的科技人才激励机制（娄伟，2004）。[①] 必须根据科技人才的特点，全面实施成就激励、能力激励、物质激励和环境激励相结合的激励机制（胡毓娟等，2008）。[②] 其中，产权激励是创新型科技人才的有效激励手段（包蕾等，2009）。[③] 二是科技人才激励政策问题研究。就青年科技人才而言，美国科学家研究指出，社会越来越多地关注有相当声望并做出特殊贡献的科学家，而忽视那些还没有出名的科学家。新时期要高度重视培养青年科技人才，为未来科学家的成长创造良好的环境和条件（张萌等，2009）。[④] 就高层次科技人才而言，激励政策存在

---

① 娄伟：《我国高层次科技人才激励政策分析》，《中国科技论坛》2004年第11期。

② 胡毓娟等：《我国自主创新型科技人才激励的方法选择和实施对策》，《中国住宅设施》2008年第5期。

③ 包蕾、任泽峰等：《论我国自主创新型科技人才的产权激励》，《上海市经济管理干部学院学报》2009年第5期。

④ 张萌、高鹏：《青年科技人才激励问题研究》，《华东经济管理》2009年第12期。

激励效果弱化、轻视工程技术人才和非职务发明人的激励，激励制度出现异化等（王剑等，2012）。[①] 从政策内容看，我国科技人才激励政策存在政策目标模糊、政策对象结构失衡和政策手段单调等问题（张潇婧，2012）。[②] 上述研究从不同视角诠释科技人才激励政策，但研究多是着眼于激励政策作用结果，研究内容与政策自身内容关联不大，本书将政策效果与政策本身相联系，定性解释科技人才激励政策问题和破解对策。

第二节 我国科技人才激励政策体系

我国科技人才激励政策主要包括以下内容。

一 国家科学技术奖励政策

1978年3月，全国科学技术大会召开，之后我国恢复和重建了国家科学技术奖励制度。1978—1984年，国务院先后颁布了《中华人民共和国发明奖励条例》《中华人民共和国自然科学奖励条例》和《中华人民共和国科学技术进步奖励条例》，标志着我国逐步构建起国家科技奖励体系。1999年，国务院颁布了《国家科学技术奖励条例》并于2003年做了修改。其中第二条规定，国务院设立国家最高科学技术奖、国家自然科学奖、国家技术发明奖、国家科学技术进步奖和中华人民共和国国际科学技术合作奖五个国家级奖项。同时，2003年中组部、劳动和社会保障部、中国科协联合制定了《中国青年科技奖条例》。自此，我国科技奖励政策体系已经形成。

表 12-1　　　　　　　　国家科学技术奖励的主要政策

发文单位和时间	政策名称
国务院（1978年12月28日）	《中华人民共和国发明奖励条例》1984年4月25日国务院修订，1993年6月28日国务院第二次修订

[①] 王剑、蔡学军等：《高层次创新型科技人才激励政策研究》，《第一资源》2012年第2期。

[②] 张潇婧：《我国科技人才激励政策的问题与对策》，硕士学位论文，湖北大学，2012年。

续表

发文单位和时间	政策名称
国务院（1979 年 11 月 21 日）	《中华人民共和国自然科学奖励条例》
中国科学院（1981 年 11 月 14 日）	《中国科学院科学基金试行条例》
国务院（1984 年 9 月 12 日）	《中华人民共和国科学技术进步奖励条例》，1993 年 6 月 28 日国务院修订
国务院（1999 年 5 月 23 日）	《国家科学技术奖励条例》
科技部（1999 年 12 月 24 日）	《国家科学技术奖励条例实施细则》
科技部（1999 年 12 月 26 日）	《省、部级科学技术奖励管理办法》
科技部（1999 年 12 月 26 日）	《社会力量设立科学技术奖管理办法》
中组部、劳动与社会保障部、中国科协（2003 年 6 月 17 日）	《中国青年科技奖条例》
国务院（2003 年 11 月 20 日）	《关于修改〈国家科学技术奖励条例〉的决定》

二 政府特殊津贴政策

政府特殊津贴政策是另一项发挥激励作用的政策。1990 年 7 月，经党中央、国务院批准，决定给部分高级知识分子发放特殊津贴，津贴额为每人每月 100 元。从 1995 年 1 月起，新入选的享受政府特殊津贴人员不再逐月发放津贴，而是由国务院一次性发放 5000 元。2001 年 6 月，中共中央、国务院又发出通知，把政府特殊津贴上调为 10000 元。

表 12-2　　　　　　　　　政府特殊津贴的主要政策

发文单位和时间	政策名称
人事部、财政部（人专发〔1990〕6 号）	《关于给部分高级知识分子发放特殊津贴的通知》
中共中央、国务院（中发〔1991〕10 号）	《关于给做出突出贡献的专家、学者、技术人员发放政府特殊津贴的通知》
人事部、财政部（人专发〔1992〕10 号）	《关于发放中国科学院学部委员津贴的通知》
人事部（人专发〔1995〕27 号）	《关于从 1995 年起实行政府特殊津贴发放办法改革的通知》
人事部（人办发〔1999〕25 号）	《关于院士津贴和政府特殊津贴经费发放工作有关事项的通知》

续表

发文单位和时间	政策名称
中共中央、国务院（中发〔2001〕10号）	《关于对做出突出贡献的专家、学者、技术人员继续实行政府特殊津贴制度的通知》

三　青年科技人才激励政策

为了激励有突出贡献的中青年专家，从1984年起，中组部等部门陆续出台了一系列相关政策：1984年1月中组部等四部门分别制定了《优先提高有突出贡献的中青年科学、技术、管理专家生活待遇的通知》及相关政策，1985年11月，国家科委、卫生部制定了《对于有突出贡献的中青年科学、技术、管理专家医疗照顾的通知》；1995年1月，人事部发布《关于加强选拔优秀青年科技人员聘任高级专业技术职务工作的若干意见》的通知；1995年2月，人事部发布《关于进一步做好有突出贡献的中青年科学、技术、管理专家工作的意见》的通知。这些政策对青年科技人员产生了较好的激励效果。截至1998年，全国共选拔八批有突出贡献的中青年科学、技术、管理专家。

四　人才专项计划政策

人才专项计划政策制定初衷是培养人才，但实践中人才专项计划的激励效果更加明显。我国科技人才专项计划主要包括"百人计划"、国家杰出青年基金计划、长江学者和创新团队发展计划、"百千万人才计划"、"千人计划"和"万人计划"等。

表12-3　　　　　　　　人才专项计划的主要政策

发文单位和时间	政策名称
中国科学院（1994年1月22日）	《中国科学院关于实施"百人计划"的意见》
国务院（1994年3月14日）	《国家自然科学基金委杰出青年计划》
国务院办公厅（1995年4月）	《国务院办公厅转发人事部等部门关于培养跨世纪学术和技术带头人意见的通知》
人事部等七部委（1995年11月）	《"百千万人才工程"实施方案》
中组部、中宣部、人事部和科技部（2002年4月8日）	《关于评选表彰"全国杰出专业技术人才"有关工作的通知》

续表

发文单位和时间	政策名称
人事部（2002年5月23日）	《新世纪"百千万人才工程"实施方案》
教育部（2004年6月启动）	高等学校高层次创造性人才计划（包括长江学者和创新团队发展计划、新世纪优秀人才支持计划和青年骨干教师培养计划）
中共中央办公厅（2008年12月）	《关于实施海外高层次人才引进计划的意见》（"千人计划"）
教育部（2011年12月15日）	《"长江学者奖励计划"实施办法》
中共中央组织部办公厅（2012年8月17日）	《国家高层次人才特殊支持计划》（"万人计划"）

1994年1月，中国科学院首次实施"百人计划"，同年，国务院批准国家自然科学基金委实行《国家杰出青年计划》，1995年4月，国务院办公厅发布关于培养跨世纪学术和技术带头人意见的通知，同年11月，人事部首次启动"百千万人才工程"，在总结实践经验的基础上，2002年5月人事部决定实施新世纪"百千万人才工程"。进入新世纪以来，在人才强国战略的指引下，教育部在1998年制订的《长江学者和创新团队发展计划》的基础上，2011年12月又出台了"长江学者奖励计划"，并于2004年6月制订实施《新世纪优秀人才支持计划》。2008年12月，中共中央办公厅发布了"千人计划"，以吸纳海外高层次人才，与"千人计划"相对应，中组部办公厅制订实施了"万人计划"，以选拔培养本土高层次人才。

五 股权激励政策

从1997年开始，随着社会主义市场经济体制建立，股权激励政策相继出台。1997年7月，国家科委、国家工商行政管理局发布了《关于以高新技术成果出资入股若干问题的规定》，1999年8月，科学技术部、国家工商行政管理局制定了《关于以高新技术成果作价入股有关问题的通知》，2002年8月，财政部、科技部颁布了《关于国有高新技术企业开展股权激励试点工作的指导意见》，2012年11月，国家知识产权局等9部门联合发布了《关于进一步加强职务发明人合法权益保护，促进知识产权运用实施的若干意见》的通知。国家相关部门不间断地出台股权激励政策，保证了股权激励政策的连续性和持续性。

表 12 – 4　　　　　　　　　　股权激励主要政策

发文单位和时间	政策名称
国家科委、国家工商行政管理局（1997年7月4日）	《关于以高新技术成果出资入股若干问题的规定》
国务院办公厅（1999年3月30日）	《转发科技部等部门关于促进科技成果转化若干规定的通知》
科学技术部、国家工商行政管理局（1999年8月19日）	《关于以高新技术成果作价入股有关问题的通知》
财政部、科技部（2002年8月21日）	《关于国有高新技术企业开展股权激励试点工作的指导意见》
知识产权局等9部门（2012年11月）	《关于进一步加强职务发明人合法权益保护，促进知识产权运用实施的若干意见》

第三节　科技人才激励政策实施成效

一　政策的单位成效：体制内外存在差别

科技人才政策实施效果在基层单位体现出来。基层单位是实施国家和地方性人才政策以及单位内部政策措施的主体。激励政策实施效果产生于政府科技人才激励政策本身及其对基层单位的引领带动作用。国家科技人才激励政策对单位人才激励状况的影响，如图 12 – 1 所示，影响很大和较大的比例为 32%，效果一般的比例为 63%。可见，科技人才政策在基层单位产生了一定的成效，但实施效果仍有较大的提升空间。

从单位类型分组来看，人才激励政策对高校产生的影响效果较好，很大和较大的选择比例为 36%，政策对民营或"三资"企业影响较小，影响较小的选择比例为 22.7%；从职业类型分组看，技术应用人员对政策影响效果评价较差，影响很大和较大的选择比例为 23.2%；从学科分组看，工学的被调查者对政策的影响效果评价较差，很大和较大的选择比例仅为 28.3%。

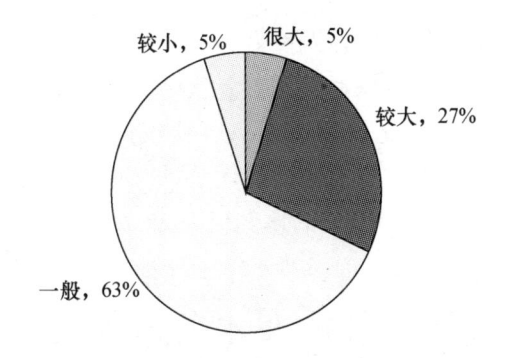

图 12 - 1　国家科技人才激励政策对单位人才激励状况的影响

二　政策的个体成效：青年人才成效低

科技人才激励政策对个体的激励效果主要表现为科技人才科学研究和技术开发能力（简称科技能力）发挥程度，如图 12 - 2 所示。调查显示，被调查者科技能力发挥 60% 左右的占 49%，80% 以上的占 35%，100% 的占 3%，50% 以下的占 13%。也就是说，科技人才激励政策对个体产生了可观的激励效果，但科技能力发挥 80% 和 100% 的合计仅为 38%。接近一半的被调查者科技能力仅发挥了 60% 左右。激励政策作用空间仍然较大。

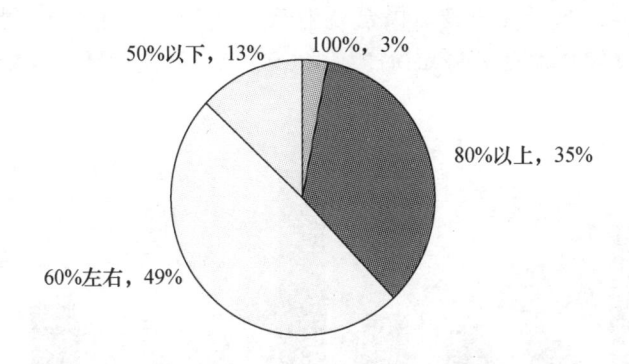

图 12 - 2　科技人才能力发挥程度

从年龄分组来看，35 岁及以下的被调查者科技能力发挥 80% 以上的比例最低，仅为 31.5%。这个群体应该是激励政策作用的重点对象，激励政策没有对 35 岁以下的青年科技人才产生较好的激励效果；从收入水平分组看,收入越高的被调查者,其科技能力发挥程度也越高;从单位类型分组看,医疗机构的被调查者激励政策作用效果最好,科技能力发挥80%以上的选择比例为63.1%,这或许是科技人才激励政策作用的结果,也可能是工作压力使然。而政策对政府部门科技人才的激励效果较差,能力发挥80%以上的比例仅为28.6%。

第四节 科技人才激励政策成效约束主要问题

科技人才激励政策成效约束既可能来源于机制体制设计不完善,也可能来源于政策本身的缺陷。需要改进的科技人才激励政策如图12-3所示。从调查结果看出,最需要改进的科技人才激励政策是科技项目资助政策、住房补贴政策,其次是职称评定政策、人才培养计划和技术股权激励等。从工作省市分组来看,江苏省的被调查者认为最需要改进的人才激励政策是科技项目资助项目和技术股权激励政策,表明东部发达地区更看重技术股权;从单位类型看,国有企业被调查者认为最需要对科技项目资助政策和职称评定政策作出修改,科技人才职称评定问题一直没有引起企业高度重视;民营企业或"三资"企业的被调查者认为最需要改进的激励政策是知识产权保护政策和补充性社会保险政策,鲜

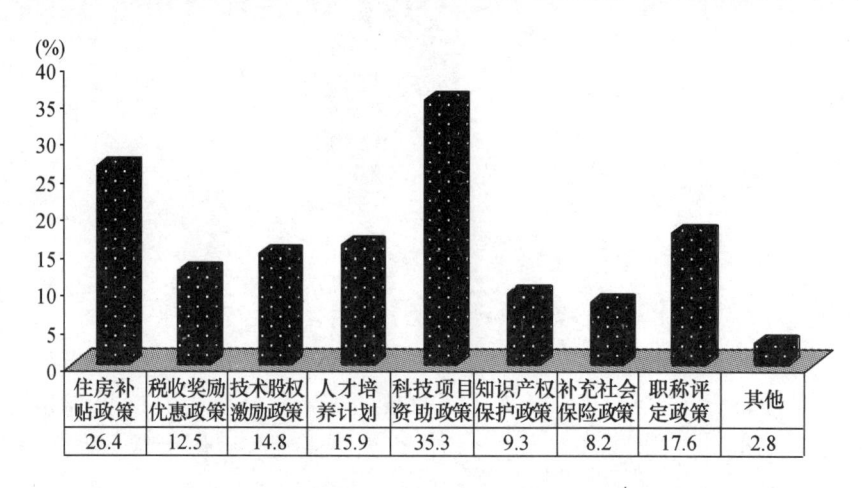

	住房补贴政策	税收奖励优惠政策	技术股权激励政策	人才培养计划	科技项目资助政策	知识产权保护政策	补充社会保险政策	职称评定政策	其他
	26.4	12.5	14.8	15.9	35.3	9.3	8.2	17.6	2.8

图12-3 需要改进的科技人才激励政策

有民营企业建立起补充社会保险；政府部门的被调查者则认为最需要修改住房补贴政策和技术股权激励政策。从职业类型看，技术应用人员认为最需要改进科技项目资助政策和职称评定政策。

从调查结果可以看出，我国科技人才激励政策主要存在以下问题。

一 激励不相容：政策目标偏离需求目标

政策目标是政策设计和制定实施的出发点和归宿，政策目标达成与否也是检验政策成效的标准。为什么要制定这个政策，政策实施后想要达到什么目的？这是政策设计时必须要明确回答的问题，激励政策也是如此。青年科技人才与中老年科技人才需求存在差异。青年科技人才成长过程更需要良好的科研条件和职业前景。根据中科院所做的问卷调查显示，青年科技人才最认可的前五项需求是：较好的科研条件和环境、职业稳定性、荣誉性奖励、职位晋升以及医疗保障。这些需求的满足能够帮助青年科技人才早出成果、多出成果。随着年龄增长，科技人才对社会认可和国家荣誉这些体现自身价值的激励需求会更加强烈。中老年科技人才科技创造能力正在衰减，更需要国家和社会对其已取得成果的认可和荣誉。而现行科技人才激励政策没有充分考虑不同年龄段人才的差异化需求，对所有科技人才采取相同的激励措施。如没有为最需要发展激励的青年人才提供良好的科研环境和科研自主权，虽然人事部1995年1月出台《关于加强选拔优秀青年科技人员聘任高级专业技术职务工作的若干意见》的通知，但许多青年科技人才因单位高级职称编制限制而无法得到专业技术职务晋升。中老年科技人才物质条件已较好，但政策激励手段还是停留在物质层面上，如政府特殊津贴、国家科学技术奖励等。

二 作用机制缺陷：基层单位的带动作用不强

政策制定后需要地方各级政府部门、社会团体（如学会、协会等科技团体）和单位贯彻实施，政策最终由工作单位贯彻落实。政府、社会和单位共同构成政策主体。一方面，单位是政策实施主体。政策往往规定应该怎么样或怎样实施。政策落实还需要制定配套政策，更需要政策执行者把握政策内涵，做到既符合政策宗旨又能灵活变通。社会团体和单位是政策执行的主体。另一方面，政策目的是宏观调控，而政策成效却在微观主体中显现出来。政策作用机制就是通过激发单位和社会团体的活力而达成政策目标。如国家科技奖励政策调节对象数量有限，但政策目的不仅仅在于奖励某个群体，更在于调动工作单位的激励活动。高层次领军人才培养和激励政策不仅在于领军人才本身，更在于带动创新团队建设。但我国科技人才激励政策没有有效激发基层单位的激励活动。访谈中发现，许多单位自己的激励措施不多，仅仅停留在政府激励政策的执行层面上。科技社团的激励功能没有充分发挥，主要表现在社团设立的奖励数量与种类较少，权威性不够，没有形成一套有效的奖励体系。

三 对象片面化：重体制内轻体制外

体制内与体制外科技人才都应该是科技人才激励政策调整的对象。但习惯上我国科技人才政策注重体制内人才调整。如国家奖励政策、政府特殊津贴政策等。体制外单位科技人才尤其是中小企业工程技术人才常常被排除在政策范围外。以科技投入为例，2003年，我国财政科技拨款751.57亿元，其中，71.19%投入科研院所，21.92%投入高校，仅有6.89%投入企业，其中，中小企业投入比例更低。体制外科技人才更需要激励政策的作用。再比如非职务性发明激励政策缺失。从政府层面来看，到目前为止，我国还没有专门针对非职务发明人的支持和激励政策。缺乏政府资助，非职务发明人困难重重。占国家专利总量50%的非职务发明完全依靠发明人自己支付研发成本。缺乏政策激励，非职务发明成果的转化率不到5%。

四 结构性失衡：青年人才激励不足

我国科技人才激励政策偏重物质激励，轻视发展激励和环境激励。根据美国耶鲁大学克雷顿·奥尔德弗ERG理论，基于物质条件的生存需求是低层次需求，基于尊重和成就的成长需求是高层次需求。人才层次越高越偏爱高层次需求。尊重需求满足需要构建尊重知识崇尚科学的社会环境和有利于创新创造的科研环境，成就需求满足需要政策创造条件，让科技人才脱颖而出。但我国激励政策的结构失衡导致青年科技人才发展较慢。

第一，当前部分科技激励政策如职称评审政策、事业单位工资制度等没有打破论资排辈的现象，导致我国科技人才年龄结构偏大。高级职称人才中，年龄在55岁以上的占41.38%，享受政府特殊津贴的14.3万人才中有近11万人已达到退休年龄。我国科技进步需要培养造就大批50岁以下的中青年科学家。

第二，青年科技人才的职业发展存在障碍。青年科技人才职业发展存在天花板效应。《中国青年科技奖状况调查报告》结果显示："科研资源主要由中老年科学家占据，年青一代科学家上升空间和通道受到限制，影响了更年青一代科学家的成长。"

第三，青年科技人才生存压力较大。青年科技人才平均收入水平较低[①]，子女入学问题、住房问题也使他们无法潜心研究。

五 政策管理不善：动态调控缺失

第一，每一项政策颁布前都应该进行调查研究，政策实施后应该及时评估政策效果，以改进政策内容。但科技人才激励政策没有建立起政策成效评估机制。当前政策评估主要停留在宏观和总体方面，基本没有针对某一项具体政策的评估（少数政策除外）。如国家科技奖励政策、政府特殊津贴政策、股权激励政策等。没有评估，政策"立改废"就没有依据。

第二，应该建立激励政策动态调整机制。人是在变化发展的，人的需求也会因时代变迁而变化。科技人才政策的调节对象是人，人的需求发生变化，政策内容也要及时修改。否则就犯"刻舟求剑"的错误。目前，我国大部分科技人才激励政策没有建立起动态调整机制。许多政策制定后便一劳永逸，没有根据政策成效进行动态调控。

第五节 完善科技人才激励政策的对策

科技人才有效激励方式如图12-4所示。三种最有效的激励方式是收入和福利提高、科研平台与环境和职位晋升，选择比例分别为39.9%、30.5%和26%，其次是学术自主权和获得荣誉，分别为15.6%和10.2%。从其他分组来看，排在前三位的有效激励方式也是收入和福利、科研平台与职位晋升，只是排序有所差异。仅单位类型分组中政府部门的被调查者认为三种最有效的激励方式是收入和福利提高、科研平台与环境、获得荣誉。

---

① 中国科学院调查显示，109名青年科技人才中39%的人认为现在的年收入和理想的收入水平差距很大。

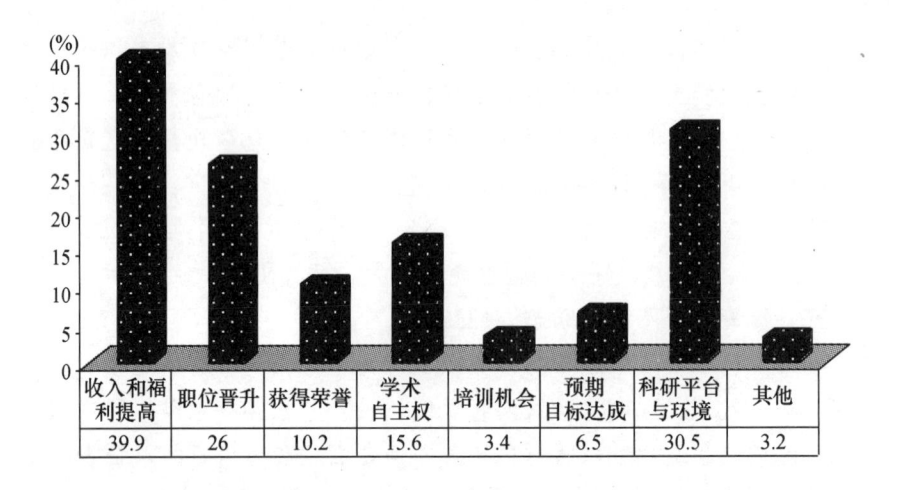

方式	收入和福利提高	职位晋升	获得荣誉	学术自主权	培训机会	预期目标达成	科研平台与环境	其他
比例(%)	39.9	26	10.2	15.6	3.4	6.5	30.5	3.2

图 12-4 激发科技人才工作积极性和创造性的有效方式

根据调查结果分析，提出如下突破科技人才激励政策成效约束的对策。

一 建立完善行政与学术职务分离与转换机制

第一，建立行政职务与学术职务分离制度。承担高层行政工作职务的科技人才必须放弃学术职务，行政职务与学术职务只能任选其一，不可兼任。中层及以下行政职务仍可实行双肩挑。

第二，建立完善行政与学术职务相互转换机制。调研发现，许多科技人才都倾向于承担行政职务并期望得到晋升。这样能提高自己声望，支配更多学术资源。如果建立公平的学术资源分配机制，并给予对等的社会声望，行政职务与学术职务就可以相互转换。中国兵器北方通用动力集团曾尝试建立行政与技术转换机制，取得了较好的效果。即设立与行政职务对等的学术职务等级，如设立院士、首席专家、科技带头人、首席工程师、主任工程师、首席技师等学术和技术职务，每一种学术技术职务对应一定的待遇和资源支持，吸引承担行政职务的科技人才向对等的学术和技术职务转换。建议设立行政职务与学术职务转换试点和示范基地，条件成熟时向全国推广。

二 建立完善青年科技人才激励相容政策

第一，提高科技劳动的分配能力。改革项目管理制度，承认科技劳动的市场价值，允许项目负责人按一定比例提取劳动收入，再由项目负责人在团队内部进行分配。与此相对应，严把项目立项和结项评审关。

第二，构建差异化激励模式。荣誉激励政策由中央政府、地方政府制定实施。学术奖励政策由社会团体如各级科协、各种学会制定和组织实施。充分发挥各级科协在科技人才政策制定中的参谋咨询作用。

第三，实行差异化激励政策。针对青年科技人才实行生活保障和发展激励，保障青年科技人才基本生存条件，如晋升工资、帮助解决住房、家属工作和子女入学问题。针对中老年科技人才，实行国家荣誉制度。提高做出突出贡献的科技人才的社会知名度和声望。

第四，授予领军科技人才更多的学术自主权。包括创新团队成员的选择权、科研经费的自主使用权、科研项目技术路线和研究内容的调整权等。

三 授予科技人才部分类型成果转让处置权限

贯彻党的十八届三中全会精神，发挥市场在成果转让中的决定性作用，简化成果转化的审批手续。

第一，取消省及以下的职务科技成果转化审批，将成果转让处置权下放到科研团队甚至个人，由其自主决定成果转化时机和转化方式。简化国家基础研究科技成果转化审批手续，将基础应用研究科技成果转化审批权限下放到地方。2014年武汉市出台了"汉十条"新政，首次下放职务科技成果处置权限。科技部门可借鉴武汉市经验，适时向全国范围推广。

第二，教育部门改革高校绩效考核制度，将基础研究科研成果的产业化纳入考核体系，突出科研成果的市场价值。取消教育部部署高校职务科技成果转化审批，将成果转让处置权下放到科研团队甚至个人。

第三，提高科技人才成果转化收益分享比例。将科研团队或职务发明人分享的科技成果转化净收入比例提高到70%以上直至100%。

第四，政策允许科技人才"带职创业"。日本等国家允许在职科技人员创办企业。我国政策应允许高校、科研机构从事行政领导职务的科技人才（俗称"双肩挑"）经单位批准后，通过科技成果产业化创办合办企业并持有股份。

四 实施政策评估，建立完善政策动态调控机制

任何政策制定和实施都不能一劳永逸。政策作用环境发生了变化，政策本身也应该及时调整。提高政策作用成效，需要构建政策"立改

废"动态调控机制。即政策制定前要深入调查研究，确定政策制定的必要性；政策实施中要跟踪调查政策成效和问题，及时修改政策内容；政策实施的环境条件发生了变化，就要考虑政策存在的必要性，适时废除不合时宜的政策。与其他政策相比，科技人才激励政策成效难以用客观统计数据衡量，政策评估需要收集政策对象的主观评价信息，科学评价激励政策实施成效，论证政策可行性和提出改进意见。

第十三章 主要结论

第一节 科技人才政策演进特征

我国科技人才政策制定体现出国家领导人的意志,具有政治性、经济性和社会性多重特征。科技人才政策是在国家经济社会发展战略框架内制定实施的,阶段性科技发展规划和人才发展规划是科技人才政策制定实施的指导文件。从科技人才政策演进看出,激励政策贯穿各个时期,但数量占比越来越少;培养政策在邓小平南方谈话后制定了24个,占56%,21世纪以来出台56个,占41%。引进政策在改革开放初期尤其是21世纪以来制定较多;流动政策改革开放初期出台较多,占29%,但21世纪以来数量没有明显增加,降为9%。

新中国成立初期科技人才政策具有浓厚的计划性特征,国家依靠行政权力干预科学研究,限制科研人员进行自由的探索性研究。科技人才按照行政指令流动配置,人才激励依赖思想教育和精神鼓舞,单一化激励手段导致科技活动内在动力不足。

改革开放初期,中央提出"知识分子是工人阶级的一部分""尊重知识,尊重人才"和"科学技术是第一生产力"的论断,恢复科技地位和知识分子的社会地位,极大地鼓舞了科技人才的积极性。但科技人才政策未脱离计划经济特征,科研基金投入匮乏等限制科技发展,尚未建立全面、系统的科技人才政策体系。

邓小平南方谈话后,中央提出"科教兴国"战略,科技人才培养政策频繁出台。建立社会主义市场经济体制,人才市场深化让科技人才政策逐步与国际接轨,人才具有更大的职业流动自由度,青年人才得到重视和重点培养。但科技人才政策的战略性和全局性不强,保障政策落实的法律法规较少，政策作用效果受到影响。

21世纪以来，中央提出"人才强国"战略，科技人才政策的战略性、前瞻性和系统性增强。人才政策从重视现实需求向战略性规划转变，高层次人才的引进、培养得到前所未有的重视。但配套性政策不完善，政策制定部门之间联动协调不强，科技人才政策体系需要整合和完善。

第二节 科技人才政策成效

从科技人才政策的了解程度看，大部分被调查者对科技人才政策不熟悉。熟悉和比较了解的被调查者仅占24.1%，75.9%的仅是部分了解甚至不了解，其中，不了解的占11%。大部分被调查者对科技人才政策了解不全面。

从科技人才政策执行情况看，只有20%左右的被调查者认为政策执行到位。其中，科技人才引进政策执行情况最好，执行到位的选择比例为32.9%，而流动政策最差，执行不到位或没有执行的比例达到26.6%。科技人才培养政策和激励政策执行情况和执行效果介于两者之间。

从科技人才政策实施效果看，科技人才引进政策和培养政策实施效果最好，分别有67.4%和59.3%的被调查者认为科技人才引进政策和培养政策实施效果较好及以上。而人才流动政策和人才激励政策效果较差，人才流动政策和激励政策实施效果较好及以上的评价分别为52%和54.6%，而作用效果较差的评价比例最高，流动政策和激励政策分别达到10.1%和9.8%。

第三节 科技人才政策成效约束

政策成效存在年龄、体制和地区结构性差异，青年科技人才的政策成效较低等约束问题。政策目标功利性和政策管理不善抑制科技人才政策实施成效充分释放。

一 科技人才政策宣传和落实不到位，政策实施成效未充分释放

第一，科技人才政策宣传不到位。调查显示，大部分被调查者对近十年的科技人才政策不熟悉，75.9%的被调查者对科技人才政策不甚了解。从职业类型分组看，科技管理人员对人才政策了解并不比管理对象多，这也影响了科技人才政策的传播。

第二，科技人才政策执行不到位。从政策执行情况看，接近80%的被调查者认为政策执行不到位甚至没有执行。

第三，政策执行效果喜忧参半。科技人才引进政策效果最好，而人才流动和激励政策效果较差，分别有接近一半的被调查者认为，科技人才流动政策和激励政策实施效果在一般及以下。

二 政策对青年科技人才激励效果较差

从年龄分组看，无论是政策了解程度、政策执行情况、政策实施效果还是科技人才能力发挥程度，35岁以下的被调查者给予差评的比例最高：83.2%的被调查者对科技人才政策一知半解，接近30%的被调查者认为科技人才流动和激励政策执行不到位甚至没有执行，接近15%的被调查者认为流动和激励政策实施效果较差，68.5%的被调查者认为自身科技能力仅发挥了60%及以下。青年科技人才是流动和激励政策的重点调整对象，但政策对青年人才的影响较小，青年科技人才能力发挥空间仍然较大。

三 体制外科技人才成为政策作用的盲点

从单位类型分组看，无论是政策了解程度、政策执行情况还是政策实施效果，民营企业或"三资"企业被调查者给予差评的比例最高：63.6%的被调查者对科技人才政策一知半解甚至不了解，40%左右的被调查者认为科技人才政策在当地和本单位执行不到位甚至没有执行。民营企业和"三资"企业科技人才是科技创新的生力军，体制外单位成为政策调整的真空地带。

四 科技人才跨地区流动未常态化，政策没有逆转地区间科技能力差距发散趋势

统计分析发现，2002—2011年，东部地区科技能力指数为100%，中部地区科技能力指数从9.43%降到6.89%，西部地区从8.32%降到2.52%，表明虽然国家实施西部大开发战略，中西部与东部地区科技能力差距没有收敛，反而呈现发散态势。表明新时期我国科技人才引进流

动政策对东部地区影响效应大于中西部地区,科技人才引进流动趋势没有发生逆转。但从科技产出效能指数变化看,2002—2011年,东部地区从111.5%降为100%,中部地区从5.5%提高到8.4%,西部地区从3.2%提高到4.2%,中西部与东部地区科技产出水平差距出现收敛,说明科技人才激励政策在中西部地区产生了较显著成效。

第四节 对策建议

一 建立完善科技人才政策"立改废"动态管理和调控机制

第一,中央和地方组织人事部门应建立科技人才政策"立改废"动态管理和调控制度。政策出台前应预先调研,确立政策制定和实施的必要性和可行性;政策制定中应咨询专家建议和科技人才管理者的意见,保障科技人才政策的前瞻性和可操作性;政策制定后根据情况选择试点地区或单位,根据试点结果修正政策内容;政策实施后要建立政策跟踪和实施效果评估制度,根据实施中存在的问题和实施成效及时修订政策;党的指导方针作出调整之后,要重新审核相关政策,废除不合时宜的政策或内容条款。

第二,政府组织人事部门要指导、监督、检查基层单位科技人才政策措施的制定实施,保障单位科技人才政策精神符合国家人才战略方针。

第三,基层单位组织人事部门对本单位科技人才政策措施进行动态管理。

二 鼓励兼职从业,建立完善科技人才市场化流动和共享政策

第一,中央组织人事部门改革人事管理制度,鼓励科技人才兼职从业。即人才与依托单位建立稳定的劳动人事关系,同时可以与其他单位结成劳务合作关系,实现科技人才的流动和共享。

第二,教育部门制定政策鼓励高校教师社会兼职,提高科技人才社会化服务效率。继高校教师不坐班制度后,教育部门可以规定教师合同期内为依托高校年度最低工作时间,剩余时间可以为其他单位服务。

第三,中西部地方树立"不为所有,但求所用"的人才理念,从全国各地吸纳集聚非全日制工作的科技人才。中西部可以只约定拟引进

人才年度科技任务，而不必限定全日制工作时间。科技人才可以抽时间为中西部地区提供专业化科技服务而不必到那里安家落户，人事关系和家属仍留在原单位和原地。

第四，建立完善市场化跨区域流动政策。贯彻党的十八届三中全会精神，发挥市场在科技人才流动中的决定性作用。深化市场体制改革就要发挥工资机制对人才跨地区跨所有制流动的调节作用，充分尊重劳动的价值，提高科技劳动的收入分配能力。中西部地区要大幅度提高拟引进人才的薪酬福利水平，提高科技劳动的市场价值和社会认可度。

三 建立行政与学术职务分离转换机制，完善青年科技人才激励相容政策

第一，建立行政职务与学术职务分离制度。承担高层行政工作职务的科技人才必须放弃学术职务，行政职务与学术职务只能任选其一，不可兼任。中层及以下行政职务仍可实行双肩挑。

第二，建立完善行政与学术职务相互转换机制。借鉴中国兵器北方通用动力集团的做法，设立与行政职务对等的学术职务等级，如设立院士、首席专家、科技带头人、首席工程师、主任工程师、首席技师等学术和技术职务，每一种学术技术职务对应一定的待遇和资源支持，吸引承担行政职务的科技人才向对等的学术技术职务转换。

第三，提高科技劳动的分配能力。改革项目管理制度，尊重科技劳动的市场价值，允许项目负责人按一定比例提取劳动收入。同时，严把项目立项和结项评审关。建议城乡和住房建设部门将35岁以下的青年科技人才纳入住房保障体系，保障青年人才基本居住条件。

四 授予科技人才部分成果转让处置权限

贯彻党的十八届三中全会精神，发挥市场在成果转让中的决定性作用，简化成果转化的审批手续。2014年武汉市出台了"汉十条"新政，首次下放职务科技成果处置权限。国家科技部门可借鉴武汉市经验，适时向全国推广。

第一，简化国家基础研究类科技成果转化审批手续，将基础应用研究类科技成果转化审批权限下放到地方。取消省及以下的职务科技成果转化审批，将成果转让处置权下放到科研团队甚至个人。

第二，提高科技人才成果转化收益分享比例。将科研团队分享的科技成果转化净收入比例提高到70%以上。

第三，政策允许科技人才"带职创业"。允许高校、科研机构从事行政领导职务的科技人才（俗称"双肩挑"）通过科技成果产业化创办合办企业并持有股份。

五　将在校生纳入政策调整范围，大力实施青少年后备人才培养政策

第一，教育部应及时调整研究生培养政策，提高博士生培养质量。如缩短硕士研究生培养期限，适当延长博士研究生培养年限。教育部监督检查博士生培养质量，要求培养质量下降的博士点限期整改并缩减招生规模。

第二，改革博士生招生制度。扩大以"申请—评审制"为主导的多元化博士生招生实施范围。如推荐、评审和定期考核制等。

第三，改革博士后培养制度。建立培养与就业相结合的博士后培养政策。如中国海洋大学等实行师资博士后制度。

第四，各级教育、科协等部门应将在校青少年科技后备人才应纳入科技人才培养政策的视野。

六　按照"自上而下"和"自下而上"相结合构建城市群科技人才政策

第一，政策制定部门需吸取地方探索性经验。中央组织人事部门应组织开展地方典型科技人才政策成效评价工作，将成效较好的政策或条款升级为全国试点政策，并根据试点效果确立为国家层级的人才政策。

第二，中央部门指导地方组织人事部门制定东部、中部、西部差别化的科技人才政策，尤其人才引进、培养和流动政策，提高中西部省（市、区）政策对人才的吸纳力。

第三，产业与信息化部门按照《国家新型城镇化发展规划（2014—2020年）》指导各城市群内省（市、区）按照国家战略部署调整产业结构，避免产业结构同构性，增强城市群内部产业互补合作，在此基础上，共同协商制定适合本城市群需求特征的科技人才引进、培养、流动和激励政策，避免科技人才政策同构性和人才引进吸纳的无序竞争。

附 表

科学研究与开发机构及研发人员数量

年份	研发机构数量（个）	R&D人员全时当量 数量（万人年）	R&D人员全时当量 增速（%）	经济活动人口（万人）	科技活动人员合计（万人）	科学家和工程师（万人）	科学家和工程师占科技活动人口比例（%）	每万人经济活动人口 拥有研发机构数（个）	每万人经济活动人口 科技活动人员（人）	每万人经济活动人口 科学家和工程师（人）
1991	5416			66091	228.60	132.10	57.79	0.08	35	20
1992	5440	67.43		66782	227.00	137.20	60.44	0.08	34	21
1993	5446	69.78	3.49	67468	245.20	137.20	55.95	0.08	36	20
1994	5422	78.32	12.24	68135	257.60	153.90	59.74	0.08	38	23
1995	5841	75.17	-4.02	68855	262.50	155.40	59.20	0.08	38	23
1996	5826	80.40	6.96	69765	290.30	168.80	58.15	0.08	42	24
1997	5826	83.12	3.38	70800	288.60	166.80	57.80	0.08	41	24
1998	5778	75.52	-9.14	72087	281.40	149.00	52.95	0.08	39	21
1999	5705	82.17	8.81	72791	290.60	159.50	54.89	0.08	40	22
2000	5064	92.21	12.22	73992	322.40	204.60	63.46	0.07	44	28
2001	4593	95.65	3.73	73884	314.10	207.20	65.97	0.06	43	28
2002	4372	103.51	8.22	74492	322.20	217.20	67.41	0.06	43	29
2003	4193	109.48	5.77	74911	328.40	225.50	68.67	0.06	44	30
2004	3979	115.26	5.28	75290	348.20	225.20	64.68	0.05	46	30
2005	3901	136.48	18.41	76120	381.50	256.10	67.13	0.05	50	34
2006	3803	150.25	10.09	76315	413.20	279.80	67.72	0.05	54	37
2007	3775	173.62	15.55	76531	454.40	312.90	68.86	0.05	59	41
2008	3727	196.54	13.20	77046	496.70	343.50	69.16	0.05	64	45
2009	3707	229.13	16.58	77510				0.05		
2010	3696	255.38	11.46	78388				0.05		

续表

年份	研发机构数量（个）	R&D人员全时当量 数量（万人年）	R&D人员全时当量 增速（%）	经济活动人口（万人）	科技活动人口合计（万人）	科学家和工程师（万人）	科学家和工程师占科技活动人口比例（%）	每万人经济活动人口 拥有研发机构数（个）	每万人经济活动人口 科技活动人员（人）	每万人经济活动人口 科学家和工程师（人）
2011	3673	288.29	12.89	78579				0.05		
2012	3674	324.68	12.62	78894				0.05		

注：科学研究与开发机构是指县级以上政府部门研究与开发及情报文献机构，包括自然科学技术领域、社会与人文社会科学领域、科技情报和文献机构。

资料来源：有关年份《中国科技统计年鉴》和《中国统计年鉴》。

出国留学人员和学成回国人员

年份	出国留学人员 人数（人）	出国留学人员 增速（%）	学成回国人员 人数（人）	学成回国人员 增速（%）	学成回国人员与出国留学人员之比
1950	35				
1951	380	985.71			
1952	231	−39.21			
1953	675	192.21	16		0.02
1954	1518	124.89	22	37.50	0.01
1955	2093	37.88	104	372.73	0.05
1956	2401	14.72	258	148.08	0.11
1957	529	−77.97	347	34.50	0.66
1958	415	−21.55	670	93.08	1.61
1959	576	38.80	1380	105.97	2.40
1960	441	−23.44	2217	60.65	5.03
1961	124	−71.88	1403	−36.72	11.31
1962	114	−8.06	980	−30.15	8.60
1963	32	−71.93	426	−56.53	13.31
1964	650	1931.25	191	−55.16	0.29
1965	454	−30.15	199	4.19	0.44
1966					
1967					

续表

年份	出国留学人员 人数(人)	增速(%)	学成回国人员 人数(人)	增速(%)	学成回国人员与出国留学人员之比
1968					
1969					
1970					
1971					
1972	36				
1973	259	619.44			
1974	180	-30.50	70		0.39
1975	245	36.11	186	165.71	0.76
1976	277	13.06	189	1.61	0.68
1977	220	-20.58	270	42.86	1.23
1978	860	290.91	248	-8.15	0.29
1979	1777	106.63	231	-6.85	0.13
1980	2124	19.53	162	-29.87	0.08
1981	2922	37.57	1143	605.56	0.39
1982	2326	-20.40	2116	85.13	0.91
1983	2633	13.20	2303	8.84	0.87
1984	3073	16.71	2920	26.79	0.95
1985	4888	59.06	1424	-51.23	0.29
1986	4676	-4.34	1388	-2.53	0.30
1987	4703	0.58	1605	15.63	0.34
1988	3786	-19.50	3000	86.92	0.79
1989	3329	-12.07	1753	-41.57	0.53
1990	2950	-11.38	1593	-9.13	0.54
1991	2900	-1.69	2069	29.88	0.71
1992	6540	125.52	3611	74.53	0.55
1993	10742	64.25	5128	42.01	0.48
1994	19071	77.54	4230	-17.51	0.22
1995	20381	6.87	5750	35.93	0.28
1996	20905	2.57	6570	14.26	0.31
1997	22410	7.20	7130	8.52	0.32

续表

年份	出国留学人员 人数(人)	出国留学人员 增速(%)	学成回国人员 人数(人)	学成回国人员 增速(%)	学成回国人员与出国留学人员之比
1998	17622	-21.37	7379	3.49	0.42
1999	23749	34.77	7748	5.00	0.33
2000	38989	64.17	9121	17.72	0.23
2001	83973	115.38	12243	34.23	0.15
2002	125179	49.07	17945	46.57	0.14
2003	117307	-6.29	20152	12.30	0.17
2004	114682	-2.24	24726	22.70	0.22
2005	118515	3.34	34987	41.50	0.30
2006	134000	13.07	42000	20.04	0.31
2007	144000	7.46	44000	4.76	0.31
2008	179800	24.86	69300	57.50	0.39
2009	229300	27.53	108300	56.28	0.47
2010	284700	24.16	134800	24.47	0.47
2011	339700	19.32	186200	38.13	0.55
2012	399600	17.63	272900	46.56	0.68

出国留学人员和学成回国人员累计数量及其回归率

年份	自1950年开始累计 出国留学人员累计数量（人）	自1950年开始累计 学成回国人员累计数量（人）	自1950年开始累计 回归率（%）	自1978年开始累计 出国留学人员累计数量（人）	自1978年开始累计 学成回国人员累计数量（人）	自1978年开始累计 回归率（%）
1950	35					
1951	415					
1952	646					
1953	1321	16	1.21			
1954	2839	38	1.34			
1955	4932	142	2.88			
1956	7333	400	5.45			
1957	7862	747	9.50			
1958	8277	1417	17.12			

续表

年份	自1950年开始累计			自1978年开始累计		
	出国留学人员累计数量（人）	学成回国人员累计数量（人）	回归率（%）	出国留学人员累计数量（人）	学成回国人员累计数量（人）	回归率（%）
1959	8853	2797	31.59			
1960	9294	5014	53.95			
1961	9418	6417	68.14			
1962	9532	7397	77.60			
1963	9564	7823	81.80			
1964	10214	8014	78.46			
1965	10668	8213	76.99			
1966	10668	8213	76.99			
1967	10668	8213	76.99			
1968	10668	8213	76.99			
1969	10668	8213	76.99			
1970	10668	8213	76.99			
1971	10668	8213	76.99			
1972	10704	8213	76.73			
1973	10963	8213	74.92			
1974	11143	8283	74.33			
1975	11388	8469	74.37			
1976	11665	8658	74.22			
1977	11885	8928	75.12			
1978	12745	9176	72.00	860	248	28.84
1979	14522	9407	64.78	2637	479	18.16
1980	16646	9569	57.49	4761	641	13.46
1981	19568	10712	54.74	7683	1784	23.22
1982	21894	12828	58.59	10009	3900	38.96
1983	24527	15131	61.69	12642	6203	49.07
1984	27600	18051	65.40	15715	9123	58.05
1985	32488	19475	59.95	20603	10547	51.19

续表

年份	自1950年开始累计			自1978年开始累计		
	出国留学人员累计数量（人）	学成回国人员累计数量（人）	回归率（%）	出国留学人员累计数量（人）	学成回国人员累计数量（人）	回归率（%）
1986	37164	20863	56.14	25279	11935	47.21
1987	41867	22468	53.67	29982	13540	45.16
1988	45653	25468	55.79	33768	16540	48.98
1989	48982	27221	55.57	37097	18293	49.31
1990	51932	28814	55.48	40047	19886	49.66
1991	54832	30883	56.32	42947	21955	51.12
1992	61372	34494	56.20	49487	25566	51.66
1993	72114	39622	54.94	60229	30694	50.96
1994	91185	43852	48.09	79300	34924	44.04
1995	111566	49602	44.46	99681	40674	40.80
1996	132471	56172	42.40	120586	47244	39.18
1997	154881	63302	40.87	142996	54374	38.02
1998	172503	70681	40.97	160618	61753	38.45
1999	196252	78429	39.96	184367	69501	37.70
2000	235241	87550	37.22	223356	78622	35.20
2001	319214	99793	31.26	307329	90865	29.57
2002	444393	117738	26.49	432508	108810	25.16
2003	561700	137890	24.55	549815	128962	23.46
2004	676382	162616	24.04	664497	153688	23.13
2005	794897	197603	24.86	783012	188675	24.10
2006	928897	239603	25.79	917012	230675	25.16
2007	1072897	283603	26.43	1061012	274675	25.89
2008	1252697	352903	28.17	1240812	343975	27.72
2009	1481997	461203	31.12	1470112	452275	30.76
2010	1766697	596003	33.74	1754812	587075	33.46
2011	2106397	782203	37.13	2094512	773275	36.92
2012	2505997	1055103	42.10	2494112	1046175	41.95

普通高等学校数及其专任教师、在校学生数、生师比

年份	普通高等学校 学校数（所）	增速（%）	专任教师 数量（万人）	增速（%）	在校生数（万人）	生师比
1949	205		1.6		11.7	7.3
1950	193	-5.85	1.7	6.25	13.7	8.1
1951	206	6.74	2.3	35.29	15.3	6.7
1952	201	-2.43	2.7	17.39	19.1	7.1
1953	181	-9.95	3.4	25.93	21.2	6.2
1954	188	3.87	3.9	14.71	25.3	6.5
1955	194	3.19	4.2	7.69	28.8	6.9
1956	227	17.01	5.8	38.10	40.3	6.9
1957	229	0.88	7.0	20.69	44.1	6.3
1958	791	245.41	8.5	21.43	66.0	7.8
1959	841	6.32	10.0	17.65	81.2	8.1
1960	1289	53.27	13.9	39.00	96.2	6.9
1961	845	-34.45	15.9	14.39	94.7	6.0
1962	610	-27.81	14.4	-9.43	83.0	5.8
1963	407	-33.28	13.8	-4.17	75.0	5.4
1964	419	2.95	13.5	-2.17	68.5	5.1
1965	434	3.58	13.8	2.22	67.4	4.9
1966	434	0.00	13.9	0.72	53.4	3.8
1967	434	0.00	13.9	0.00	40.9	2.9
1968	434	0.00	14.3	2.88	25.9	1.8
1969	434	0.00	13.7	-4.20	10.9	0.8
1970	434	0.00	12.9	-5.84	4.8	0.4
1971	328	-24.42	13.8	6.98	8.3	0.6
1972	331	0.91	13.0	-5.80	19.4	1.5
1973	345	4.23	13.9	6.92	31.4	2.3
1974	378	9.57	14.8	6.47	43.0	2.9
1975	387	2.38	15.6	5.41	50.1	3.2
1976	392	1.29	16.7	7.05	56.5	3.4
1977	404	3.06	18.6	11.38	62.5	3.4
1978	598	48.02	20.6	10.75	85.6	4.2

续表

年份	普通高等学校		专任教师		在校生数（万人）	生师比
	学校数（所）	增速（%）	数量（万人）	增速（%）		
1979	633	5.85	23.7	15.05	102.0	4.3
1980	675	6.64	24.7	4.22	114.4	4.6
1981	704	4.30	25.0	1.21	127.9	5.1
1982	715	1.56	28.7	14.80	115.4	4.0
1983	805	12.59	30.3	5.57	120.7	4.0
1984	902	12.05	31.5	3.96	139.6	4.4
1985	1016	12.64	34.4	9.21	170.3	5.0
1986	1054	3.74	37.2	8.14	188.0	5.1
1987	1063	0.85	38.5	3.49	195.9	5.1
1988	1075	1.13	39.3	2.08	206.6	5.3
1989	1075	0.00	39.7	1.02	208.2	5.2
1990	1075	0.00	39.5	-0.50	206.3	5.2
1991	1075	0.00	39.1	-1.01	204.4	5.2
1992	1053	-2.05	38.8	-0.77	218.4	5.6
1993	1065	1.14	38.8	0.00	253.6	6.5
1994	1080	1.41	39.6	2.06	279.9	7.1
1995	1054	-2.41	40.1	1.26	290.6	7.2
1996	1032	-2.09	40.3	0.50	302.1	7.5
1997	1020	-1.16	40.5	0.50	317.4	7.8
1998	1022	0.20	40.7	0.49	340.9	8.4
1999	1071	4.79	42.6	4.67	413.4	9.7
2000	1041	-2.80	46.3	8.69	556.1	12.0
2001	1225	17.68	53.2	14.90	719.1	13.5
2002	1396	13.96	61.8	16.17	903.4	14.6
2003	1552	11.17	72.5	17.31	1108.6	15.3
2004	1731	11.53	85.8	18.34	1333.5	15.5
2005	1792	3.52	96.6	12.59	1561.8	16.2
2006	1867	4.19	107.6	11.39	1738.8	16.2
2007	1908	2.20	116.8	8.55	1884.9	16.1
2008	2263	18.61	123.7	5.91	2021.0	16.3

续表

年份	普通高等学校 学校数（所）	增速（%）	专任教师 数量（万人）	增速（%）	在校生数（万人）	生师比
2009	2305	1.86	130.0	5.09	2144.7	16.5
2010	2358	2.30	134.0	3.08	2231.8	16.7
2011	2409	2.16	139.0	3.73	2308.5	16.6
2012	2442	1.37	144.0	3.60	2391.3	16.6

普通高校毕业生和研究生毕业生数量

年份	普通高等学校毕业生 数量（人）	增速（%）	研究生毕业生 数量（人）	增速（%）	研究生毕业人数占普通高校毕业生人数的比例（%）
1949	21000		107		0.51
1950	18000	-14.29	159	48.60	0.88
1951	19000	5.56	166	4.40	0.87
1952	32000	68.42	627	277.71	1.96
1953	48000	50.00	1177	87.72	2.45
1954	47000	-2.08	660	-43.93	1.40
1955	55000	17.02	1730	162.12	3.15
1956	63000	14.55	2349	35.78	3.73
1957	56000	-11.11	1723	-26.65	3.08
1958	72000	28.57	1113	-35.40	1.55
1959	70000	-2.78	727	-34.68	1.04
1960	136000	94.29	589	-18.98	0.43
1961	151000	11.03	179	-69.61	0.12
1962	177000	17.22	1019	469.27	0.58
1963	199000	12.43	1512	48.38	0.76
1964	204000	2.51	895	-40.81	0.44
1965	186000	-8.82	1665	86.03	0.90
1966	141000	-24.19	1137	-31.71	0.81
1967	125000	-11.35	852	-25.07	0.68
1968	150000	20.00	1240	45.54	0.83
1969	150000	0.00	1317	6.21	0.88

续表

年份	普通高等学校毕业生 数量（人）	普通高等学校毕业生 增速（%）	研究生毕业生 数量（人）	研究生毕业生 增速（%）	研究生毕业人数占普通高校毕业生人数的比例（%）
1970	103000	-31.33			
1971	6000	-94.17			
1972	17000	183.33			
1973	30000	76.47			
1974	43000	43.33			
1975	119000	176.74			
1976	149000	25.21			
1977	194000	30.20			
1978	165000	-14.95	9		0.01
1979	85000	-48.48	140	1455.56	0.16
1980	147000	72.94	476	240.00	0.32
1981	140000	-4.76	11669	2351.47	8.34
1982	457000	226.43	4058	-65.22	0.89
1983	335000	-26.70	4497	10.82	1.34
1984	287000	-14.33	2756	-38.71	0.96
1985	316000	10.10	17004	516.98	5.38
1986	393000	24.37	16950	-0.32	4.31
1987	532000	35.37	27603	62.85	5.19
1988	553000	3.95	40838	47.95	7.38
1989	576000	4.16	37232	-8.83	6.46
1990	614000	6.60	35440	-4.81	5.77
1991	614000	0.00	32537	-8.19	5.30
1992	604000	-1.63	25692	-21.04	4.25
1993	571000	-5.46	28214	9.82	4.94
1994	637000	11.56	28047	-0.59	4.40
1995	805000	26.37	31877	13.66	3.96
1996	839000	4.22	39652	24.39	4.73
1997	829000	-1.19	46539	17.37	5.61
1998	830000	0.12	47077	1.16	5.67

续表

年份	普通高等学校毕业生 数量（人）	普通高等学校毕业生 增速（%）	研究生毕业生 数量（人）	研究生毕业生 增速（%）	研究生毕业人数占普通高校毕业生人数的比例（%）
1999	848000	2.17	54670	16.13	6.45
2000	950000	12.03	58767	7.49	6.19
2001	1036000	9.05	67809	15.39	6.55
2002	1337000	29.05	80841	19.22	6.05
2003	1877000	40.39	111091	37.42	5.92
2004	2391000	27.38	150777	35.72	6.31
2005	3068000	28.31	189728	25.83	6.18
2006	3775000	23.04	255902	34.88	6.78
2007	4478000	18.62	311839	21.86	6.96
2008	5119000	14.31	344825	10.58	6.74
2009	5311000	3.75	371273	7.67	6.99
2010	5754000	8.34	383600	3.32	6.67
2011	6082000	5.70	429994	12.09	7.07
2012	6247000	2.71	486465	13.13	7.79

两院院士数量及其增长速度

年份	科学院院士 数量(人)	科学院院士 增长率(%)	工程院院士 数量(人)	工程院院士 增长率(%)	两院院士合计 数量(人)	两院院士合计 增长率(%)
1995	571		327		898	
1996	563	-1.40	327	0.00	890	-0.89
1997	606	7.64	439	34.25	1045	17.42
1998	589	-2.81	437	-0.46	1026	-1.82
1999	632	7.30	547	25.17	1179	14.91
2000	617	-2.37	542	-0.91	1159	-1.70
2001	653	5.83	613	13.10	1266	9.23
2002	639	-2.14	609	-0.65	1248	-1.42
2003	685	7.20	660	8.37	1345	7.77
2004	672	-1.90	655	-0.76	1327	-1.34
2005	706	5.06	701	7.02	1407	6.03

续表

年份	科学院院士 数量(人)	增长率(%)	工程院院士 数量(人)	增长率(%)	两院院士合计 数量(人)	增长率(%)
2006	692	-1.98	694	-1.00	1386	-1.49
2007	709	2.46	718	3.46	1427	2.96
2008	692	-2.40	711	-0.97	1403	-1.68
2009	714	3.18	749	5.34	1463	4.28
2010	694	-2.80	736	-1.74	1430	-2.26
2011	727	4.76	766	4.08	1493	4.41
2012	710	-2.34	763	-0.39	1473	-1.34

重大科技成果、专利申请授权量和国家级科技奖励

年份	重大科技成果 数量(件)	增长率(%)	专利申请授权量 数量(件)	增长率(%)	国家级科技奖励 数量(项)	增长率(%)
1986	22740	—	3024	—		
1987	20893	-8.12	6811	125.23	1210	—
1988	16552	-20.78	11947	75.41	870	-28.10
1989	20278	22.51	17129	43.37	836	-3.91
1990	26829	32.31	22588	31.87	729	-12.80
1991	32653	21.71	24616	8.98	958	31.41
1992	33384	2.24	31475	27.86	980	2.30
1993	32916	-1.40	62127	97.39	781	-20.31
1994	30230	-8.16	43297	-30.31	—	
1995	31000	2.55	45064	4.08	795	—
1996	31000	0.00	43780	-2.85	647	-18.62
1997	30566	-1.40	50992	16.47	626	-3.25
1998	28584	-6.48	67889	33.14	543	-13.26
1999	31060	8.66	100156	47.53	602	10.87
2000	32858	5.79	105345	5.18	292	-51.50
2001	28448	-13.42	114251	8.45	231	-20.89
2002	26697	-6.16	132399	15.88	268	16.02
2003	30486	14.19	182226	37.63	260	-2.99
2004	31720	4.05	190238	4.40	305	17.31

续表

年份	重大科技成果 数量（件）	增长率(%)	专利申请授权量 数量(件)	增长率(%)	国家级科技奖励 数量(项)	增长率(%)
2005	32359	2.01	214003	12.49	321	5.25
2006	33644	3.97	268002	25.23	329	2.49
2007	34170	1.56	351782	31.26	352	6.99
2008	35971	5.27	411982	17.11	348	-1.14
2009	38688	7.55	581992	41.27	374	7.47
2010	42108	8.84	814825	40.01	356	-4.81
2011	44208	4.99	960513	17.88	384	7.87
2012	51723	17.00	1255138	30.67	337	-12.24

全国技术市场成交合同情况

年份	技术市场成交合同数 数量(件)	增长率(%)	技术市场成交额 数量(万元)	增长率(%)
1988	265017		724881	
1989	262161	-1.08	814639	12.38
1990	206748	-21.14	750969	-7.82
1991	208098	0.65	948054	26.24
1992	226470	8.83	1416182	49.38
1993	245967	8.61	2075540	46.56
1994	222356	-9.60	2288696	10.27
1995	221182	-0.53	2683447	17.25
1996	226962	2.61	3002045	11.87
1997	250496	10.37	3513718	17.04
1998	281782	12.49	4358228	24.03
1999	264496	-6.13	5234544	20.11
2000	241008	-8.88	6507519	24.32
2001	229702	-4.69	7827489	20.28
2002	237093	3.22	8841713	12.96
2003	267997	13.03	10846727	22.68
2004	264638	-1.25	13343630	23.02
2005	265010	0.14	15513694	16.26

续表

年份	技术市场成交合同数		技术市场成交额	
	数量(件)	增长率(%)	数量(万元)	增长率(%)
2006	205845	-22.33	18181813	17.20
2007	220868	7.30	22265261	22.46
2008	226343	2.48	26652288	19.70
2009	213752	-5.56	30390024	14.02
2010	229601	7.41	39065753	28.55
2011	256428	11.68	47635589	21.94
2012	282242	10.07	64370683	35.13

主要参考文献

1. 曹欢、郭朝晖：《美国引进高层次创新型科技人才的政策及启示》，《湖北教育领导科学论坛》2011年第2期。
2. 陈丹红：《科技人才激励机制的宏观构建与微观实施》，《企业经济》2006年第10期。
3. 陈锦其、徐明华：《知识二元性视角下的创新型科技人才政策研究》，《科技进步与对策》2013年第6期。
4. 陈振明：《政策科学》，中国人民大学出版社2002年版。
5. 陈劲、胡建雄：《面向创新型国家的工程教育改革研究》，中国人民大学出版社2006年版。
6. 陈振明：《政策科学》，中国人民大学出版社2002年版。
7. 丁向阳：《我国人才政策法规体系研究》，《中国人才》2003年第10期。
8. 杜红亮、任昱仰：《新中国成立以来中国海外科技人才政策演变历史探析》，《中国科技论坛》2012年第3期。
9. 杜谦、宋卫国：《科技人才定义及相关统计问题》，《中国科技论坛》2004年第5期。
10. 樊徐斌：《江苏新兴产业科技创业人才政策研究——以新能源产业为例》，硕士学位论文，南京理工大学，2011年。
11. 樊东方：《交通科技人才培养选拔政策的思考与建议》，《交通企业管理》2013年第5期。
12. 方先堃等：《改革开放初期我国科技人才政策浅探》，《产业与科技论坛》2009年第4期。
13. 方先堃、张晓丽：《改革开放初期我国科技人才政策浅探》，《产业与科技论坛》2009年第4期。
14. 房列曙：《中国历史上的人才选拔制度》，人民出版社2005年版。

15. ［美］费兰克·费希尔著：《公共政策评估》，吴爱明等译，中国人民大学出版社 2003 年版。
16. 高金浩、白敏植：《国外高层次创新型人才开发政策综述》，《河北学刊》2001 年第 11 期。
17. 高子平：《在美华人科技人才回流意愿变化与我国海外人才引进政策转型》，《科技进步与对策》2012 年第 10 期。
18. 顾海兵、金开安：《改革我国的院士制度》，《科学决策》2004 年第 1 期。
19. 国家科学技术委员会：《中国科学技术政策指南——科学技术白皮书第 1 号》，科学技术文献出版社 1986 年版。
20. 国务院：《关于在事业单位试行人员聘用制度意见的通知》，2002 年。
21. 国务院：《国家中长期科学和技术发展规划纲要（2006—2020 年）》，2005 年。
22. 何青：《关于科技人才队伍建设的政策框架体系的思考》，《攀枝花大学学报》2001 年第 3 期。
23. 洪冰冰：《建国早期科技人才政策研究（1949—1966）》，硕士学位论文，安徽医科大学，2011 年。
24. 洪冰冰、张晓丽：《建国初期我国科技人才的激励政策及启示》，《产业与科技论坛》2011 年第 3 期。
25. 黄小荣：《八十年来党的知识分子政策演变的历史考察》，《广西社会主义学院学报》2005 年第 3 期。
26. 吉树山：《科技人才激励措施初探》，《政工学刊》2005 年第 4 期。
27. 金振鑫、陈洪转等：《区域创新型科技人才培养及政策设计的 GERT 网络模型》，《科学学与科学技术管理》2011 年第 12 期。
28. 科技部：《关于我国高层次创新型科技人才培养、引进、使用的政策分析研究报告》，2008 年。
29. 孔繁顺：《科技人才是推进牧业产业化的中坚力量》，《吉林畜牧兽医》1998 年第 2 期。
30. 李京文：《教育 21 世纪的先导产业》，《河南财政税务高等专科学校学报》1999 年第 3 期。
31. 李明：《新时期中国科技人才政策评析》，硕士学位论文，东北大学，2008年。

32. 李荣娟等：《改革开放以来我国科技人才政策的演进及其时代特点分析》，《湖北行政管理论坛》，湖北大学，2012年。
33. 李明：《新时期中国科技人才政策评析》，硕士学位论文，东北大学，2008年。
34. 李昆明：《大国策——通向大国之路的中国人才发展战略》，华文出版社2009年版。
35. 李成武：《中华人民共和国人才工作大事记（1949—2004年）》，载《中国人才发展报告》，社会科学文献出版社2005年版。
36. 李志红、侯海燕：《我国改革开放初期（1978—1985）的科技人才激励政策研究》，《科技管理研究》2013年第16期。
37. 梁伟年：《中国人才流动问题及对策研究》，硕士学位论文，华中科技大学，2004年。
38. 刘波等：《30年来我国科技人才政策回顾》，《中国科技论坛》2008年第11期。
39. 刘波、李萌：《30年来我国科技人才政策回顾》，《人才资源开发》2009年第3期。
40. 刘洪银：《农业科技创新中人才约束与破解》，《浙江农业学报》2013年第2期。
41. 刘洪银：《创业教育中应重塑大学生创新文化》，《高等农业教育》2014年第6期。
42. 刘洪银：《科技工作者成长：源于学校教育还是"干中学"》，《高等农业教育》2015年第1期。
43. 刘洪银：《我国科技人才政策成效的区域性差异》，《开放导报》2015年第1期。
44. 刘洪银：《科技人才激励政策成效评估》，《开放导报》2015年第4期。
45. 刘帅武：《毛泽东、邓小平、江泽民三代领导人的科技人才思想研究》，硕士学位论文，广西大学，2004年。
46. 刘志宏：《科技人才定价复杂性研究》，硕士学位论文，天津大学，2009年。
47. 娄伟：《我国高层次科技人才激励政策分析》，《中国科技论坛》

2004 年第 6 期。

48. 娄伟：《中国科技人才政策分析》，载潘晨光《中国人才发展报告》（蓝皮书），社会科学文献出版社 2005 年版。

49. 马贵舫：《党管人才理论分析》，硕士学位论文，中共中央党校，2005 年。

50. 潘强恩：《政策论》，西苑出版社 1999 年版。

51. 潘晨光：《中国人才发展报告》（蓝皮书），社会科学文献出版社 2005 年版。

52. 人力资源社会保障部：《2012 年度人力资源社会保障事业发展统计公报》，2013 年 5 月 28 日。

53. 沈利生、朱运法：《人力资源与经济增长分析》，社会科学文献出版社 1999 年版。

54. 石超英：《关于新型科技人才激励机制的探讨》，《山东社会科学》2008 年第 7 期。

55. 孙立、张秀青：《知识经济的关键是科技人才》，《政法论丛》1999 年第 3 期。

56. 王春法、姜江：《科技人才发展面临的问题及成因》，载潘晨光《中国人才发展报告》（蓝皮书），社会科学文献出版社 2005 年版。

57. 王通讯：《人才学通论》，天津人民出版社 1985 年版。

58. 王燕：《地方政府人才政策评价机制研究》，硕士学位论文，安徽大学，2011 年。

59. 文玲艺：《改革开放 30 年我国科技人才战略与政策演变》，《科技进步与对策》2009 年第 11 期。

60. 武勤、朱光明：《日本科技人才战略及其对中国的启示》，《中国科技论坛》2008 年第 1 期。

61. 夏子贵：《科技人才学原理》，西南师范大学出版社 1989 年版。

62. 肖志鹏：《美国科技人才流动政策的演变及其启示》，《科技管理研究》2004 年第 2 期。

63. 谢媛：《政策评价方法及选择》，《江西行政学院学报》2000 年第 4 期。

64. 徐阳：《新中国科技政策的历史演进述评》，硕士学位论文，天津大学，2002 年。

65. 许迎:《合理运用激励机制激发科技人才潜能》,《江苏科技信息》2009 年第 8 期。
66. 杨诚虎:《公共政策评估:理论与方法》,中国社会科学出版社 2006 年版。
67. 尹璐:《论新时期人才政策的价值定位》,《马克思主义与现实》2004 年第 6 期。
68. 张士义:《与时俱进开拓创新——中国共产党 80 年的人才政策与实践》,《中国人才》2001 年第 7 期。
69. 张金马:《公共政策分析——概念、过程、方法》,人民出版社 2004 年版。
70. 张建国:《我国引智机构的历史沿革和变化特点》,《国际人才交流》2008 年第 9 期。
71. 张潇婧:《我国科技人才激励政策的问题与对策——基于政策内容维度的分析》,硕士学位论文,湖北大学,2012 年。
72. 周荣:《山西省女性科技人才成长缓慢的原因分析及开发策略探讨》,《中共山西省委党校学报》2005 年第 2 期。
73. 周婷:《创业人才培养研究综述与发展趋势》,《经营管理者》2010 年第 13 期。
74. 中共中央文献研究室:《建国以来重要文献选编》(第一、第五、第十四册),中央文献出版社 1988—1997 年版。
75. 中国人事科学研究院:《2005 中国人才报告》,人民出版社 2005 年版。
76. 中组部:《关于完善我国"千人计划"的提案》,《中国科技产业》2013 年第 3 期。
77. 左琳、郑智贞:《稳定科技队伍调动科技人员积极性的几点思考》,《山西科技》1999 年第 3 期。